普 通 高 等 学 校 "十 三 五" 规 划 教 材

广东省本科高校教学质量与教学改革工程建设项目精品教材

多媒体技术与应用

Multimedia Technology & Application

主　编　姜永生

副主编　姜艳芳　毕伟宏　梁绍敏

中国铁道出版社有限公司
CHINA RAILWAY PUBLISHING HOUSE CO., LTD.

内 容 简 介

本书从应用的角度出发，对多媒体技术、多媒体计算机关键技术及多媒体应用系统进行全面描述。全书共分 6 章，主要内容包括多媒体技术概述、数字图像编辑、数字音频编辑、数字视频编辑、计算机二维动画制作、多媒体作品创作。涉及的软件包括 Photoshop CS6、Adobe Audition CS6、会声会影 X7、Flash CS6、Authorware 7.02，同时介绍简易实用的电子杂志、电子相册制作工具、音频视频格式转换工具。每章都设计有若干实例，引导读者学习。

本书难易适中，既涵盖多媒体技术的基本知识，又介绍多媒体技术相关理论和实用方法，可作为普通高等院校计算机公共基础课及相关专业本科、专升本的教材，也可作为多媒体应用与开发技术人员的岗位培训和参考用书。

图书在版编目（CIP）数据

多媒体技术与应用 / 姜永生主编. —北京：中国
铁道出版社，2017.2（2019.12重印）
普通高等学校"十三五"规划教材
ISBN 978-7-113-22660-2

Ⅰ.①多… Ⅱ.①姜… Ⅲ.①多媒体技术—高等
学校—教材 Ⅳ.①TP37

中国版本图书馆 CIP 数据核字（2016）第 317659 号

书　　名：多媒体技术与应用
作　　者：姜永生　主编

策　　划：唐　旭　　　　　　　　　　读者热线：(010) 63550836
责任编辑：陆慧萍　冯彩茹
封面设计：刘　颖
封面制作：白　雪
责任校对：张玉华
责任印制：郭向伟

出版发行：中国铁道出版社有限公司（100054，北京市西城区右安门西街 8 号）
网　　址：http://www.tdpress.com/51eds/
印　　刷：三河市航远印刷有限公司
版　　次：2017 年 2 月第 1 版　2019 年 12 月第 4 次印刷
开　　本：787 mm×1 092 mm　1/16　印张：21.5　字数：525 千
印　　数：5 001～6 500 册
书　　号：ISBN 978-7-113-22660-2
定　　价：49.00 元

前 言 >>>

　　本书在总结多年教学实践经验、吸取最新多媒体技术成果的基础上，全面系统地介绍多媒体技术的基础知识及具体应用；既重视理论、方法和标准的介绍，又兼顾实际应用和操作技能的培养；既注重描述成熟的理论和技术，又介绍多媒体技术相关领域的最新发展。

　　全书分为 6 章，第 1 章主要介绍多媒体技术的含义与关键技术、多媒体计算机的层次结构、多媒体技术的应用与发展、媒体素材分类等基础理论知识，同时介绍电子杂志的基本制作方法；第 2 章主要介绍平面设计的构图原理，使用 Photoshop CS6 编辑数字图像的方法与技巧；第 3 章主要介绍音频数字化的原理与特点、使用 Adobe Audition CS6 处理音频的基本方法与技巧；第 4 章主要介绍非线性编辑的基本理论、数字视频编辑软件会声会影 X7、电子相册制作的基本方法与操作技巧；第 5 章主要介绍二维动画的制作方法。重点阐述 Flash CS6 的基本知识，Flash CS6 的动画制作方法与技巧；第 6 章主要介绍多媒体作品创作过程及 CAI 课件结构、CAI 课件制作流程、多媒体创作工具 Authorware 7.02 的具体操作方法。

　　本书以适应应用型本科教育为宗旨，内容组织上全面、实用，结构框架上条理清晰、逻辑性强，语言上通俗易懂、精练流畅。为使读者学以致用、触类旁通，书中特别编排了日常学习中具有代表性、实用性的实例，能让读者在较短的时间内学会各种工具软件的基本操作方法，掌握多媒体作品的设计过程和实际的开发方法。为了便于读者学习，本书配备相应的电子教案和素材资源等，网络下载地址为 www.51eds.com。

　　本书由姜永生任主编并负责总体策划，姜艳芳、毕伟宏、梁绍敏任副主编。其中，第 1 章、第 3 章、第 4 章、第 5 章由姜永生编写，第 2 章由梁绍敏、姜艳芳共同编写，第 6 章由毕伟宏、姜艳芳共同编写，姜永生负责统稿，姜艳芳负责校稿。

　　本书得到 2015 年广东省本科高校教学质量工程项目——精品教材项目（序号 80）的资助。在编写过程中得到了中国铁道出版社的大力帮助，同时得到广东第二师范学院周如旗、邬依林、罗英辉的大力支持，在此，对他们辛勤的工作和无私的支持表示衷心的感谢！

　　鉴于多媒体技术发展迅速，新的思想、方法和技术不断出现，加之编者水平有限，书中难免存在疏漏和不足之处，敬请读者批评指正。

编　者

2016 年 11 月

第 **1** 章

多媒体技术概述

内容概要

信息技术的飞速发展促进新型多媒体技术的产生与迅速普及。本章系统阐述多媒体技术的基本概念和理论、多媒体素材的分类、多媒体数据处理的关键技术及应用等，使学习者能够从理论上把握多媒体的基本理论，初步形成应用多媒体技术的意识。

1.1 媒体与多媒体技术

自 20 世纪 80 年代以来，随着电子技术和大规模集成电路技术的发展，计算机技术、通信技术和广播电视技术这三大独立并得到极大发展的领域，相互渗透融合，形成一门崭新的技术——多媒体技术。使得多媒体与多媒体技术的含义得到丰富与发展。今天多媒体技术的应用已渗透到人们的日常生活，日益普及的智能手机、丰富多彩的网络信息都与多媒体及其技术有密切的关系。

1.1.1 媒体的分类

1. 媒体的概念

媒体（Medium）是指信息的载体。媒体通常包含两层含义：一是指存储信息的实体，如磁盘、光盘、U 盘等，中文常译作媒质；二是指传递信息的载体，如数字、文字、声音、图形等，中文译作媒介。因此，媒体是指信息表示和传输的载体，是人与人之间信息沟通的中介物。

2. 按国际电报电话咨询委员会标准分类

根据国际电信联盟（ITU）电信标准部（TSS）的 ITU–T I.374 建议，媒体可分为 6 类。

（1）感觉媒体

感觉媒体是指直接作用于人的感官，使人产生感觉（视、听、嗅、味、触觉）的媒体，如语言、音乐、图形、动画，以及物体的质地、形状、温度等。

（2）表示媒体

表示媒体是指为加工、处理和传输感觉媒体而人为研究构造的媒体，如语言编码、静止和活动图像编码（MP3、JPEG、MPEG 等）、文本编码（ASCII 码、GB 2312 等）。表示媒体用以定义信息的特性。

（3）显现媒体

显现媒体是指感觉媒体与电信号之间的转换媒体，即显现信息或获取信息的物理设备。显现媒体分两种：一是输入类显现媒体，如键盘、话筒、扫描仪、摄像机、光笔等；二是输出类显现媒体，如扬声器、显示器、投影仪、打印机等。

（4）存储媒体

存储媒体是指存储表示媒体数据的物理设备，如磁盘、光盘、U 盘、纸张等。

（5）传输媒体

传输媒体是指媒体传输用的物理载体，如同轴电缆、光纤、双绞线、电磁波等。

（6）交换媒体

交换媒体是指在系统之间交换数据的方法与类型，它们可以是存储媒体、传输媒体或两者的某种结合。

3．按人类感受信息的感觉器官角度分类

（1）视觉媒体

视觉媒体是指通过视觉来感觉的媒体。视觉媒体包括离散型时基类视觉媒体（动态图像与动态图形）、静止的视觉媒体（静止的图形、图像、文字等）两类媒体。

（2）听觉媒体

听觉媒体是指客观世界中的声音信息。听觉媒体包括语音（人类自然语言）、声响（自然现象以及人为的响声）和音乐（乐器等规则震动发出的声音）。听觉媒体属于连续型时基类媒体。

（3）触觉媒体

触觉媒体是指能引起人体感受本身特别是体表的机械接触（或接触刺激）感觉的媒体。触觉媒体包含压力、温度、湿度、运动、振动、旋转等，它描述了该环境中的一切特征和参数。

（4）其他感觉类媒体，包括嗅觉、味觉等。

1.1.2 多媒体技术的概念

1．多媒体

多媒体（Multimedia）是指多种媒体复合而形成的一种人机交互式的信息传播媒体。其中多种媒体包括文本、图形、图像、音频、视频、动画等。多媒体一词译自 20 世纪 80 年代初出现的英文单词 Multimedia，该词由 Mutiple 和 Media 复合而成。

2．多媒体技术

多媒体技术（Multimedia Technology）的定义多种多样，可定义为"多媒体技术是一种把文字、图形、图像、视频、音频等运载信息的媒体结合在一起，并通过计算机进行综合处理和控制，在屏幕上将多媒体各个要素进行有机组合，并完成一系列随机性交互式操作的信息技术"；也可定义为"多媒体技术是一种基于计算机科学的综合技术，它包括数字化信息处理技术、音频和视频技术、计算机软硬件技术、人工智能技术、通信和网络技术等。"

概括起来，多媒体技术是指利用计算机综合处理多种媒体信息（文本、声音、图形、图像和视频），在多种媒体信息间建立逻辑连接，使其集成为一个实时交互式系统的技术。

多媒体技术的发展改变了计算机的应用领域，使计算机由办公室、实验室中的专用品变成信息社会的普通工具，并广泛应用于工业生产管理、学校教育、公共信息咨询、商业广告、军事指挥与训练、家庭生活与娱乐等领域。

1.1.3 多媒体技术的特性

（1）多样性

多样性即媒体信息的多样性，是指多媒体技术可综合处理文本、图形、图像、视频、音频、动画等多种信息媒体，使之成为一个统一的整体来表达信息。人类对于信息的接收主要来自视觉、听觉、嗅觉、味觉等多个感觉空间，其中 95%以上的信息来自视觉、听觉与味觉，即人类获取信息的途径是多样、多维化的。以计算机为核心的多媒体技术处理信息的多样化与多维化，使信息的表达形式不再局限于文本。采用文本、图像、图形、音频、视频等多种媒体形式表达信息更符合人类获取信息的自然特性，使人的思维表达有更充分、更自由的拓展空间。

（2）集成性

集成性是指对多种信息媒体进行多通道统一获取、存储、组织与合成，使之成为统一的交互式信息媒体处理系统。集成性主要表现在两个方面：一是媒体的集成，即声音、文字、图像、音频、视频等多种媒体的集成。多媒体技术的集成性把信息看成一个有机的整体，通过多种途径获取信息媒体、统一格式存储信息媒体、统一组织与合成媒体等，对多种媒体进行集成化处理。二是媒体设备的集成。多媒体的硬件系统不仅包括计算机，同时还包括电视、音响、摄像机、DVD 播放机、传感器、网络等。多媒体技术把不同功能、不同种类的设备集成在一起，使其共同完成信息媒体处理。

（3）交互性

交互性是指使用者和多媒体间信息控制与传递的双向性，是使用者通过多媒体系统与多种信息媒体进行交互操作，控制信息媒体的表达与传递的特性。其中，交互是指通过各种方式与媒体信息，使参与的各方（发送方、接收方）都可以对信息媒体进行编辑、控制和传递。交互性是多媒体技术有别于传统信息媒体的主要特点之一。传统信息交流媒体以单向、被动传播信息为主，而多媒体技术则可实现使用者对信息的主动选择和控制。

（4）实时性

实时性是指当使用者给出操作命令时，相应的多媒体信息能够得到即时控制与反应。

1.1.4 多媒体技术的关键技术

由于多媒体系统需要将不同的媒体数据表示成统一的结构码流，并对其进行变换、重组和分析处理，以实现多媒体数据的存储、传送、输出和交互控制。所以，多媒体的传统关键技术主要集中在数据压缩技术、大规模集成电路制造技术、大容量的光盘存储技术、实时多任务操作系统技术 4 个方面。正是因为这些技术取得突破性进展，多媒体技术才得以迅速发展，成为具有综合处理声音、文字、图像、音频、视频等媒体信息的新技术。

同时，由于网络的迅速普及与技术的进步，当前用于互联网络的多媒体关键技术，可以按层次分为媒体处理与编码技术、多媒体系统技术、多媒体信息组织与管理技术、多媒体通信网络技术、多媒体人机接口与虚拟现实技术，以及多媒体应用技术 6 个方面。其中还包括多媒体同步技术、多媒体操作系统技术、多媒体中间件技术、多媒体交换技术、多媒体数据库技术、超媒体技术、基于内容检索技术、多媒体通信中的服务质量（Quality of Service，QoS）管理技术、多媒体会议系统技术、多媒体视频点播与交互电视技术、虚拟实景空间技术等。

1. 多媒体数据压缩技术

数据压缩是一个编码过程，即对原始数据进行编码压缩，压缩方法也称为编码方法。数据压缩分为有损压缩与无损压缩，目的是在媒体信息少失真或不失真的前提下，尽量设法减少媒体数据中的数据量，即减少数据冗余。

（1）数据冗余

多媒体数据尤其是图像、音频和视频数据，其数据量相当大，但那么大的数据量并不是完全等于它们所携带的信息量，即数据量大于信息量，这就称为数据冗余。信息论之父 C.E. Shannon（香农）在 1948 年发表的论文《通信的数学理论》（*A Mathematical Theory of Communication*）中指出：任何信息都存在冗余，冗余大小与信息中每个符号（数字、字母或单词）的出现概率或者说不确定性有关。Shannon 借鉴了热力学的概念，把信息中排除了冗余后的平均信息量称为"信息熵"，并给出计算信息熵的数学表达式：$H(x)=E[I(x_i)]=E\{\log[1/p(x_i)]\}=-\sum p(x_i)\log[p(x_i)]$ （$i=1, 2, \cdots, n$）。信息熵是信息论中用于度量信息量的一个概念。一个系统越有序，信息熵就越低；反之，一个系统越混乱，信息熵就越高。所以，信息熵也可以说是系统有序化程度的一个度量方式。

（2）数据冗余的种类

空间冗余：多媒体数据（如图像）存在大量有规则的信息，如规则物体与规则背景的表面物理特性具有相关性，其大量相邻的像素相同或十分相近，这些相关的光成像结构在数字化图像中表现为数据冗余，相同或十分相近的数据可以压缩。

时间冗余：时基类媒体（如音频、视频等）前后的数据信息有很强的相关性，播放时出现的声音或画面，某些地方发生了变化，某些地方没有发生变化，便形成数据的时间冗余。

结构冗余：数字化图像中物体的表面纹理等结构，往往规则相同，在记录数据时这种冗余称为结构冗余。

信息熵冗余：指数据所携带的信息量少于数据本身而反映出来的数据冗余。

视觉冗余：人的视觉受生理特性的限制，对于图像场的变化并不都能感知。事实上，人的视觉系统一般的分辨能力约为 2^6 灰度等级，而图像的量化一般采用 2^8 灰度等级，这样的冗余就称为视觉冗余。

知识冗余：多媒体数据如图像，由信息（图像）的记录方式、人对信息（图像）知识之间的异同所产生的冗余称为知识冗余。

其他冗余：数据（如图像的空间）非定常特性所带来的冗余。

（3）量化

量化是将具有连续幅度值的输入信号，转换为具有有限个幅度值输出信号的过程。即量化是将模拟信号转换为数字信号的过程。

量化的方法通常有标量量化和矢量量化两种。

标量量化：是对经过映射变换后的数据或脉冲编码调制（Pulse-Code Modulation，PCM）数据逐个进行量化，在量化过程中，所有采样使用同一个量化器进行，每个采样的量化都与其他采样无关。标量量化又分为均匀量化、非均匀量化、自适应量化。

矢量量化：又称分组量化，对 PCM 数据，若逐个进行量化，则称为标量量化；若将这些数据分成组，每组 K 个数据构成一个 K 维矢量，然后以矢量为单元逐个进行量化，称为矢量量化。

（4）数据压缩算法的综合评价指标

数据压缩算法的综合评价指标主要是通过数据压缩倍数、图像质量、压缩和解压缩速度等方面来衡量。

① 数据压缩倍数（压缩率）。数据压缩倍数通常有两种表示方法，一是由数据压缩前与后的数据量之比来表示，压缩比=原始数据量/压缩后数据量，如一幅 1 024×768 像素的图，每个像素占 8 bit，经过压缩后分辨率为 512×384 像素，且平均每个像素占 0.5 bit，压缩倍数为 64，则称其压缩比是 64∶1；二是用压缩后的比特流中每个显示像素的平均比特数（bit/s）来表示。

② 图像质量。图像质量有两方面的评价指标。一是信噪比。重建图像质量通常用信噪比（Signal Noise Ratio，SNR）来评价，即重建图像中信息与噪声的占有比率。其中，信号是指来自设备外部、需要通过这台设备进行处理的电子信号。噪声是指经过该设备后产生的原信号中并不存在的无规则的额外信号，且该种信号并不随原信号的变化而变化。信噪比越大，说明混在信号里的噪声越小，回放的质量越高，否则相反。信噪比的计量单位是 dB，其计算方法是 $10\log(P_s/P_n)$，其中 P_s 和 P_n 分别代表信号和噪声的有效功率。图像信噪比的典型值为 45～55 dB，若为 50 dB，则图像有少量噪声，但图像质量良好；若为 60 dB，则图像质量优良，不出现噪声。声音信噪比一般不应该低于 70 dB，高保真音箱的信噪比应达到 110 dB 以上。二是由若干人对所观测的重建图像质量按很好、好、尚可、不好、坏 5 个等级评分，然后按设定公式计算分数。

故数据压缩算法的质量评价可以使用信噪比 SNR 与主观评定的分数来评定。

③ 压缩和解压缩速度。依据数据压缩和解压缩速度，将数据压缩算法分为对称压缩与非对称压缩。

压缩算法分为编码部分和解码部分，如果两者的计算复杂度大至相当则算法称为对称，反之称为非对称。如电视会议的图像传输，压缩和解压缩都实时进行，计算复杂度大致相同，速度相同，属于对称压缩；又如 DVD 节目制作，只要求解压缩是实时的，而压缩是非实时的，其中 MPEG 压缩编码的数据计算复杂度约是解压缩的 4 倍，则属于非对称压缩。计算复杂度可以用算法处理一定量数据所需的基本运算次数来度量，如处理一帧有确定分辨率和颜色数的图像所需的加法次数和乘法次数。

通常在保证数据中信息质量的前提下，压缩与解压缩的计算复杂度越小越好。

（5）常用的数据压缩与解压缩算法

① 按压缩方法是否产生失真分类。按压缩方法是否产生失真可分为无失真编码和失真编码。

无失真编码也称无损压缩（可逆编码），数据在压缩与解压缩过程中不会改变或损失，解压缩产生的数据是对原始数据的完整复制，其编码可逆。

失真编码也称有损压缩（不可逆编码），数据在压缩与解压缩过程中会改变或损失，这种损失控制在一定的范围内不影响重现质量，解压缩产生的数据是对原始数据的部分复制与保留，其编码不可逆。

② 按照压缩方法的原理来分类。按照压缩方法的原理可分为预测编码、变换编码、子带编码、信息熵编码和统计编码等。

预测编码是针对空间与时间冗余的压缩方法。其基本思想是利用已被编码点的数据值来预测邻近像素点的数据值。

变换编码是针对空间与时间冗余的压缩方法。其基本思想是将图像的光强矩阵（时域信号）变换到系数空间（频域信号），然后对系数进行编码；变换编码通常采用正交变换。

子带编码又称分频带编码，其基本思想是将图像数据变换到频域后，按频率分带，然后用不同的量化器进行量化，达到最优组合。

信息熵编码根据信息熵原理，对出现概率大的符号用短码字表示，反之用长码字来表示，其目的是减少符号序列中的冗余度，提高符号的平均信息量。

统计编码根据一幅图像像素值的统计情况进行编码压缩，也可先将图像按前述方法压缩，对所得的值加以统计，再进行压缩。

行程编码属于统计编码的一种，用一个符号值或串长代替具有相同值的连续符号（连续符号构成了一段连续的"行程"。行程编码因此而得名），使符号长度少于原始数据的长度。如11111110000011100001111111；行程编码为：（1,6）（0,5）（1,3）（0,4）（1,7）。可见，当数据排列有规律的情况下，行程编码的位数远远少于原始字符串的位数。行程编码分为定长行程编码和不定长行程编码两种类型。

算术编码属于统计编码的一种，其基本思想是将被编码的信息表示成[0，1]之间的一个间隔。信息越长，间隔就越小，编码所用的二进制位就越多。

哈夫曼（Huffman）编码属于统计编码的一种，1952年哈夫曼根据香农（Shannon）1948年和范若（Fano）1949年阐述的编码思想提出一种不定长编码的方法。哈夫曼编码的基本方法是先扫描一遍图像数据，计算出各种像素出现的概率，按概率的大小指定不同长度的唯一码字，由此得到一张该图像的哈夫曼码表。编码后的图像数据记录的是每个像素的码字，而码字与实际像素值的对应关系记录在码表。

定理：在变字长编码中，如果码字长度严格按照对应符号出现的概率大小逆序排列，则其平均码字长度为最小。

哈夫曼编码的具体方法：按出现概率大小排队；把两个最小的概率相加，作为新概率和剩余概率重新排队；再把最小的2个概率相加；重新排队，直到最后变成1。每次相加时都将"0"和"1"赋予相加的两个概率，读出时由该符号开始一直走到最后的"1"，将路线上所遇到的"0"和"1"按最低位到最高位的顺序排好，就是该符号的哈夫曼编码，如图1-1-1所示。

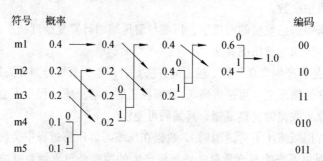

图1-1-1 哈夫曼编码方法

2. 超大规模集成电路制造技术

超大规模集成电路（Very Large Scale Integration，VLSI）是指在一块芯片上集成的元件数超过10万个，或门电路数超过万门的集成电路。即在几毫米见方的硅片上集成上万至百万晶体管、线宽在1μm以下的集成电路。VLSI及其相关技术作为前沿技术，具有普遍的影响和作用，对国防建设、社会经济和科学技术水平的发展起着巨大的推动作用。

超大规模集成电路于20世纪70年代后期研制成功，主要用于制造存储器和微处理机。64 KB随机存储器是第一代超大规模集成电路，大约包含15万个元件，线宽为3μm。由于VLSI集成度一直遵循"摩尔定律"以每18个月翻一番的速度急剧增加，目前一个芯片上集成的电路元件数已超过一亿[1994 年由于集成 1 亿个元件的 1GB DRAM 的研制成功，进入巨大规模集成电路（Giga Scale Integration，GSI）时代]。这种发展趋势正在使 VLSI 在电子设备中扮演的角色从器件芯片转变为系统芯片（SOC）；与此同时，深亚微米的 VLSI 工艺特征尺寸已达到 0.18μm 以下，在特征尺寸不断缩小、集成度和芯片面积及实际功耗不断增加的情况下，物理极限的逼近使影响 VLSI 可靠性的各种失效机理效应敏感度增强，设计和工艺中需要考虑和权衡的因素大大增加，剩余可靠性容限趋于消失，从而使 VLSI 可靠性的保证和提高面临巨大的挑战。因此，国际上针对深亚微米／超深亚微米 VLSI 主要失效机理的可靠性研究一直在不断深入，新的失效分析技术和设备不断出现，世界上著名的集成电路制造厂商都建立了自己的 VLSI 质量与可靠性保证系统，并且把针对 VLSI 主要失效机理的晶片级和封装级可靠性评价测试结构的开发和应用纳入其质量保证计划，可靠性模拟在可靠性设计与评估中的应用也日益增多。在进一步完善晶片级可靠性（WLR）、统计过程控制（SPC）和面向可靠性的实验设计方法（DOE）等可靠性技术的同时，在 20 世纪 90 年代提出内建可靠性（BIR）的新概念，把相关的各种可靠性技术有目标地、定量地综合运用于 VLSI 的研发和生产过程，从技术和管理上构建 VLSI 质量与可靠性的保证体系，以满足用户对降低 VLSI 失效率、提高其可靠性水平的越来越高的要求。

3. 大容量数据存储技术

（1）光盘存储技术

光盘（Compact Disc，CD）是指用聚焦氢离子激光束处理记录介质方法存储和再生信息的光学存储介质，又称激光光盘。

① 光盘存储器的分类。按照光盘性能的不同，光盘存储器主要分为以下几类。

a. 只读型光盘 CD-ROM、DVD-ROM。CD-ROM 主要技术来源于激光唱盘，可存储 650 MB 的数据。CD-ROM、DVD-ROM 盘片上的信息由厂家预先写入，用户只能读取信息，不能往盘片中写入信息。CD-ROM、DVD-ROM 可以大量复制，且成本低廉。

b. 一次写入型光盘 WORM。一次性写入光盘 WORM 可一次写入，多次读出。

c. 可擦除重写光盘 E-R/W。此类光盘可以像磁盘一样多次写入与读出。根据可擦写光盘的记录介质的读、写、擦原理来分类，可分为相变型光盘 PCD 和磁光型光盘 MOD 两种类型。

d. 照片光盘 Photo CD。1989 年，KODAK 公司推出相片光盘的橘皮书标准，可存 100 张具有 5 种格式的高分辨率照片。可加上相应的解说词和背景音乐或插曲，成为有声电子图片集。Photo CD 分为印刷照片光盘（Print CD）和显示照片光盘（Protfolio CD）。

e. 蓝光光盘。蓝光光盘（Blu-ray Disc，BD）是 DVD（Digital Versatile Disc，数字通用光盘）之后的下一代光盘格式之一，用于存储高品质的影音以及高容量的数据存储。蓝光光盘的命名是由于其采用波长 405 nm 的蓝色激光光束进行读写操作（DVD 采用 650 nm 波长的红光读写器，CD 则是采用 780 nm 波长）。一个单层蓝光光盘的容量为 25 GB 或 27 GB，足够录制长达 4 小时的高解析度影片。2008 年 2 月 19 日，随着 HD DVD 领导者东芝宣布在 3 月底退出所有 HD DVD 相关业务，持续多年的下一代光盘格式之争正式划上句号，最终由 SONY 主导的蓝光光盘胜出。

② 光盘存储器技术指标。光盘存储器技术指标主要体现在以下几方面。

a. 存储容量。CD 一般为 650 MB；DVD 有 4.7 GB（DVD-5）、8.5 GB（DVD-9）、9.4 GB（DVD-10）和 17 GB（DVD-18）。单层的蓝光光盘的容量为 25 GB 或 27 GB，双层可达到 46 GB 或 54 GB，可存储长达 8 小时的高解析度影片，而容量为 100 GB 或 200 GB 的，分别是 4 层及 8 层。

b. 平均存取时间。平均存取时间指计算机向光盘发出指令，到光盘驱动器在光盘上找到读写信息位置所花的时间。将光头沿径向移动全程 1/3 长度所用的时间称为平均寻道时间；盘片旋转一周所需时间的一半称为平均等待时间。

c. 平均寻道时间+平均等待时间+光头的稳定时间=平均存取时间。

d. 数据传输率。数据传输率指光头定位以后，单位时间内从光盘上读出的数据位数。数据传输率与光盘的转速、位密度和道密度密切相关。CD-ROM 的单倍速为 150 kbit/s，DVD 的单倍速为 1.35 Mbit/s，差值约 1/9。

e. 误码率和平均无故障时间（Mean Time Between Failure，MTBF）。一般未使用过的 CD-ROM 的原始误码率为 3×10^{-4}；有指纹的 CD-ROM 的误码率为 6×10^{-4}；有轻微划伤的 CD-ROM 的误码率为 5×10^{-3}；平均无故障时间 MTBF 一般可达到 25 000 小时。

（2）数码存储卡技术

数码存储卡是指采用半导体"闪存"作为存储介质的数字存储卡片。尽管各种存储卡外形规格不同，其内部均采用半导体"闪存"（Flash Memory Chip）作为存储介质，并在数码存储卡中集成了一些控制器实现通信、读写、擦拭工作。数码存储卡具有体积小巧、携带方便、使用简单的优点。同时，由于数存储卡具有良好的兼容性，便于在不同数码产品间交换数据。随着技术的发展，数码存储卡存储容量读写速度不断提升，应用也快速普及，常用于手机、DC（数码相机）、DV、便携式计算机等数码产品的独立存储介质。

① 数码存储卡分类。常见的数码存储卡有 CF 卡、SD 卡、MMC 卡、SM 卡、记忆棒（Memory Stick）、xD 卡等。

a. CF 卡。CF（Compact Flash）卡是最早推出的数码存储卡，1994 年由 SanDisk 公司推出。CF 存储卡的部分结构采用强化玻璃及金属外壳。CF 存储卡采用 Standard ATA/IDE 接口界面，配备专门的 PCMCIA 适配器，具有 PCMCIA-ATA 功能，并与之兼容。CF 卡是一种固态产品，即工作时没有运动部件。CF 卡采用闪存（Flash）技术，是一种稳定的存储解决方案，不需要电池来维持其中存储的数据。对所保存的数据，CF 卡比磁盘驱动器安全性和保护性更高，可靠性提高 5 到 10 倍，而且 CF 卡的用电量仅为小型磁盘驱动器的 5%。多个 CF 卡合并到一起可形成 SSD 硬盘。与其他数码存储卡相比，CF 卡单位容量的存储成本更低，速度更快。CF 卡分为 CF Type I、CF Type II 两种类型。由于 CF 存储卡的插槽可以向下兼容，因此 TypeII 插槽可使用 CF TypeII 卡、CF Type I 卡，如图 1-1-2 所示。

图 1-1-2　CF 卡

b. MMC 卡。MMC 卡（Multimedia Card，多媒体卡）是 Sandisk 和西门子于 1997 年联手推出的数码存储卡。MMC 卡主要由存储单元和智能控制器组成，设计为一种低成本的数据平台和通信介质，耐使用可反复进行读写 30 万次。MMC 存储卡可以分为 MMC 和 SPI 两种工作模式。

MMC 模式是默认的标准模式，具有 MMC 的全部特性。SPI 模式是 MMC 协议的一个子集，主要用于使用小数量卡（通常是 1 个）和低数据传输率（和 MMC 协议相比）的系统，该模式把设计花费减到最小，其性能不如 MMC 模式。MMC 卡接口设计为 7 针，其中 3 针用于电源供应，3 针用于数据操作（SPI 模式加 1 针用于选择芯片）。近年来 MMC 卡技术已基本被 SD 卡代替。

c. SD 卡。SD（Secure Digital）卡是日本松下公司、东芝公司、美国 SanDisk 公司共同开发的数码存储卡，于 1999 年 8 月首次发布。SD 卡数据传送和物理规范由 MMC 发展而来，读写速度比 MMC 卡快 4 倍。SD 接口保留 MMC 的 7 针接口，另外在两边加 2 针，作为数据线。SD 卡最大的特点是通过加密功能，保证数据资料安全，如图 1-1-3 所示。

图 1-1-3　SD 卡

SD 的衍生产品主要有两种：MiniSD 卡与 MicroSD 卡。

- MiniSD 卡。MiniSD 由松下和 SanDisk 于 2003 年共同开发的。MiniSD 卡的设计初始是为拍照手机而作，通过 SD 转接卡可作为一般 SD 卡使用。MiniSD 卡的容量由 16 MB 至 128 GB。

- MicroSD 卡。在超小型存储卡产品上，SD 协会率先将 T-Flash 纳入其家族并命名为 MicroSD，用来替代 MiniSD 的地位。MicroSD 在 2005 年推出后令消费者惊艳不已，到 2008 年手机已经普遍使用这种小存储卡。

e. MS 卡。即 Memory Stick 记忆棒，采用精致醒目的蓝色或黑色外壳，具有写保护开关，主要运用于 SONY 产品。和很多 Flash Memory 存储卡不同，Memory Stick 规范是非公开的，没有标准化组织。MS 卡采用 SONY 的外型、协议、物理格式和版权保护技术，若使用该规范就必须和 SONY 谈判签定许可。Memory Stick 包括控制器在内，采用 10 针接口，数据总线为串行。SONY 独立针槽的接口易于从插槽中插入或抽出，不轻易损坏；针与针不会互相接触，降低发生误差的可能性，使资料传送更可靠；同时比插针式存储卡更容易清洁。由 Memory Stick 所衍生出来的 Memory Stick Pro 和 Memory Stick Duo 是索尼记忆棒向高容量和小体积发展的产物。

f. SM 卡。SM 卡最早由东芝公司推出，将存储芯片封装起来，自身不包含控制电路，所有的读写操作安全依赖于使用它的设备。由于结构简单可做得很薄，便携性方面优于 CF 卡。但兼容性差是其最大的缺点，一张 SM 卡若在 MP3 播放器使用过，数码照相机有不能再读写的可能。

g. xD 图像卡。xD 图像卡是继上面几种存储卡而后生的存储卡产品，是富士胶卷和奥林巴斯光学工业为 SM 卡开发的后续产品，专为富士和奥林巴斯数码相机而设计。它的特点是集体积更小、容量更大。

② 数码存储卡的主要技术指标。数码存储卡的主要技术指标包括容量、数据读取速度、数据写入速度、接口针数、响应时间等。容量目前主要有 8 GB、32 GB、64 GB、128 GB 等类型。读取速度主要有 20 MB/s、30 MB/s、90 MB/s 等多种规格。接口针数主要有 MMC 卡 7 针、SD 卡 9 针、MS 卡 10 针、XD 卡 18 针、SM 卡 22 针、CF 卡 50 针，如表 1-1-1 所示。

表 1-1-1 常见数码存储卡的主要技术指标

类型	MMC 卡	SD 卡	MS 卡	XD 卡	SM 卡	CF 卡	
						Type I	Type II
长/mm	32	32	50	25	45	43	43
宽/mm	24	24	21.5	20	37	36	36
高/mm	1.4	2.1	0.82	1.7	0.76	3.3	5
工作电压/V	2.7~3.6	2.7~3.6	2.7~3.6	3.3~5	3.3 或 5	3.3 或 5	3.3 或 5
接口	7 针	9 针	10 针	18 针	22 针	50 针	

随着技术的进步，各种存储卡的技术参数也在发生很大的变化。以 SD 卡为例，根据不同的规范 SD 有不同的技术参数。按 SD1.0 规范（现已不用），以 CD-ROM 的 150 KB/s 为 1 倍速的速率来计算，普通的 SD 卡的读写速度比 CD-ROM 快 6 倍（900 KB/s），高速 SD 卡则达到 10 MB/s 以上的传输速率。按 SD2.0 的规范，对 SD 卡的速度分级方法为 Class 2、Class 4、Class 6 和 Class 10 4 个等级。按 SD3.01 规范的 SD 卡被称为超高速卡，速率定义为 UHS-I 和 UHS-II。其中 UHS-I 卡的速度等级分为 UHS-Class0 和 UHS-Class1。另外，SD 卡容量目前有 3 个级别：SD、SDHC、SDXC。SD 容量有 32 MB、64 MB、128 MB、256 MB、512 MB、1 GB、2 GB、4 GB、8 GB、16 GB、32 GB、64 GB、128 GB 等。

需要说明，存储卡的读取速度与写入速度往往不同，通常读取速度高于写入速度。

4. 实时多任务操作系统技术

实时多任务操作系统（Real Time Multi-Tasking Operation System，RTOS）是嵌入式应用软件的基础和开发平台。RTOS 是一段嵌入在目标代码中的软件，可提供一个可靠性和可信性很高的实时内核，将 CPU 时间、中断、I/O、定时器等资源包装起来，留给用户一个标准的应用程序编程接口（Application Programming Interface，API），并根据各个任务的优先级，在不同任务之间合理分配 CPU 时间。RTOS 是针对不同处理器优化设计的高效率实时多任务内核，基本功能包括任务管理、定时器管理、存储器管理、资源管理、事件管理、系统管理、消息管理、队列管理、旗语管理等。这些管理功能通过内核服务函数形式交给用户调用，优秀的 RTOS 可面对几十个系列的嵌入式处理器（如 MPU、MCU、DSP、SOC 等）提供类同的 API 接口，这是 RTOS 基于设备独立的应用程序开发基础。在 RTOS 基础上可编写各种硬件驱动程序、专家库函数、行业库函数、产品库函数等，因此 RTOS 又是一个软件开发平台。

RTOS 的引入解决了嵌入式软件开发标准化的难题。目前，RTOS 可支持从 8 bit 的 8051 到 32 bit 的 PowerPC 及 DSP 等几十个系列的嵌入式处理器。同时，基于 RTOS 开发的程序具有较高的移植性，一些成熟的通用程序可作为专家库函数产品推向社会，促进行业交流及社会分工专业化，减少重复劳动，提高知识创新的效率。

当前，高质量源代码的 RTOS 主要由美国提供。如由苹果公司开发的操作系统互联网操作系统（Internetwork Operating System，iOS），主要用于 iPhone、iPod Touch、iPad、Apple TV 等设备。该系统原名为 iPhone OS，2010 年 6 月 7 日 WWDC 大会上宣布改名为 iOS。iOS 与 Mac OS X 操作系统一样以 Darwin 为基础开发，iOS 系统架构分为 4 个层次：核心操作系统（The Core OS Layer）、核心服务层（The Core Services Layer）、媒体层（The Media Layer）、可轻触层（The Cocoa Touch Layer）。系统操作占用大概 240 MB 内存空间。Android（安卓）也是 RTOS 中的一种，是以 Linux

为基础的开放源码操作系统，主要使用于便携设备。Android 操作系统由 Andy Rubin 开发，最初用于手机；2005 年由 Google 收购注资，并联合多家制造商组成开放手机联盟开发改良，逐渐扩展到平板计算机等领域。另外，RTOS 还包括微软的 Windows Phone7、RIM 的 Blackberry OS 等。

1.1.5　多媒体技术的应用

1.　在教育与培训方面的应用

随着经济的发展，很多学校都配备了多媒体电子课室，多媒体技术以全方位的感观效果、灵活的使用手段、大容量的信息交流等独特的优势，推动教育教学改革，对教学效果的提高起到不可替代的作用。

多媒体技术使教材由原来单一的纸质教材向多媒体教材方向发展，精品课程等网络课程的建设与推广应用，使学习者获取信息的方式发生了重大变化，文字、图形图像、音频、视频、动画等以形象直观、信息量丰富等优势融入教材体系，使教材建设向多维化方向发展。利用多媒体技术可将文本、图形图像、音频、视频、动画等素材可编制出计算机辅助教学（Computer Assisted Instruction，CAI）软件即多媒体教学课件，丰富课堂与网络教学资源。目前，微课与 MOOCs 正在迅速普及，促进交互式远程教学的发展，使教育的表现形式日趋多样化。

2.　在通信方面的应用

多媒体技术在通信方面的应用主要包括可视电话、视频会议、信息点播（Information Demand）、计算机协同工作（Computer Supported Cooperative Work，CSCW）等。

信息点播包括桌上多媒体通信系统和交互电视 ITV。通过桌上多媒体信息系统，人们可以远距离点播所需信息。通过交互式电视用户可主动与电视进行交互，在电视台节目库中选取所需的信息。

计算机协同工作（CSCW）是指在计算机支持的环境中，一个群体协同工作以完成一项共同的任务。其可应用于工业产品的协同设计制造、远程会诊，不同地域位置的同行进行学术交流、师生间的协同式学习等。

计算机的交互性、通信的分布性和多媒体的现实性相结合，是继电报、电话、传真之后的第 4 代通信手段。

3.　虚拟现实

虚拟现实（Virtual Reality，VR）技术是一种可以创建和体验虚拟世界的计算机系统，是一种逼真模拟人在实际环境中视觉、听觉、运动等行为的高级人机交互技术。虚拟现实技术利用多媒体计算机和高级传感装置创造场景，使用者借助于数据头盔、数据手套、显示眼镜等虚拟现实硬件，置身于一个模拟的、富有真实感的虚拟场景。虚拟现实技术于 20 世纪 80 年代末 90 年代初崛起。

虚拟现实技术研究内容包括：①人与环境的融合技术，包括高分辨率立体显示器、方位跟踪系统、手势跟踪系统、触觉反馈系统、声音定位与跟踪系统、本体反馈的研究；②物体对象的仿真技术，包括几何仿真、物理仿真、行为仿真的研究；③VR 图像生成技术及高效快速生成体系图技术；④实时处理及并发处理的多维信息表示技术；⑤高性能的计算机图形处理硬件研究；⑥分布式虚拟环境和基于网络环境的虚拟现实研究。

虚拟现实系统按其功能不同，可分为 3 种：简易型虚拟现实系统、沉浸型虚拟现实系统、共享型虚拟现实系统。

4．在其他方面的应用

利用多媒体技术可为各类咨询提供服务，如旅游、邮电、交通、商业、金融、宾馆等。多媒体技术还将改变未来的家庭生活，多媒体技术在家庭中的应用将使人们在家中上班成为现实。多媒体技术给出版业也带来巨大影响，其中近年来出现的电子图书和电子报刊就是应用多媒体技术的产物。

1.2 多媒体计算机系统的层次结构

多媒体计算机系统是多种信息技术的集成，是把多种技术综合应用到一个计算机系统，实现多媒体数据输入、处理、输出等多种功能的计算机系统。一个完整的多媒体计算机系统，按组成和实现的功能，结构可分为 5 个层次，自上到下依次为多媒体应用系统、多媒体作品创作工具、多媒体应用程序接口、多媒体软件系统、多媒体硬件系统，如图 1-2-1 所示。

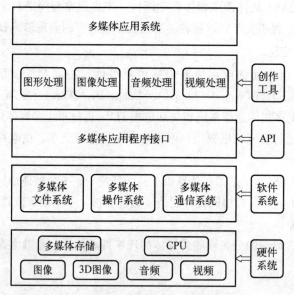

图 1-2-1 多媒体计算机系统的层次结构

1.2.1 多媒体计算机硬件系统

多媒体计算机硬件系统是指组成多媒体计算机系统的物理设备，包括计算机硬件、音频视频处理设备、多媒体输入/输出设备及信号转换装置、通信传输设备及接口装置等，如图 1-2-2 所示。

多媒体计算机硬件系统的核心是综合处理多种媒体信息的计算机，它可以是一台工作站，也可以是一台高性能的个人计算机（Personal Computer，PC）。若以 PC 作为主机，配以必要的多媒体设备、多媒体操作系统及相关软件，可构成一台多媒体个人计算机（Multimedia Personal Computer，MPC）。

图 1-2-2 多媒体计算机的硬件系统

多媒体计算机硬件系统主要包括：①多媒体主机，如 MPC、工作站、超级微机等。②多媒体输入设备，如摄像机、麦克风、录像机、扫描仪、数字多功能光盘（Digital Versatile Disc, DVD）驱动器、声音输入/输出设备、视频输入/输出设备、多媒体通信传输设备等。③多媒体输出设备，如打印机、绘图仪、音响、电视机、音箱、录音机、录像机、显示器等。④多媒体存储设备，如硬盘、可重写式 DVD（DVD-ReWritable, DVD-RW）、各类存储卡等。⑤多媒体功能卡，如视频卡、声卡、压缩卡、家电控制卡、通信卡等。⑥操纵控制设备，如鼠标、操纵杆、键盘、触摸屏等。

1.2.2 多媒体计算机软件系统

多媒体计算机软件系统是指管理多媒体计算机软件与硬件系统资源、控制计算机运行的程序、命令、指令和数据。包括多媒体操作系统、多媒体文件系统和多媒体通信系统等系统级软件。

多媒体操作系统负责控制和管理计算机的多媒体软硬件资源，并对各种资源进行合理地调度和分配，最大限度地发挥计算机的效能，改善工作环境向用户提供友好的人机交互界面。多媒体操作系统具有综合使用各种媒体的能力，能调度多种媒体数据并能进行相应的传输和处理，且使各种媒体硬件和谐工作。它负责多媒体环境下多任务的调度、保证音频、视频同步控制、信息处理的实时性，提供多媒体信息的各种基本操作和管理；具有对设备的相对独立性与可扩展性。目前微型计算机常用的多媒体操作系统有微软公司的 Windows、苹果公司的 Mac OS 等。

多媒体文件系统是指对多媒体文件存储器空间进行组织和分配，负责多媒体文件的存储并对存储文件进行保护和检索的系统。具体来说，多媒体文件系统的主要功能是：①建立多媒体文件；②存入、读出、修改、转储多媒体文件；③控制多媒体文件的存取；④当用户不再使用时撤销多媒体文件。

多媒体通信系统是指实现多媒体信息通信的系统，即在通信过程中能同时提供文本、图形图像、音频、视频、动画等多种媒体信息通信的系统。

1.2.3 多媒体应用程序接口

多媒体应用序接口（Application Programming Interface, API）是指一些预先定义的函数。这些函数提供使用者无需访问源码或理解计算机内部工作机制，就可直接调用系统硬件与软件的功能。本质上 API 是操作系统留给应用程序的一个调用接口，应用程序通过调用操作系统的 API 而使操作系统去执行应用程序命令。如微软公司推出的 Direct X 程序设计工具，可方便程序员直接使用操作系统的函数库，将 Windows 系统变成一个集声音、视频、图形、动画于一体的增强平台。

1.2.4 多媒体作品创作工具

多媒体作品创作工具是指在多媒体操作系统支持下，利用图形图像编辑软件、视频编辑软件、音频编辑软件、动画制作软件等编辑与制作多媒体素材，并在相应软件中集成多媒体作品的软件。常用的多媒体作品创作工具主要包括以下 4 种类型。

1. 以时间为基础的多媒体创作工具

以时间为基础的多媒体创作工具，提供了可视的时间轴，各种对象和事件利用时间轴线组织，通过时间轴控制事件播放顺序和对象显示时段。时间轴包含多个通道，可安排多种对象同时呈现。该类创作工具可编辑或控制跳转到时间轴的任何位置，从而增加多媒体作品的导航和交互控制。以时间为基础的多媒体创作工具典型产品有 Director 和 Action、Flash 等。

2. 以图标为基础的多媒体创作工具

以图标为基础的多媒体创作工具，提供了图标和流程线。图标用于存储和控制媒体信息，创作多媒体作品时，根据设计将不同类型的图标放置在创作工具提供的流程线，并对图标进行编辑，如添加多媒体素材、设置素材的显示属性等，形成多媒体作品。使用图标与流程线构造程序，多媒体素材的呈现次序以流程线为依据，这类创作工具代表有 Authorware、IconAuthor。

3. 以页面或卡片为基础的多媒体创作工具

以页面或卡片为基础的多媒体创作工具，提供一种可将对象连接于页面或卡片的工作环境。一页或一张卡片便是数据结构中的一个结点，可将页面或卡片连接成有序的序列。

这类多媒体创作工具是以面向对象的方式来处理多媒体元素，这些元素用属性来定义，用剧本来规范，允许播放声音元素以及动画和数字化视频节目，在结构化的导航模型中，可以根据命令跳至所需的任何一页，形成多媒体作品。这类创作工具主要有 Tool Book 及 Hyper Card 等。

4. 以传统程序语言为基础的创作工具

以传统程序语言为基础的创作工具如 Visual C++、Visual Basic 等，可以通过编程组织管理多媒体素材，创作出多媒体作品。其缺点是需要大量编程，可重用性差，不便于重新组织和管理多媒体素材，且调试困难。

1.2.5 多媒体应用系统

多媒体应用系统是指根据多媒体系统终端用户要求而定制的多媒体应用软件。该类软件直接面向用户，为满足用户的各种需求而设计制作，通常是面向某一领域的用户定制的应用软件系统。多媒体应用系统是由各种应用领域的专家或开发人员，利用多媒体开发工具软件或计算机语言，组织编排的多媒体产品。

1.3 多媒体素材分类

多媒体应用软件中需要用到大量的文本、声音、图形、图像、动画、视频等数据，这些数据称为多媒体素材。多媒体素材的采集与编辑工作一般包括素材形式及其获取方式的选择，素材的采集与编辑，对已编辑好的素材文件进行统一、规范化的管理。多媒体作品中常用的素材类型主要包括文本、图形、图像、音频、视频和动画。

1.3.1 文本

文本是指字母、数字和符号。与其他媒体相比，文本是最容易处理、占用存储空间最少、最方便利用计算机输入和存储的媒体。文本显示是多媒体教学软件中非常重要的一部分，多媒体教学软件中概念、定义、原理的阐述，问题的表述，标题、菜单、按钮、导航的呈现等都离不开文本信息。它是准确有效传播信息的重要媒体元素，是一种最常用的媒体元素。文本类文件的格式及特点如下。

1. TXT 文本

TXT 文本是纯文本文件，文件扩展名为.txt。文本文件不包含文本格式设置，即文件里没有字体、大小、颜色、位置等格式化信息。所有文字编辑软件和多媒体集成工具软件均可直接调用 TXT 文件。Windows 系统的"记事本"是支持 TXT 文本编辑和存储的工具之一。

2. DOC 文档

DOC 文档是 Word 字处理软件所使用的文件格式，2007 版之前发行的 Word 其文件扩展名为.doc，2007 版及其以后发行的 Word 文档默认扩展名为.docx。.doc 格式是微软的专属格式，可容纳较多文字格式、脚本语言及复原等资讯。但因为该格式属于封闭格式，因此兼容性较低。

3. WPS 文件

WPS 文件是中文字处理软件 WPS 的格式，文件扩展名为.wps。其中包含特有的换行和排版信息，被称为格式化文本，只能在特定的 WPS 编辑软件中使用。

4. RTF 文本

RTF（Rich Text Format，富文本格式）文本是带格式的纯文本文件，文件扩展名为.rtf。RTF 文本是微软公司开发的跨平台文档格式，以纯文本描述内容，能够保存各种格式信息，可用写字板、Word 等创建。大多数文字处理软件能读取和保存 RTF 文档。Windows 系统的"写字板"是支持 RTF 文本编辑和存储的工具之一。

1.3.2 图形

图形又称矢量图形或矢量图。图形通过一组指令集来描述构成图形的图形元素的颜色、形状、轮廓、大小和位置。其中图形元素包括直线、圆、圆弧、矩形、曲线等。显示时需要专门的软件读取这些指令，并将其转变为屏幕上可显示的形状和颜色。图形根据几何特性来绘制图形，矢量可以是一个点或一条线，图形靠软件生成，因为这种类型的图像文件包含独立的分离图像，可以自由无限制地重新组合。

图形的特点是放大后图像不会失真，和分辨率无关，文件占用空间较小。缺点是色彩不够丰富。图形适用于图形设计、文字设计、标志设计、版式设计和工程制图等。不同类型的图形文件格式及特点如下。

1．WMF 文件

WMF（Windows Meta File，图元文件）文件是 Windows 平台下的图形文件格式，如 Microsoft Office 的剪贴画等，文件扩展名为.wmf。目前，其他操作系统如 UNIX、Linux 等尚不支持这种格式。

WMF 文件主要特点是：①和设备无关，即它的输出特性不依赖于具体输出设备；②图像完全由 Win32 API 所拥有的 GDI 函数来完成；③文件所占的磁盘空间比其他任何格式的图形文件小；④建立图元文件时，不能实现即画即得，而是将 GDI 调用记录到图元文件，之后在 GDI 环境中重新执行显示图像。⑤显示图元文件的速度比显示其他格式的图像文件慢，但形成图元文件的速度要远大于其他格式。

2．EMF 文件

EMF（Enhanced Meta File，增强性图元文件）文件格式是原始 WMF 格式的 32 位版本，文件扩展名为.emf。EMF 格式的创建目的是解决 WMF 格式从复杂的图形程序中打印图形时出现的不足，是设备独立性的一种格式。即 EMF 可始终保持图形的精度，而无论用打印机打印出何种分辨率（dot/in）的硬拷贝。当打印任务发送到打印机后，如果正在打印另一个文件，计算机会读取新文件并存储它，通常是存储于硬盘或内存，用于稍后时间打印。

3．CDR 文件

CDR 文件属于 CorelDRAW 专用图形文件存储格式，文件扩展名为.cdr。可用 CorelDRAW 进行重新编辑与排版，它广泛应用于商标设计、标志制作、模型绘制、插图描画、排版等诸多领域。

1.3.3　图像

图像又称位图，是指由描述图像中各个像素点的亮度与颜色、饱和度的数位集合组成的图。生成图像的方法有照相机拍摄、用画图软件工具绘制的画面。其特点是用指定的颜色画出每个像素点来生成一幅图。图像适合表现比较细致，层次和色彩比较丰富，包含大量细节的图像；缺点是图像放大后会失真。常见的图像文件格式及特点如下。

1．BMP 文件

BMP（Bitmap，位图）是 Windows 标准格式图像文件，BMP 文件将图像定义为由点（像素）组成的画面，每个点可由多种色彩表示，包括 2、4、8、16、24 和 32 位色彩，文件扩展名为.bmp。BMP 一般不使用压缩方法，因此 BMP 格式的图像文件较大，特别是具有 24 位（2^{24} 种颜色）或真色彩图像。由于 BMP 图像文件的无压缩特点，在多媒体作品制作中，通常不直接使用 BMP 格式的图像文件，只是在图像编辑和处理的中间过程使用它保存最真实的图像效果，编辑完成后再转换成其他图像文件格式，应用到多媒体项目制作。

2．GIF 文件

GIF（Graphics Interchange Format，图像交换格式）是一种基于 LZW 算法的连续色调的无损压缩格式。其压缩率一般在 50%左右，文件扩展名为.gif。GIF 文件具有以下特点：①支持 256 色以内的图像；②采用无损压缩存储，在不影响图像质量的情况下，可生成小文件；③支持透明色，可使图像浮现在背景之上；④可容纳多张图片并顺序播放产生动画，即 GIF 动画。

3. PNG 文件

PNG（Portable Network Graphics，可移植网络图形）图像使用从 LZ77 派生的无损数据压缩算法，文件扩展名为.png。PNG 格式图像采用无损压缩算法，很好地保留了原来图像中的每个像素，具有压缩比高、生成文件容量小的特点。并提供了类似于 GIF 文件的透明和交错效果，它支持使用 24 位色彩，可以使用调色板的颜色索引功能。PNG 常用于 Java 程序、网页、S60 程序等。

4. JPG 文件

JPG（Joint Photographic Experts Group，联合图像专家组）文件采用 JPEG 国际标准对图像进行压缩存储，文件扩展名为.jpg。JPG 图像文件格式采用顺序式编码（Sequential Encoding）、递增式编码（Progressive Encoding）、无失真编码（Lossless Encoding）、阶梯式编码（Hierarchical Encoding）算法在对数字图像进行压缩时，可保持较好的图像保真度和较高的压缩比。JPG 文件可根据需要选择文件的压缩比，当压缩比为 16：1 时，获得压缩图像效果几乎与原图像难以区分；当压缩比达到 48：1 时，仍可以保持较好的图像效果，仔细观察图像的边缘可以看出不太明显的失真。JPG 图像格式是目前应用范围非常广的一种图像文件格式。这种格式的优点是文件小，压缩比可调；缺点是文件显示较慢，图像边缘略有失真。它支持灰度图像、RGB 真彩色图像和 CMYK 真彩色图像。

1.3.4 音频

音频是指通过听觉器官感知的媒体素材，通常包括语音、音效、音乐 3 种形式。语音是指人们讲话的声音。音效是指特殊的声音效果，如雨声、铃声、机器声、动物叫声等，它可以从自然界中录音，也可以采用特殊方法人工模拟制作。音乐从狭义上是指通过器乐等演奏出的富有优美弦律的声音。

按记录声音的方式，音频又可分为波形声音、MIDI 和 CD 音乐。

常见的音频文件格式及特点如下。

1. WAV 文件

WAV（Wave）文件是波形音频文件格式，是微软公司开发的声音文件格式，文件扩展名为.wav。它符合资源互换文件格式（Resource Interchange File Format，RIFF）文件规范，RIFF 文件是 Windows 环境下大部分多媒体文件遵循的一种文件结构，被 Windows 平台及其应用程序所广泛支持。

WAV 文件格式支持 MSADPCM 等多种压缩运算法，支持多种采样位数、采样频率和声道数。声音文件的采样位数主要有 8 bit、16 bit 两种；采样频率一般有 11 025 Hz（约 11 kHz）、22 050 Hz（约 22 kHz）和 44 100 Hz（44.1 kHz）3 种。标准格式化的 WAV 文件和 CD 格式一样，取样频率 44.1 kHz，16 位量化数字，因此在声音文件质量和 CD 相近。WAV 声音的质量高，但文件大。其文件大小的计算方式为 WAV 格式文件所占容量（KB）=（取样频率×量化位数×声道）×时间/8，每分钟 WAV 格式的音频文件的大小为 10 MB，其大小不随音量大小及清晰度的变化而变化。

2. MIDI 文件

MIDI（Musical Instrument Digital Interface，乐器数字接口）文件是一种描述性的"音乐语言"，将所要演奏的乐曲用一系列带时间特征的指令串进行描述，记录音乐行为。文件扩展名为.mid，即 MIDI 文件存储与传输的是数值形式的指令如音符、控制参数等指令，指示 MIDI 设备做什么、怎么做，如演奏哪个音符、多大音量、多长时间等。MIDI 系统实际是一个作曲、配器、电子模拟的演奏系统，当 MIDI 文件传送到 MIDI 播放设备时，MIDI 设备则按 MIDI 信息的指令，指挥电子合成器、电子节奏机和其他电子音源与序列器，模拟演奏出音色变化的音响效果。MIDI 数据依赖于设备，即 MIDI 音乐文件产生的声音取决于放音的 MIDI 设备。

MIDI 对存储容量比波形声音小。30 分钟的立体声音乐，若用波形文件无压缩录制，约需 300 MB 存储量；用 MIDI 录制仅需 200 KB 左右，两者相差 1 500 多倍。与波形声音文件相比，MIDI 的编辑方便灵活，可任意修改曲子的速度、音调，也可改用不同的乐器等。

MIDI 原是电子音乐设备和计算机的通讯标准，它由电子乐器制造商们建立起来，用以确定计算机音乐程序、合成器和其他电子音响设备互相交换信息与控制信号的方法。

3. MP3 文件

MP3 是以 MPEG（Moving Picture Experts Group，运动图像专家组） Layer 3 标准压缩编码的一种音频文件格式，文件扩展名为.mp3。MPEG-1 声音压缩编码是国际上第 1 个高保真声音数据压缩的国际标准，它分为 3 个层次：

（1）层 1（Layer 1）：编码简单，用于数字盒式录音磁带，2 声道，所需频宽 384 kbit/s，压缩率 4：1。

（2）层 2（Layer 2）：算法复杂度中等，用于数字音频广播（DAB）和 VCD 等，所需频宽 256～192 kbit/s，压缩率 6：1～8：1。

（3）层 3（Layer 3）：即 MP3，编码复杂，用于互联网上的高质量声音的传输，所需频宽 128～112kbit/s，压缩率 10：1～12：1。通过计算知道，1 分钟 CD 音质（44 100 Hz，16 bit，60 s）的 WAV 文件需要 10 MB 左右的存储空间，经过 MPEG Layer 3 格式压缩编码后，可以压缩到 1 MB 左右，其音色和音质还可保持基本完整而不失真。

4. CDA 文件

CDA（Compact Disc Audio track，CD 音轨）文件扩展名为.cda，一个 CD 音频文件对应一个 *.cda 文件，这只是一个索引信息，并不包含声音信息，其声音数据存放于光盘的数据区。所以不论 CD 音乐的长短，计算机上看到的 "*.cda" 文件都是 44 字节长。

标准 CD 格式是 44.1 kHz 的采样频率，传输速率 88 kbit/s，16 位量化位数，CD 音轨近似无损，因此它的声音基本上接近于原声。不能直接复制 CD 格式的*.cda 文件，需要使用如 EAC、Adobe Audition 等抓音轨软件把 CD 格式的文件转换成 WAV、MP3 等格式，存储到存储器。

1.3.5 视频

视频（Video）由连续画面组成的自然景物的动态图像，是对自然景象的摄录或记录。视频文件是由一组连续播放的数字图像（Video）和一段随连续图像同时播放的数字伴音共同组成的多媒体文件。其中每一幅图像称为一帧（Frame），随视频同时播放的数字伴音简称"伴音"。当图像以 24 帧/s 以上速度播放时，由于人眼的视觉暂留作用，可看到画面连续的视频。视频一般分为模拟视频和数字视频，传统电视、录像带使用的是模拟视频信息。多媒体素材中的视频是指数字视频，如 DVD 中存储的是经过采样、量化、编码压缩生成的数字视频信息。

Web 中的视频流媒体（Streaming Media），是指实时传送视频、音频、动画等媒体文件，支持边传送边播放的媒体传输技术。广义上，流是使音频和视频形成稳定和连续的传输流和回放流的一系列技术、方法和协议的总称，习惯上称为流媒体系统；狭义上，流是相对于传统的下载——回放（Download-Playback）而言的一种适合流式传输的媒体文件格式，即将携带流媒体的数据包称为流。用户从 Internet 获取多媒体流，可边接收边播放，无须播放前下载完文件。多媒体网页的制作中，流媒体已成为一种重要的多媒体文件格式，采用流技术的网页欣赏音乐或视频时，可边下载边播放。

视频采集卡是将模拟视频信号在转换过程中压缩成数字视频，并以文件形式存入计算机硬盘的设备。将视频采集卡的视音频输入端与视音频信号的输出端（如摄像机、录像机、影碟机等）连接之后，即可采集捕捉到视频图像和音频信息。随着技术的进步，目前流行的很多以闪存为存储介质的数码摄像机的视频采集，可以通过 USB 接口直接复制到计算机硬盘，无须视频信号采集卡。

视频文件格式及特点如下。

1. AVI 文件

AVI（Audio Video Interleave，音频视频交错）文件是 Microsoft 公司开发的一种伴音与视频交叉记录的视频文件格式，文件扩展名为.avi。AVI 文件中，视像和伴音分别存储，并且伴音与视频数据交织存储，播放时可获得连续信息。这种视频文件格式灵活，与硬件无关，可在 Windows 环境下使用。AVI 文件与 WAV 文件密切相关，因为 WAV 文件是 AVI 文件中伴音信号的来源，伴音的基本参数是 WAV 文件格式的参数。

2. VOB 文件

VOB（Video OBject，视频对象）文件是 DVD 视频文件存储格式，文件扩展名为.vob。DVD 视频对象文件用来保存 MPEG-2 格式的音频和视频数据，这些数据不仅包含影片本身，而且还包括菜单和按钮用的画面以及多种字幕的子画面流，即包含多路复合的 MPEG-2 视频数据流、音频数据流（通常以 AC3 格式编码）、字幕数据流。

3. DAT 文件

DAT（Digital Audio Tape，数码音频磁带）文件是 VCD 视频文件存储格式，文件扩展名为.dat。用计算机打开 VCD，可看到 Mpegav 文件夹，其中包括 Music01.Dat 或 Avseq01.Dat 命名的文件。通常 DAT 文件由 VCD 刻录软件将符合 VCD 标准的 MPEG-1 文件自动转换生成。

4. MPEG 文件

MPEG（Moving Pictures Experts Group/Motin Pictures Experts Group，动态图像专家组）编码视频文件，是以 MPEG 标准压缩的全屏幕运动视频文件格式，其文件扩展名是.mpg。MPEG 标准的视频压缩编码技术主要利用具有运动补偿的帧间压缩编码技术以减小时间冗余度，利用 DCT 技术以减小图像的空间冗余度，利用熵编码则在信息表示方面减小统计冗余度。该专家组建于 1988 年，专门负责为 CD 建立视频和音频标准，成员是视频、音频及系统领域的技术专家。之后，他们成功将声音和影像的记录脱离传统的模拟方式，建立 ISO/IEC 1172 压缩编码标准，并制定出 MPEG 格式，令视听传播方面进入数码化时代。MPEG 标准主要有 MPEG-1、MPEG-2、MPEG-4、MPEG-7 及 MPEG-21 等。因此，现时泛指的 MPEG-X 版本，是由 ISO（International Organization for Standardization）所制定而发布的视频、音频、数据压缩标准。

MPEG-1 标准制定于 1992 年，为工业级标准而设计，采用基于帧的编码理念。可适用于不同带宽的设备，如 CD-ROM、Video-CD、CD-I。它可针对 SIF 标准分辨率（对于 NTSC 制为 352×

240 像素；对于 PAL 制为 352×288 像素）的图像进行压缩，传输速率为 1.5 Mbit/s，每秒播放 30 帧，具有 CD 音质，质量级别基本与 VHS 相当。MPEG-1 的编码速率最高可达 4~5Mbit/s，但随着速率的提高，其解码后的图像质量有所降低。MPEG-1 也被用于数字电话网络上的视频传输，如非对称数字用户线路（ADSL）、视频点播（VOD）以及教育网络等。

MPEG-2 标准制定于 1994 年，采用基于帧的编码理念。设计目标是高级工业标准的图像质量以及更高的传输率。MPEG-2 传输率为 3~10 Mbit/s，其在 NTSC 制式下的分辨率可达 720×486 像素，MPEG-2 能够提供广播级的视像和 CD 级的音质。MPEG-2 的音频编码可提供 5.1 及 7.1 声道，可多达 7 个伴音声道。由于 MPEG-2 设计时的巧妙处理，使得大多数 MPEG-2 解码器可播放 MPEG-1 格式数据。同时，由于 MPEG-2 的出色性能表现，已能适用于 HDTV，使得原打算为 HDTV 设计的 MPEG-3，还没出世就被抛弃（MPEG-3 要求传输速率在 20~40 Mbit/s 间，但这将使画面有轻度扭曲）。除了作为 DVD 的指定标准外，MPEG-2 还可用于为广播、有线电视网、电缆网络、卫星直播（Direct Broadcast Satellite）提供广播级的数字视频。

MPEG-4 标准于 1995 年 7 月开始研究，1998 年 11 月被 ISO/IEC 批准为正式标准，正式标准编号为 ISO/IEC 14496，它不仅针对一定比特率下的视频、音频编码，更加注重多媒体系统的交互性和灵活性。这个标准主要应用于视像电话、视像电子邮件等，分辨率为 176×144 像素，对网络要求较低，传输速率在 4 800~6 400 bit/s 之间。MPEG-4 利用很窄的带宽，通过帧重建技术、数据压缩，以求用最少的数据获得最佳的图像质量。目前流行的 MP4（MPEG-4 Part 14）是一种使用 MPEG-4 格式压缩的多媒体文档格式，以存储数码音频及数码视频为主，采用基于对象的编码理念，扩展名为.mp4。

MPEG-7 标准于 1996 年 10 月开始研究。确切来讲 MPEG-7 并不是一种压缩编码方法，其正规名字为"多媒体内容描述接口"，目的是生成一种用来描述多媒体内容的标准。这个标准将对信息含义的解释提供一定的自由度，可以被传送给设备和计算机程序，或被设备或计算机程序查取。MPEG-7 并不针对某个具体应用，而是针对被 MPEG-7 标准化了的图像元素，这些元素将支持尽可能多的各种应用。建立 MPEG-7 标准的出发点是依靠众多的参数对图像与声音实现分类，并对它们的数据库实现查询。可应用于数字图书馆如图像编目、音乐词典等；多媒体查询服务如电话号码簿等；广播媒体选择如广播与电视频道选取；多媒体编辑如个性化的电子新闻服务、媒体创作等。

MPEG-21 标准是 1999 年 10 月 MPEG 会议上提出的"多媒体框架"概念，同年 12 月的 MPEG 会议确定了 MPEG-21 的正式名称为"多媒体框架"或"数字视听框架"。MPEG-21 标准是一些关键技术的集成，通过这种集成环境对全球数字媒体资源进行增强，实现内容描述、创建、发布、使用、识别、收费管理、版权保护、用户隐私权保护、终端和网络资源撷取及事件报告等功能。制定目的：将不同的协议、标准和技术等有机地融合在一起；制定新的标准；将这些不同的标准集成在一起。

5. RM 文件

RM（Real Media，实媒体）或称流格式文件，是 RealNetworks 公司开发的一种流媒体视频文件格式，可根据网络数据传输的不同速率制定不同的压缩比率，从而实现低速率的 Internet 上进行视频文件的实时传送和播放。RM 采用实时流（Streaming）技术，把文件分成许多小块像工厂里的流水线一样下载。它主要包含实时音频（RealAudio）、实时视频（RealVideo）、矢量动画（RealFlash）3 部分。其中 RealAudio 用来传输接近 CD 音质的音频数据，RealVideo 用来传输不间断的视频数据，RealFlash 则是 RealNetworks 公司与 Macromedia 公司联合推出的一种高压缩比的动画格式。这类文件的扩展名是.rm。

6. WMV 文件

WMV（Windows Media Video，窗口媒体视频）是微软推出的一种流媒体格式，文件扩展名为.wmv。在同等视频质量下，WMV 格式的体积小，适合网络播放和传输。

7. FLV 文件

FLV（Flash Video，Flash 视频）流媒体格式是随着 Flash MX 的推出发展而来的一种新兴视频格式，文件扩展名为.flv。FLV 文件体积小巧，1 分钟清晰的 FLV 视频容量为 1 MB 左右；一部电影在 100 MB 左右，是普通视频文件体积的 1/3。FLV 文件 CPU 占有率低、视频质量好等特点使其在网络上盛行。目前网上几家著名视频共享网站均采用 FLV 格式文件提供视频，有效解决视频文件导入 Flash 后，使导出的 SWF 文件体积庞大、不能在网络使用等缺点。

8. MOV 文件

MOV 是 Apple 公司为在 Macintosh 微机上应用视频而推出的文件格式，文件扩展名为.mov。同时，Apple 公司也推出为 MOV 视频文件格式应用而设计的 QuickTime 软件。QuickTime 软件有 Macintosh 和 PC 使用的两个版本，QuickTime 软件和 MOV 视频文件格式已经非常成熟，应用范围非常广泛。

9. M2TS 文件

M2TS 是指 Blu-ray BDMV 的视频数据文件存储格式，文件扩展名为.m2ts。高清 DV（如 SONY）拍摄的视频文件在 DV 硬盘中的 AVCHD 目录内显示为*.mts 文件，这是一种采用 MPGE-4 AVC/H.264 格式编码的高清视频文件，通过 DV 附带的软件（如 PMB）转换到计算机硬盘后变为 *.m2ts 文件，这种基于 MPEG4 H.264 优化压缩的视频格式拍摄出来的视频质量明显优于 MPEG2 压缩的 HD 高清格式。

1.3.6 动画

动画是指通过多媒体计算机与动画制作软件，借助一系列彼此有差别的单个画面，按一定的速度播放产生连续变化运动画面的一种技术。要实现动画首先需要有一系列前后有微小差别的图形或图像，每一幅图称为动画的一帧，它可以通过计算机产生和记录。常见的动画文件格式及特点如下。

1. FLA 文件

FLV 是 Flash 源文件存储格式，文件扩展名为.fla。FLA 包含文件的全部原始信息，体积较大，可在 Flash 软件中打开、编辑和保存。FLA 中将显示对象以帧的形式放置于时间轴，通过编辑显示对象与时间轴来控制动画播放。

2. SWF 文件

SWF（shock wave flash）是 Flash 动画文件格式，是一种支持矢量图形的动画文件格式，文件所占体积较小，可包含交互功能，文件扩展名为.swf。被广泛应用于网页设计，动画制作等领域。

3. GIF 文件

GIF 文件即前文中的 GIF 图像交换格式，是最常见的二维动画格式。GIF 动画是由多张图像组成并能顺序播放的动画格式文件，文件扩展名为.gif。由于文件体积小，容易编辑，广泛应用于网络、多媒体作品。

1.4 简易多媒体工具应用——电子杂志制作

电子杂志又称网络杂志或互动杂志，以 Flash 为主要载体独立于网站而存在，目前已进入第 3 代。电子杂志兼具平面与互联网的特点，融入图像，文字，声音、视频、游戏等素材，具有超链接、实时互动等功能。

目前国内主要电子杂志平台有 ZCOM 电子杂志门户、iebook、读览天下等。Zcom 电子杂志门户，Zcom 是国内专业的电子杂志发行平台，最权威的电子杂志门户网站之一。Zcom.com 网站收集了互联网上几乎所有的免费电子杂志，供使用者查寻。读览天下是中国领先的移动互联网阅读平台之一，目前拥有综合性人文大众类期刊品种达 1 000 余种，内容涵盖新闻人物、商业财经、运动健康、时尚生活、娱乐休闲、教育科技、文化艺术等领域。iebook 软件是飞天传媒于 2005 年 1 月研发推出的一款互动电子杂志平台软件，iebook 以影音互动方式的全新数字内容为表现形式。

1.4.1 iebook 概述

iebook 超级精灵采用构件化设计理念，整合电子杂志的制作工序，将部分相似工序进行构件化设计，同时建立构件化模板库，自带多套 Flash 动画模板及 Flash 页面特效；使用者通过更改图文、视频可实现页面设计，制作出集视频、音频、Flash 动画、图文等多媒体效果于一体的电子杂志。iebook 可直接生成 exe 文件、Web 在线版本等 4 种传播版本。

1. 标准组件界面

iebook 超级精灵版标准组件包括封面、页面背景、封底等，如图 1-4-1 所示。

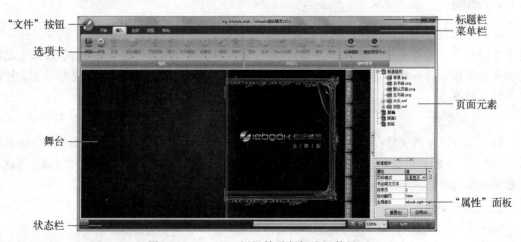

图 1-4-1 iebook 超级精灵版标准组件界面

标题栏位于窗口的最上方，显示软件的名称，软件版本号及杂志名称；菜单栏用于在"开始""插入""生成""视图""帮助"5 个选项卡间切换；页面元素列出当前电子杂志组件的所有页面元素，并进行级别分类。"属性"面板可以设置整本杂志的属性，以及单页面属性选项；舞台用于显示、编辑、查看当前页面效果，状态栏用于调整舞台显示比例、显示软件运行缓存进度等工作状态。

2. "开始"选项卡

"开始"选项卡包括"文件""页面""编辑"3 个组，实现文件管理、页面管理与基本编辑操作管理，如图 1-4-2 所示。

图 1-4-2 "开始"选项卡

"新建"——新建一个电子杂志组件，包括电子杂志标准版组件、硬皮版组件、自定义尺寸组件、全屏组件等。"打开"——打开电子杂志（*.iebk 格式）原文件。"保存"——将作品保存为 iebk 格式文件，方便下次继续编辑。"添加页面"——添加电子杂志空白页面。单击"添加页面"按钮，弹出添加"单个页面"和"多个页面"命令，用于添加单个与多个页面。"删除页面"——删除电子杂志页面。"复制""剪切""粘贴"——用于自定义导入的图片、动画、视频、文本、内置组合模板、内置图片模板、内置文字模板、目录模板等元素的复制与移动。"上移""下移"——用于版面顺序上移或下移一位，同一页面元素上移或下移一位。"替换""重命名""删除"——用于替换、重命名、删除当前选择的元素。

3. "插入"选项卡

"插入"选项卡包括模板、自定义、管理模板 3 组，管理各种页面模板、自定素材调用及模板安装等，如图 1-4-3 所示。

图 1-4-3 "插入"选项卡

（1）模板

模板是指具有固定格式且可替换与修改内容的文料。模板类型包括：皮肤——更换电子杂志皮肤，如按钮、背景、封面、封底风格模板等。片头——添加电子杂志片头动画模板文件。目录——添加电子杂志目录模板，并编辑目录。组合模板——给新建页面添加组合式模板，包括杂志内页系列、作品展示系列、页面风格系列、个人功能系列、企业形象系列、产品展示系列、行业模板系列等。页面背景——给当前页面添加背景图，包括纹理系列、平铺系列、艺术设计、植物、日、静物、主题、人物、风景等类别。图文——给当前页面添加图文模板，包括两张切换、三张点击、四张展示、五张循环、六张点击、多图片展示等。文字模板——给当前页面添加文字模板，包括标题文字模板和正文文字模板。多媒体——给当前页面添加 FLV 视频、Flash 游戏、测试、调研表等模板。装饰——给当前页面添加小装饰，小装饰模板包括主题设计、照片背景、艺术设计、节日氛围、礼物礼品、卡通造型、边框相框、常用物品、体育运动、大自然等。特效——给当前页面添加 iebook 特效模板和 Flash（swf）特效模板。

（2）自定义元素

通过图片、文本、Flash 动画、FLV 视频、音乐、附件按钮，分别给当前页面添加图片、文本编辑框、Flash 动画、flv 视频、背景音乐、附件。

（3）管理模板

管理模板是对模板进行安装、删除等管理操作，其中主要包括安装模板、模板管理中心两个功能。单击"模板安装"按钮，弹出"模板安装"菜单，其中包含"快速导入"与"至指定目录"两个命令，用于快速安装模板和将模板安装到指定文件目录。单击"模板管理中心"按钮，弹出"模板管理中心"窗口，用于模板安装、模板删除、模板重命名等操作。

4."生成"选项卡

"生成"选项卡用于作品编辑完成后，杂志设置、预览作品、输出作品等，如图 1-4-4 所示。

图 1-4-4　　"生成"选项卡

"杂志设置"是对电子杂志进行生成前的相关设置，可以设置杂志图标，播放窗口大小，保密设置，版权设置等。"生成 exe 杂志"是将电子杂志生成为 exe 可执行文件。"预览当前作品"是预览当前编辑的电子杂志作品。"发布 swf 在线杂志"是发布 swf 在线电子杂志。可以选择发布到 iebook 第一门户、发布到本地计算机文件包、指定的 FTP 等。

5."视图"选项卡

"视图"选项卡包括查看、选项、颜色主题 3 个组，用于设置 iebook 的显示界面与显示状态，使操作界面更加符合操作者的需求，其主要功能如图 1-4-5 所示。

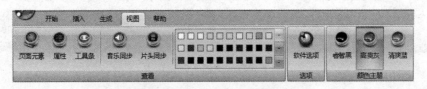

图 1-4-5　　"视图"选项卡

"页面元素"是 iebook 电子杂志制作软件元素资源管理器，列出电子杂志所有页面元素，方便对页面元素的管理。"属性"用于显示或管理页面元素的属性，如封面、组合模板等版面的属性。"工具条"用于隐藏或显示工具条，重复单击"视图"→"工具条"按钮，可隐藏、恢复显示工具栏。"音乐同步"用于设置电子杂志音乐文件是否同步播放。当"音乐同步"按钮处于选择状态则同步播放背景音乐及动画文件内的音乐，否则暂不播放所有音乐。"片头同步"用于设置电子杂志片头文件在编辑状态下是否同步播放。当"片头同步"按钮处于选择状态，则在执行"插入"→"片头"命令时，同步播放片头。"背景颜色"用于设置背景色，可设置任意颜色为软件编辑状态下的背景色系。"软件设置"对制作软件的颜色主题、同步播放、工具栏、背景颜色、升级等相关功能进行设置。"睿智黑""高贵灰""清爽蓝"用于更换制作软件皮肤使用睿智黑色系、高贵灰色系、清爽蓝色系。

1.4.2 创建电子杂志

1. 新建电子杂志

启动电子杂志制作软件 iebook 超级精灵版，新建文件的方法有以下 3 种：①单击窗口左上角 iebook 超级精灵软件 logo（即"文件"按钮），弹出菜单；选择"新建"命令，弹出"新建杂志"窗口；选择杂志组件或输入窗口尺寸；单击"确定"按钮。②选择"开始"→"新建"命令，弹出"新建杂志"窗口；选择杂志组件或输入窗口尺寸；单击"确定"按钮。③在软件默认启动界面的"创建新项目"或"从模板创建"选项栏，单击电子杂志组件选项，新建文件。若选择"自定义 iebook 尺寸"，则弹出"新建杂志"窗口；选择杂志组件或输入窗口尺寸；单击"确定"按钮。

2. 设置界面大小

设置界面大小是指设置即将制作与输出的电子杂志的界面大小。设置方法主要有两种：①启动窗口直接选择窗口界面大小。②主界面选择"新建"命令，弹出"新建杂志"窗口；选择"自定义 iebook 尺寸"组件选项，输入界面"高度"与"宽度"。

3. 替换电子杂志封面、封底

iebook 超级精灵版支持在封面导入多种元素，如文字、动画、特效、视频等。替换电子杂志封底与封面方法相同，在此，以替换封面图片为例来说明具体操作步骤。

步骤 1：新建电子杂志组件。启动 iebook，选择"创建新建项目"→组件（如标准组件 750×550）命令，或选择"从模板创建"→模板（如简约时尚风格）命令。

步骤 2：激活背景文件。选择页面元素列表中的"封面"页面；并在"封面"属性窗格中选择"页面背景"→"使用背景文件"命令。

步骤 3：选择图像文件。单击"背景值（□）"按钮，弹出"图片"选项卡；单击窗口左上方的"更改图片"按钮，弹出"打开"对话框；选择图片，单击"打开"按钮。

步骤 4：完成替换。选择导入图像的画面区域（虚框内），单击窗口右上方的"应用"按钮，完成封面替换，如图 1-4-6 所示。

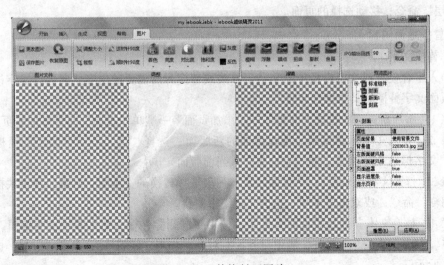

图 1-4-6 替换封面图片

4．导入组合模板

组合模板是指由文字、图像、动画等元素组合的功能完整的显示单元，是一个完整独立的版面。导入组合模板将在当前版面后新建一个版面。导入组合模板的具体操作方法是：选择页面元素列表中相应位置的版面；选择"插入"→"组合模板"命令；弹出组合模板列表；单击"组合模板"按钮，导入模板；编辑窗口选择页面元素，进行拖动、移动、放大、缩小、旋转等操作，使其美观大方，如图 1-4-7 所示。

图 1-4-7　导入组合模板

5．调整版面位置

调整版面位置是指调整版面的排列顺序，从而调整作品内容的播放顺序。具体操作方法是：页面元素列表中选择调整位置的版面；右击，弹出快捷菜单，选择"上移""下移""移至顶层""移至底层"命令，移动选择的页面。

6．替换版面内容

（1）替换文字

将导入组合模板或文字模板中的文字，修改或替换为所需要的内容。此处以文字模板为例来说明版面文字替换的具体操作步骤。

步骤 1：添加新页面。选择"开始"→"添加页面"→"单个页面"命令添加新页面。

步骤 2：导入文字标题模板。选择添加的新版面；选择"插入"→"文字"模板→"标题"→"文字标题 05"命令，将文字模板导入当前版面。

步骤 3：打开文字编辑窗口。"页面元素"列表选择替换的文本项；右击，弹出快捷菜单，选择"编辑"命令，或双击文本项，弹出文字编辑窗口。

步骤 4：替换文本。选择模板原有文字，按 Del 键删除；输入新文本（文字编辑，设置文字的字体、大小、颜色、左对齐、居中对齐、右对齐、加粗、倾斜等）；单击"应用"按钮，如图 1-4-8 所示。

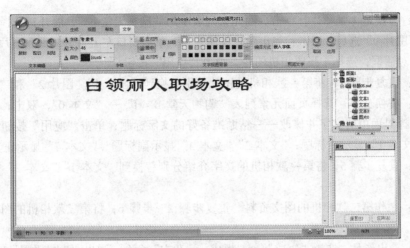

图 1-4-8　文字编辑窗口

（2）替换与编辑图片

替换与编辑模板中的图片是指利用操作者个人图片替换模板中的图片。具体操作方法是：页面元素列表选择替换与编辑的图片；双击或右击后选择"编辑"命令，弹出图片编辑窗口；单击窗口左上方"更改图片"按钮，弹出"打开"对话框；选择图片，单击"打开"按钮；在图片编辑窗口中对"裁剪框"进行放大、缩小、移动；调整图片的亮度、对比度，扭曲、模糊图片等，获得最佳构图；单击"应用"按钮。

【实例】在网络中查找两款数码照相机的图片（每款 4 图）与文字资料（约 200 字），并在iebook 中完成以下操作：利用组合模板制作一个介绍 2 款数码相机的电子杂志；将文件以"lx1401.exe"名为保存到"文档"文件夹。

具体操作步骤如下。

步骤 1：新建文件。启动 iebook，选择"从模板创建"→"简约时尚风格"命令。

步骤 2：导入第 1 个组合模板。单击页面元素窗口右侧的展开按钮田，展开页面元素列表；选择"面板 1"；选择"插入"→"组合面板"→"产品展示系列"→"购物天堂"命令，导入组合面板，如图 1-4-9 所示。

图 1-4-9　导入组合模板

步骤 3：替换第 1 张图片。单击页面元素列表中的"购物天堂.im"，展开；选择"购物天堂 A.swf"→"图片 0"选项，双击；弹出图片编辑窗口，单击窗口左上角的"更改图片"按钮；弹出"打开"对话框，选择 1 张照相机图片，单击"应用"按钮。

步骤 4：重复步骤 3，将第一款相机的图片分别替换到"图片 1""图片 2"和"图片 3"。

步骤 5：替换文字。选择页面元素列表"购物天堂 B.swf"→"文本 0"，双击；弹出文字编辑窗口，选择界面中的文字并修改——粘贴准备好的文字标题；单击"应用"按钮（本模板中"文本 0""文本 1"显示主标题；"文本 2""文本 3"显示副标题、"文本 4"显示正文）。

步骤 6：重复步骤 5，将第一款相机的文字介绍分别替换到"文本 1""文本 2""文本 3"和"文本 4"。

步骤 7：制作第二款相机的图文资料。重复步骤 2～步骤 6，将第二款相机的图文资料替换到组合模板。

步骤 8：输出作品。选择"生成"→"生成 exe 杂志"命令，弹出"生成设置"对话框；"保存位置"选择"文档"文件夹，"杂志名称"输入"lx1401"；单击"确定"按钮；在"文档"文件夹将"iebook.exe"文件更名为"lx1401.exe"。

7. 添加空白页面

新建电子杂志组件后，"页面元素"列表中已经默认新建了一个空白版面（页面），执行添加页面，将向选择的页面后添加一个新页面。添加单页的具体操作方法是：页面元素列表，选择添加新页面的位置如"版面 1"；选择"开始"→"添加页面"→"单个页面"或"多个页面"命令。

8. 页面背景设置

页面背景是指电子杂志内页背景。对于插入的单页或多页版面，通常默认为"无背景"，即导入模板后以纯白色底显示。内页背景设置的操作过程与替换图片基本一致。iebook 支持将 SWF 动画、JPG 图片、PNG 图片等格式文件及纯色设置为页面背景。对于动画背景，电子杂志生成时，软件会自动截取动画背景文件的第 1 帧作为翻页初始页。

（1）将 *.jpg（*.swf、*.png）文件设置为页面背景

将 *.jpg（*.swf、*.png）文件设置为页面背景，具体操作方法是：页面元素列表选择添加背景的版面；"属性"窗格选择"页面背景"→"使用背景文件"命令；单击"属性"窗格中的"背景值（⋯）"按钮，弹出"打开"窗口；选择 *.jpg 文件（*.swf、*.png 文件）；单击"打开"按钮。

（2）纯色填充设置为页面背景

将纯色填充设置为页面背景，具体操作方法是：页面元素列表选择添加背景的版面；"属性"窗格选择"页面背景"→"纯色填充"命令；单击"背景值（⋯）"按钮，弹出"颜色"对话框，选择颜色块；单击"确定"按钮。

（3）导入内置的页面背景

iebook 模板库已安装部分页面背景图像素材，这些素材可直接应用于页面背景。设置模板库中的图像为页面背景的具体操作方法是：页面元素列表选择添加背景的版面；选择"插入"→"模板类"→"页面背景"命令，弹出已经安装的电子杂志"页面背景"模板列表；单击"页面背景"模板列表中的预览图，将模板导入到指定版面作为背景，如图 1-4-10 所示。

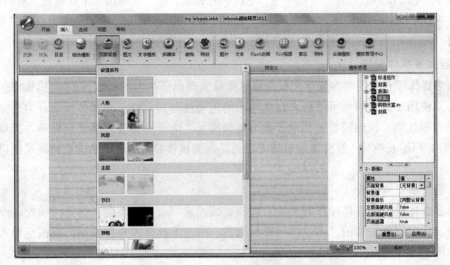

图 1-4-10 "页面背景"模板例表

【实例】从网络查找 2 首古诗"悯农""春晓"图片资料各 5 张（其中作者图 1 张、诗句情景图 4 张）；并查找与图片相对应的文字解释。并在 iebook 中完成以下操作：①利用插入"图文"与"文字模板"功能制作电子杂志；②将文件以"lx1402.exe"为名保存到"文档"文件夹。

具体操作步骤如下。

步骤 1：收集素材。从网络收集图片素材，分别命名为悯农 1.jpg、悯农 2.jpg、悯农 3.jpg、悯农 4.jpg、悯农 5.jpg、春晓 1.jpg、春晓 2.jpg、春晓 3.jpg、春晓 4.jpg、春晓 5.jpg，其中编号为 1 的是作者图片；收集文字材料，作者简介、各诗句的注解。

步骤 2：新建文件。打开文件 iebook，选择"标准组件 750×550"选项。

步骤 3：插入第 1 组"图文""文字"模板。单击页面元素列表右侧的展开按钮田，展开页面元素列表；单击选择"面板 1"。

插入"图文"：选择"插入"→"图文"→"五张系列"→"五张点击配文字"命令。

插入"文字模板"：选择"插入"→"文字模板"命令→选择"可编辑文本"模板，双击，添加到"面板 1"中；调整到合适的位置，显示诗全文。

步骤 4：替换第 1 张图片。单击页面元素列表中的"版面 1"；展开；选择"五张点击配文字.swf"→"图片 0"，双击；弹出"图片"窗口，单击左上角的"更改图片"按钮；弹出"更改图片"窗口；选择准备好的"悯农 1.jpg"，单击"打开"按钮，再单击"应用"按钮。

步骤 5：重复步骤 4，用图片"悯农 2.jpg""悯农 3.jpg""悯农 4.jpg""悯农 5.jpg"分别替换到"图片 1""图片 2""图片 3""图片 4"。

步骤 6：替换文字。单击页面元素列表中的"文本 0"，双击；弹出文字窗口，选择文字并修改——粘贴准备好且与图片对应的文字；单击"应用"按钮。

步骤 7：重复步骤 5，将准备的"悯农"文字注解分别替换到"文本 1""文本 2""文本 3""文本 4"。

步骤 8：制作第 2 组"春晓"的图文资料。添加新页面，选择页面元素列表中的"版面 1"；选择"开始"→"添加页面"→"单个页面"命令，添加"版面 2"；页面元素列表选择"版面 2"，重复步骤 3～步骤 7，将准备好的"春晓"的图文资料替换到组合模板。

步骤9：输出作品。选择"生成"→"生成 exe 杂志"命令，弹出"生成设置"对话框；"保存位置"选择"文档"文件夹，"杂志名称"输入"lx1402"；单击"确定"按钮；在"文档"文件夹中将"iebook.exe"文件更名为"lx1402.exe"。

9. 导入多媒体模板

导入多媒体模板是指将多媒体模板从媒体库导入到电子杂志的版面。iebook 模板库包含有多媒体模板。使用多媒体模板可增强多媒体作品的生动性与娱乐性。多媒体模板分为视频模板、游戏、综合等几类。视频模板包括电子杂志视频模板、电子杂志音乐播放模板等。游戏包括电子杂志 Flash 小游戏模板。综合模板包括常用的问题测试性模板，电子杂志调研表模板以及其他类型。

（1）导入多媒体模板

导入多媒体模板的具体操作方法是：选择页面元素列表中的版面；选择"插入"→"多媒体"命令，弹出已经安装的"多媒体"模板列表；单击多媒体模板预览图，将模板导入到指定版面，如图 1-4-11 和图 1-4-12 所示。

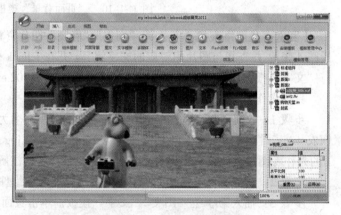

图 1-4-11　选择多媒体模板　　　　图 1-4-12　导入多媒体模板

（2）替换电子杂志中的视频

替换电子杂志中的视频是指将插入到版面的 FLV 视频替换为系统外部的 FLV 视频。具体操作方法是：选择页面元素列表中的版面；将一个视频从"视频模板"导入到所选版面；页面元素列表，选择要替换的 FLV 视频；右击，弹出快捷菜单，选择"替换"命令；弹出"打开"对话框，选择 FLV 视频文件；单击"打开"按钮。电子杂志视频替换完毕，如图 1-4-13 所示。

10. 导入"装饰"与"特效"模板

导入电子杂志"装饰"与"特效"模板，用于给指定版面（页面）进行美化装饰，添加一些装饰图案、动画、特效等，丰富画面内容，增强画面显示效果。导入"装饰""特效"模板的方法与导入"多媒体模板"模板相同。

11. 设置背景音乐

电子杂志背景音乐设置包括主背景音乐（全局音乐）与内页背景音乐，主背景音乐（全局音乐）即整本杂志的背景音乐；内页背景音乐即内页单独版面音乐。在音乐属性设置框，可以分别选择"默认背景音乐""无背景音乐""添加音乐文件"和"选择已有的背景音乐"等选项。

【**实例**】设置背景音乐。

具体操作步骤如下。

步骤 1：选择添加音乐的版面。

步骤 2：添加音乐文件。在"属性"面板中，"背景音乐"默认为 iebook 主题曲，选择"背景音乐"→"添加音乐文件..."命令，弹出"音频设置"对话框。若为主背景音乐即标准组件的音乐，则选择"全局音乐"→"添加音乐文件..."命令，如图 1-4-14 所示。

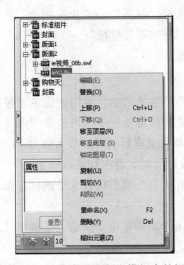

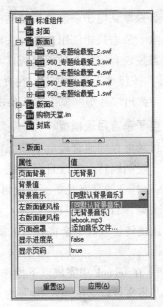

图 1-4-13　替换电子杂志模板中的视频　　　　图 1-4-14　背景音乐选项

步骤 3：选择音乐文件。在"音频设置"对话框单击"添加"按钮；弹出"打开"对话框，选择 mp3 等音频文件；单击"确定"按钮，如图 1-4-15 所示。

图 1-4-15　添加音频

在"视图"选项卡中单击"音乐同步"按钮，可试听导入的音乐。

目前 iebook 的音乐主要支持以下 5 种形式：①导入一首主背景音乐（整本杂志的主音乐）。选择"杂志组件"设置一首背景音乐。②每页导入一首不同音乐。选择每个"版面"设置背景音乐。③设置此页无任何音乐。选择"版面"在音乐项设置此页无音乐。④连续几页不间断播放同一首音乐。选择连续几个"版面"在音乐项设置同一首音乐。⑤不连续几页播同一首音乐。选择不同"版面"在音乐项设置同一首音乐。

12. 替换默认电子杂志片头动画

每个电子杂志只能使用一个片头动画，替换默认电子杂志片头动画，即从模板库选择一个片头动画替换现有的片头动画模板。具体操作方法是：选择"视图"→"片头同步"命令，使"片头同步"按钮处于选择状态；在页面元素列表中选择"标准组件模板"；选择"插入"→"片头"命令，弹出"片头"模板库；单击某片头模板预览图。

13. 电子杂志目录模板

通过目录可很好地管理电子杂志内容，实现快速跳转。电子杂志目录的创建主要包括选择目录模板、控制跳转、修改目录标题 3 个方面。系统提供的目录模板中，均包含"内文替代标题 001"等字样，通常有几条标题就可管理几个版面，如某目录模板包含的最大值为"内文替代标题 004"，则该目录模板只能管理 4 个版面的跳转。设置跳转时，请在目录后添加一个空面板，系统在确认跳转位置时，会将其后的第 2 个面板认为是第 1 页。最后将目录中的标题修改为对应面板的标题。

【实例】在 iebook 中完成以下操作：①制作一个含有 6 个版面的电子杂志。②添加目录，设置跳转。③将文件以"lx1403.exe"为名保存到"文档"文件夹。

由于任务要求管理 6 个页面，在目录模板中"精选目录三"目录模板包含的最大值为"内文替代标题 006"，则可选择该目录模板。

具体步骤如下。

步骤 1：插入组合模板。选择页面"版页 1"，选择"插入"→"组合模板"命令，分别导入 6 个组合模板。

步骤 2：导入电子杂志目录模板。选择"插入"→"目录"命令，弹出"目录"模板库。选择"精选目录三"模板，单击模板预览图，将目录模板导入到电子杂志版面。选择导入的目录模板，右击，弹出快捷菜单，选择"移至顶层"命令，将目录模板移至封面后，如图 1-4-16 所示。

可以对导入的电子杂志"目录"模板进行文字替换、logo 替换、目录标题文字更改、目录跳转更改，或对元素进行放大、缩小、移动、旋转、复制、粘贴、延迟播放、色系更改等操作。

步骤 3：设置电子杂志目录跳转。选择"开始"→"添加页面"→"单个页面"命令插入新页面；选择新页面，右击，弹出快捷菜单；选择"上移"命令，将新页面移至"目录"后。

步骤 4：更改目录标题。选择插入的目录模板，修改相应顺序的标题为对应页面标题，修改方法同文字替换操作。

步骤 5：输出作品。选择"生成"→"生成 exe 杂志"命令，弹出"生成设置"对话框；"保存位置"选择"文档"文件夹，"杂志名称"输入"lx1403"；单击"确定"按钮；在"文档"文件夹中将"iebook.exe"文件更名为"lx1403.exe"。

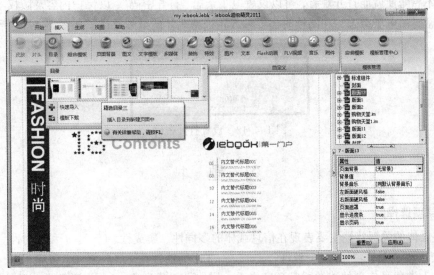

图 1-4-16　插入目录模板

14. 生成选项设置

选择"生成"→"杂志设置"命令，弹出电子杂志"生成设置"对话框；对电子杂志进行设置，内容包括保存路径、文件图标、任务栏标题、播放窗口尺寸、安全设置等，如图 1-4-17 所示。

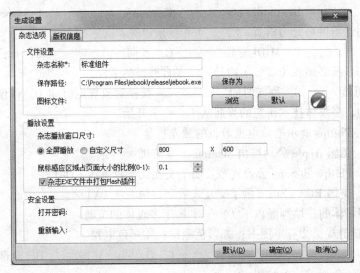

图 1-4-17　"生成设置"对话框

"保存路径"是软件默认保存路径为 C:\Program Files\iebook\release\iebook.exe，单击"保存为"按钮即可自定义设置文件保存路径。在"图标文件"中单击"浏览"按钮可选择自制的 ICO 格式图标。可以将软件默认的 iebook Logo 替换为自制的电子杂志图标。"任务栏标题"为阅读 exe 电子杂志时，显示在 Windows 任务栏的标题文字。生成的 exe 电子杂志默认为全屏播放，也可根据自定义尺寸设置不同的窗口播放尺寸。注意，自定义输入的窗口尺寸应比杂志内页尺寸稍大，否则在 1∶1 显示状态下无法正确浏览电子杂志页面。如果内容比较重要，或者新型产品外观及相关资料不想随便就能打开观看，可以设置电子杂志"打开密码"，以保护内容及版权不受侵害。设置打开密码的电子杂志，在阅读时需要输入正确密码才能继续阅读，如图 1-4-18 所示。

图 1-4-18 设置打开密码

习 题 1

一、单项选择题

1. 多媒体的关键特性主要表现在信息载体的多样性、集成性、（   ）和实时性。

A. 交互性　　　　　　B. 一致性　　　　　　C. 简洁性　　　　　　D. 复杂性

2. 从人类感受信息的感觉器官角度来看，媒体可划分为（   ）、听觉类、触觉类和其他感觉类等几大类。

A. 基本媒体　　　　B. 视觉媒体　　　　C. 信息媒体　　　　D. 多媒体

3. （   ）是指人们的感觉器官所能感觉到的信息的自然种类。

A. 感觉媒体　　　　B. 表示媒体　　　　C. 显现媒体　　　　D. 存储媒体

4. Windows 中使用的标准数字声音文件扩展名是（   ）。

A. .wav　　　　　　B. .midi　　　　　　C. .mp3　　　　　　D. .voc

5. 声音从用途角度可分为语音、（   ）和效果声等。

A. 音乐　　　　　　B. MIDI 音频　　　　C. 音调　　　　　　D. 音色

6. 实时操作系统必须在（   ）内处理完来自外部的事件。

A. 响应时间　　　　B. 周转时间　　　　C. 被控对象规定时间　D. 调度时间

7. 一般认为，多媒体技术研究的兴起从（   ）开始。

A. 1972 年，Philips 展示播放电视节目的激光视盘

B. 1984 年，美国 Apple 公司推出 Macintosh 系统机

C. 1986 年，Philips 和 Sony 公司宣布发明了交互式光盘系统 CD-I

D. 1987 年，美国 RCA 公司展示了交互式数字视频系统 DVI

8. 请根据多媒体的特性判断以下（   ）属于多媒体的范畴。

①交互式视频游戏；②有声图书；③彩色画报；④彩色电视。

A. ①　　　　　　　B. ①②　　　　　　C. ①②③　　　　　D. 全部

9. 超文本是一个（   ）结构。

A. 顺序的树形　　　B. 非线性的网状　　C. 线性的层次　　　D. 随机的链式

10. 两分钟双声道、16 位采样位数、22.05 kHz 采样频率声音的不压缩数据量是（   ）。

A. 10.09 MB　　　　B. 10.58 MB　　　　C. 10.35 KB　　　　D. 5.05 MB

11. 下述声音分类中质量最好的是（   ）。

A. 数字激光唱盘　　B. 调频无线电广播　C. 调幅无线电广播　D. 电话

12. 在数字视频信息获取与处理过程中，下述顺序（   ）是正确的。

A. A/D 变换、采样、压缩、存储、解压缩、D/A 变换

B. 采样、压缩、A/D 变换、存储、解压缩、D/A 变换

C. 采样、A/D 变换、压缩、存储、解压缩、D/A 变换

D. 采样、D/A 变换、压缩、存储、解压缩、A/D 变换

13. 下列多媒体创作工具（　　）是属于以时间为基础的著作工具。

①Micromedia Authorware；②Micromedia Action；③Tool Book；④Micromedia Director。

    A. ①②   B. ②④   C. ①②③   D. 全部

14. 数字视频的重要性体现在（　　）。

①可以用新的与众不同的方法对视频进行创造性编辑；②可以不失真地进行无限次复制；③可以用计算机播放电影节目；④易于存储。

    A. ①   B. ①②   C. ①②③   D. 全部

15. 要使 DVD-ROM 驱动器正常工作，必须有（　　）软件。

①该驱动器装置的驱动程序；②Microsoft 的 DVD-ROM 扩展软件；③DVD-ROM 测试软件。④ DVD-ROM 应用软件。

    A. ①   B. ①②   C. ①②③   D. 全部

16. 下列关于数码照相机的叙述（　　）是正确的。

①数码照相机的关键部件是 CCD 或 CMOS；②数码照相机有内部存储介质；③数码照相机拍照的图像可以通过串行口、SCSI 或 USB 接口送到计算机；④数码照相机输出的是数字或模拟数据。

    A. ①   B. ①②   C. ①②③   D. 全部

17. 要把一台普通的计算机变成多媒体计算机要解决的关键技术是（　　）。

①视频音频信号的获取；②多媒体数据压编码和解码技术；③视频音频数据的实时处理和特技；④视频音频数据的输出技术。

    A. ①②③   B. ①②④   C. ①③④   D. 全部

18. Commodore 公司在 1985 年率先在世界上推出了第一个多媒体计算机系统 Amiga，其主要功能是（　　）。

①用硬件显示移动数据，允许高速的动画制作；②显示同步协处理器；③控制 25 个通道的 DMA，使 CPU 以最小的开销处理盘、声音和视频信息；④从 28 Hz 振荡器产生系统时钟；⑤为视频 RAM（VRAM）和扩展 RAM 卡提供所有的控制信号；⑥为 VRAM 和扩展 RAM 卡提供地址。

    A. ①②③   B. ①②④⑥   C. ①③④⑤   D. 全部

19. 国际标准 MPEG-II 采用了分层的编码体系，提供了 4 种技术，它们是（　　）。

①空间可扩展性；信噪比可扩充性；框架技术；等级技术。②时间可扩充性；空间可扩展性；硬件扩展技术；软件扩展技术。③数据分块技术；空间可扩展性；信噪比可扩充性；框架技术。④空间可扩展性；时间可扩充性；信噪比可扩充性；数据分块技术。

    A. ①   B. ②   C. ③   D. ④

20. 多媒体技术未来发展的方向是（　　）。

①高分辨率，提高显示质量；②高速度化，缩短处理时间；③简单化，便于操作；④智能化，提高信息识别能力。

    A. ①②③④   B. ①②④   C. ①③④   D. ①②③

21. 下面关于多媒体技术的描述，正确的是（　　）。

A. 多媒体技术只能处理声音和文字

B. 多媒体技术不能处理动画

C. 多媒体技术是指计算机综合处理声音、文本、图像等信息的技术

D. 多媒体技术就是制作视频

22. 下列各组应用不属于多媒体技术应用的是（　　）。

A. 计算机辅助教学　　B. 电子邮件　　　　C. 远程医疗　　　　D. 视频会议

23. 下列配置中（　　）是 MPC（多媒体计算机）必不可少的硬件设备。

①DVD-ROM 驱动器；②高质量的音频卡；③高分辨率的图形图像显示卡；④高质量的视频采集卡。

A. ①　　　　　　　B. ①②　　　　　　C. ①②③　　　　　D. ①②③④

24. 下列关于多媒体技术主要特征描述正确的是（　　）。

①多媒体技术要求各种信息媒体必须要数字化；②多媒体技术要求对文本、声音、图像、视频等媒体进行集成；③多媒体技术涉及信息的多样化和信息载体的多样化；④交互性是多媒体技术的关键特征；⑤多媒体的信息结构形式是非线性的网状结构。

A. ①②③⑤　　　　B. ①④⑤　　　　　C. ①②③　　　　　D. ①②③④⑤

25. 媒体技术能够综合处理下列（　　）信息。

①龙卷风.mp3；②荷塘月色.doc；③发黄的旧照片；④泡泡堂.exe；⑤一卷胶卷。

A. ①②④　　　　　B. ①②　　　　　　C. ①②③　　　　　D. ①④

26. （　　）是将声音变换为数字化信息，又将数字化信息变换为声音的设备。

A. 音箱　　　　　　B. 音响　　　　　　C. 声卡　　　　　　D. PCI 卡

27. 把时间连续的模拟信号转换为在时间上离散，幅度上连续的模拟信号的过程称为（　　）。

A. 数字化　　　　　B. 信号采样　　　　C. 量化　　　　　　D. 编码

28. 静态图像压缩标准是（　　）。

A. JPAG　　　　　　B. JPBG　　　　　　C. PDG　　　　　　D. JPEG

29. 以下列文件格式存储的图像，在图像缩放过程中不易失真的是（　　）。

A. BMP　　　　　　B. WMF　　　　　　C. JPG　　　　　　D. GIF

30. 下列（　　）文件格式既可存储静态图像，又可存储动画。

A. BMP　　　　　　B. JPG　　　　　　C. TIF　　　　　　D. GIF

二、操作题

1. 请尝试使用所学的电子杂志制作软件 iebook，利用多图展示模板制作一个电子产品（如手机等）的图片展示。

2. 请尝试使用所学的电子杂志制作软件 iebook，利用添加"单个页面"、插入"页面背景""图文"模板的功能，以"花"为主题，设计一个花卉四（多）图展示的电子杂志作品。

3. 请尝试使用所学的电子杂志制作软件 iebook，利用添加"单个页面"、插入"页面背景""文字模板"的功能，以"唐诗"为主题，设计一个两首唐诗文字展示的电子杂志作品。

4. 请尝试使用所学的电子杂志制作软件 iebook，设计制作"个人简介"，介绍自己的基本情况、成长经历、个人爱好、学习规划、奋斗目标、人生座右铭等。

5. 请使用所学的电子杂志制作软件 iebook，设计制作一个作品介绍你的班级。

第❷章

数字图像编辑

内容概要

图像编辑是指图像素材的绘制、修改、添加效果、合成等设计操作。本章阐述构图与色彩基础、图像编辑的基本概念；重点介绍图像处理软件 Photoshop CS6 的基础知识，并通过实例学习 Photoshop CS6 编辑图像的技巧和方法；通过学习达到能独立编辑图像素材的目的。

2.1 构图与色彩基础

2.1.1 构图基础

1. 构图的基本概念

构图是对画面内的对象进行组织、安排与布局，是指创意设计时，设计者根据题材和主题思想的要求，把要表现的形象适当组织起来，构成一个协调、完整的画面。构图是艺术家为表现作品的主题思想和美感效果，在一定的空间，安排和处理人、物的关系和位置，把个别或局部的形象组成艺术的整体。构图在中国传统绘画中也称为"布局"。

研究构图的目的，是研究在一个平面上如何处理好三维空间——高、宽、深之间的关系，以突出主题，增强艺术感染力。构图处理是否得当，是否新颖，是否简洁，对于艺术作品的成败关系很大。一幅成功的艺术作品，首先是构图的成功，成功的构图能使作品内容顺理成章，主次分明，主题突出，赏心悦目。

2. 构图的基本原则

构图的基本原则主要包括以下几个方面。

（1）均衡与对称

均衡与对称的作用是让画面具有稳定性。画面中元素的均衡与对称，使画面具有稳定性。均衡与对称是不同的概念，但两者具有内在的同一性——稳定。稳定感是人类在长期观察自然世界中形成的一种视觉习惯和审美观念。因此，凡符合稳定感的造型艺术能产生美感。

均衡与对称不是平均，它是一种合乎逻辑的比例关系。平均虽稳定，但缺少变化，没有变化就没有美感，所以构图最忌讳的是平均分配画面。对称的画面稳定感特别强，对称能使画面有庄严、肃穆、和谐的感觉。但对称与均衡相比较，均衡的变化比对称大。因此，对称虽是构图的重要原则，但在实际运用中要合理、适度。

（2）对比

对比是指构图中的主体与陪体的比对关系。对比在构图中的作用是突出主题、强化主题。对比的合理运用，能增强艺术感染力、鲜明地反映和升华主题。对比有各种各样，千变万化，常见的对比方法有 3 种：①形状的对比。如大与小、高与矮、老与少、胖与瘦、粗与细。②色彩的对比。如深与浅、冷与暖、明与暗、黑与白。③灰与灰的对比。如深与浅、明与暗。如图 2-1-1 所示。

图 2-1-1　对比构图

一幅作品可以运用单一的对比，也可同时运用各种对比。

（3）视点

视点是指画面的聚焦点。构图中视点的作用是把人的注意力吸引到画面中的一个点，这个点应是画面的主题所在。视点在画面中的位置，可根据主体需要，放在画面的上下左右任何一点，不论放在何处，周围物体的延伸线都要向这个点集中。通常情况下，画面上只能有一个视点，如果一个画面中出现多个视点，画面会分散，使画面缺少主题。

3．画幅选择

画幅是指画面的宽高比例。选择画幅与主体在画面中的位置安排、背景所占比例、气氛表现等均有密切关系。恰当的画幅，能使主体更加典型、鲜明、更加富有艺术感染力，并对画面的主题表达起到强化作用。

画幅主要包括竖幅、横幅、方画幅 3 种形式。竖幅是指高度大于宽度的画面。当主体的形体为横窄竖高时，应使用竖幅，以突出主体。竖幅适合表现高耸、挺拔，但不是很宽广的景物。横幅是指高度小于宽度的画面。当主体的形体为横宽竖低时，应使用横幅，以突出主体。横幅适合表现广阔、深远，但不是很高的景物。方画幅是指高度等于宽度的画面。这种画面适合表现端庄、工整、严肃的题材。

每种画幅都有优点与缺点。实际应用中，首先要分析主体水平线条与垂直线条中哪个占优势，同时还应当考虑宽广程度和高耸程度哪个占优势，然后决定选用什么样的画幅。

4．常见的构图方法

（1）井字形构图

井字形构图也称九宫格构图，属于黄金分割式的一种形式，是指将画面用"井"字形线条平均分成九块，中心块有 4 个角点，可用任意角点位置安排主体。4 个角点都符合"黄金分割定律"，是画面布局中主体元素的最佳位置，当然还应考虑平衡、对比等因素。这种构图能呈现出变化与动感，画面富有活力。4 个角点有不同的视觉感应，上方 2 个角点动感比下方强，左面比右面强，如图 2-1-2 所示。

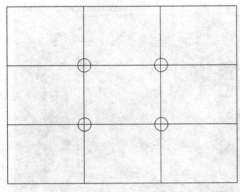

图 2-1-2 井字形构图

（2）三角形构图

三角形构图是指画面中所表达的主体元素放在三角形中或构图元素本身形成三角形的态势。此种构图属视觉感应方式，包含有形态形成的三角形态与阴影形成的三角形态。正三角形构图，能产生较强的稳定感，倒置则不稳定。正三角形构图结构稳定，即具有左右对称的物理平衡，又具有上下平衡。具有明确的向上指向性，又具有生命力。同时，三角形外形强烈，整体感强，能传达画外之意。空三角形构图是从三角形构图发展而来的，空三角形是将三角形内部处理成空心，既保持了三角形构图的稳定特点，又消除了三角形构图古板之不足，使画面更稳定、完美、生动，如图 2-1-3 所示。

图 2-1-3 三角形构图

（3）S 形构图

S 形构图是指物体以 "S" 字的形状从前景向中景和后景延伸的构图形式。S 形构图动感效果强，即动且稳，画面构成纵深方向的空间关系的视觉感，曲线的美感得到充分发挥，一般以河流、道路、铁轨等为常见。可通用于各种画幅的画面，表现远景、俯视效果最佳，如山川、河流、地域等自然的起伏变化，也可表现众多的人体、动物、物体的曲线排列变化以及各种自然、人工所形成的形态。S 形构图一般情况下，是从画面的左下角向右上角延伸，线条变化感、韵律感强，画面容易取得方向力的平衡。S 形构图最适合表现欢乐、甜蜜、温暖的氛围，如图 2-1-4 所示。

图 2-1-4　S 形构图

（4）V 字形构图

V 字形构图是指物体呈现 V 字形状的构图形式。其主要变化是方向的安排，或倒放，或横放。V 字形的双用，能使单用的性质发生根本的改变。单用时画面不稳定的因素极大，双用时不但具有向心力，而且具有稳定感。正 V 形构图一般用在前景中，作为前景的框式结构来突出主体，如图 2-1-5 所示。

图 2-1-5　V 字形构图

（5）十字形构图

十字形构图是把画面分成 4 份，即通过画面中心画横、竖两条线，中心交叉点是放置主体元素的位置，此种构图，使画面增加安全感、和平感和庄重及神秘感，容易产生中心透视效果，同时也存在呆板等不利因素。十字形构图适合表现如古建筑题材的对称式构图，如图 2-1-6 所示。

图 2-1-6　十字形构图

（6）C 形构图

C 形构图即具有曲线美的特点又能产生变异的视觉焦点，画面简洁、清晰。在安排主体对象时，必须安排在 C 形的缺口处，使人的视觉随着弧线推移到主体对象。C 形构图可在方向上做任意调整，通常适用于表现工业、建筑题材，如图 2-1-7 所示。

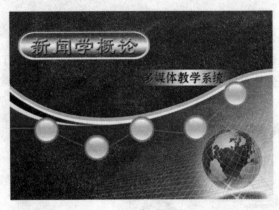

图 2-1-7　C 形构图

（7）圆形构图

圆形构图也称 O 形构图，是指画面中的主体呈圆形或把主体安排在圆心中形成的视觉效果。它往往能产生自然、原始、和谐、美满、永恒、博大、运动、欢快的感觉。具有结构简洁、视点明确的特点。圆形构图可分为外圆构图与内圆构图。外圆构图是自然形态的实体结构，外圆构图是在实心圆物体形态上的构图，主要是利用主体安排在圆形中的变异效果来体现的。内圆构图是空心结构如管道、钢管等，内圆构图产生的视觉透视效果是震撼的。内圆构图，视点可安排在画面的正中心，也可偏离中心位置，如左右上角。视点偏离中心容易产生动感，通常视点在下方产生的动感小但稳定感强。若采取内圆叠加形式的组合，则能产生多圆连环的光影透视效果；如再配合规律曲线，所产生的效果更强烈，既优美又配合视觉指向，如图 2-1-8 所示。

图 2-1-8　圆形构图

当圆形被拉长时，会变成椭圆形。椭圆形构图大都采用宽大于高的横幅形式，它不仅有静态效果，也会产生动态效果，同时还具有较为明显的整体感，使画面的各个部位得到较好表现。

螺旋形构图是圆形构图的一种变化方式，更具有运动感。

（8）W形构图

W形构图是指图面中的主体构成W形图案。W形构图由正三角形构图演变而来，既容易平衡又具有动感，是一种很活泼的构图形式，具有极好的稳定性。运用此种构图，要寻求细小的变化及视觉的感应，以便突出其稳定性，如图2-1-9所示。

图 2-1-9　W形构图

（9）口形构图

口形构图也称框式构图，是指利用方框展示画面主体的构图形式。一般多应用于前景构图，如利用门、窗、山洞口或其他框架作前景，来表达主体，阐明环境。这种构图符合人的视觉经验，使人感觉到透过门、窗来观看景象，产生现实的空间感，透视效果强烈，如图2-1-10所示。

图 2-1-10　口形构图

（10）三分法构图

三分法构图是指把画面横向或纵向划分为 3 等份，每一份的中心点都可放置主体形态。这种画面构图主题鲜明，构图简练，适合多形态平行焦点的主体，表现大空间、小对象，或反相选择。适用于近景等多种不同景别如集体照等，如图2-1-11所示。

图 2-1-11　三分法构图

2.1.2　色彩基础

1．色彩三要素

色彩是指光作用于物体并反射到眼睛、引起色彩视觉感受的可见光谱。色彩具有明度、色调、饱和度 3 种属性，色彩的这 3 种属性又称色彩三要素。

（1）明度

明度是指画面色彩的明亮程度，是光作用于人眼时所引起的色彩明亮程度感觉。各种有色物体由于反射光量的区别而产生颜色的明暗强弱。色彩的明度有两种：一是同色相不同明度。如同一颜色在强光照射下显得明亮，弱光照射下显得较灰暗模糊；又如同一颜色掺加黑或白后产生各种不同的明暗层次。二是各种颜色的不同明度。每一种纯色都有相应的明度。黄色明度最高，蓝紫色明度最低，红、绿色为中间明度。色彩的明度变化往往会影响到纯度，如红色加入黑色后明度降低，同时纯度也降低；又如红色加白则明度提高，纯度却降低。

（2）色调

色调又称色相，是指画面色彩的总体倾向。色相能够比较确切地表示某种颜色色别，是人看到一种或多种波长的光时所产生的色彩感觉，它与波的长度有关，波长决定颜色的基本特性。波长最长的是红色，最短的是紫。把红、橙、黄、绿、蓝、紫和处在它们各自之间的红橙、黄橙、黄绿、蓝绿、蓝紫、红紫 6 种中间色——共计 12 种色组成色相环。在色相环上排列的色是纯度高的色，被称为纯色。颜色在色相环的位置根据视觉和感觉的相等间隔安排。用类似的方法还可分出差别细微的多种色彩。在色相环上以环中心对称，并在 180° 的位置两端的色彩被称为互补色。

一幅绘画作品虽然用了多种颜色，但总体有一种倾向，是偏蓝或偏红、是偏暖或偏冷等，这种颜色上的倾向就是一副绘画的色调。

色调在冷暖方面分为暖色调与冷色调。红色、橙色、黄色为暖色调，象征着太阳、火焰。绿色、蓝色、黑色为冷色调，象征着森林、大海、蓝天。灰色、紫色、白色为中间色调。

冷色调的亮度越高，其整体感觉越偏暖，暖色调的亮度越高，其整体感觉越偏冷。冷暖色调也只是相对而言，如红色系当中，大红与玫红在一起时，大红属暖色，而玫红被看作冷色。又如玫红与紫罗兰同时出现时，玫红属暖色。

（3）饱和度

饱和度又称纯度，指颜色的深浅程度、鲜艳程度，也称色彩的纯度。饱和度取决于该色彩中含色成分和消色成分（灰色）的比例。含色成分越大，饱和度越大；消色成分越大，饱和度越小。如红光中加进白光，其饱和度下降，红色变为粉色。

通常将色调和饱和度称为色度，它反映颜色的类别和深浅程度。

色彩三要素的应用效果：明度高的色有向前的感觉，明度低的色有后退的感觉；暖色有向前的感觉，冷色有后退的感觉；高纯度色有向前的感觉，低纯度色有后退的感觉；色彩整齐有向前的感觉，色彩不整，边缘虚有后退的感觉；色彩面积大有向前的感觉，色彩面积小有后退的感觉；规则形有向前的感觉，不规则形有后退的感觉。

2. 色彩模式

色彩模式是将某种颜色表现为数字形式的模型，或是一种记录图像颜色的方式。种类包括位图模式、灰度模式、双色调模式、索引颜色模式、RGB 颜色模式、CMYK 颜色模式、Lab 颜色模式、多通道模式。

（1）位图模式

位图模式用两种颜色（黑和白）表示图像中的像素。像素用二进制表示，即黑色和白色用二进制表示，故占磁盘空间最小。

（2）灰度模式

灰度模式可使用多达 256 级灰度来表现图像，使图像的过渡平滑细腻。灰度图像的每个像素有一个 0（黑色）到 255（白色）之间的亮度值。

（3）双色调模式

双色调模式采用 2～4 种彩色油墨混合其色阶来创建双色调（2 种颜色）、三色调（3 种颜色）、四色调（4 种颜色）的图像。双色调模式主要用途是使用尽量少的颜色来表现尽量多的颜色层次，这对于减少印刷成本很重要。

（4）索引颜色模式

索引颜色模式的图像像素用 1 KB 表示，它使用最多包含 256 色的色表存储并索引其所用的颜色，图像质量不高，占空间较少，是网上和动画中常用的图像模式。

（5）RGB 颜色模式

RGB 颜色模式是屏幕显示的最佳颜色，由红、绿、蓝 3 种颜色组成，每种颜色可有 0～255 的亮度变化。显示屏上定义颜色时，往往采用这种模式，适用于显示器、投影仪、扫描仪、数码相机等。

（6）CMYK 颜色模式

CMYK 颜色模式又称印刷色彩模式，常用于打印输出和印刷图像。CMYK 代表印刷上用的 4 种颜色，C 代表青色，M 代表洋红色，Y 代表黄色，K 代表黑色。

（7）Lab 颜色模式

Lab 颜色模式由 3 个通道组成，它的一个通道是亮度，即 L；另外两个是色彩通道，用 A 和 B 来表示。这种色彩混合后将产生明亮的色彩，弥补 RGB 和 CMYK 两种色彩模式的不足。

（8）多通道模式

多通道模式中，通道使用 256 灰度级存放着图像中颜色元素的信息，该模式多用于特定的打印或输出。

3. 色彩的使用

色彩可以吸引人的注意力，影响人的情绪，向人们传达特定的含义，它对画面设计起着重要作用。使用色彩遵循的原则有如下几条。

（1）正确选择色彩基调。选择与作品内容、结构、风格、样式相吻合的色彩。不同的色彩感染力和表现力不同，给人不同的联想。

（2）注意色彩合理搭配。色彩使用应协调、柔和，画面中通常可采用同一色调的深、浅色进行搭配（即明暗搭配）。不宜使用红/绿、绿/蓝、蓝/黄组合颜色配对。常见的配色方案效果对比如表 2-1-1 所示。

表 2-1-1　配色方案效果一览表

文字色彩	背景色彩	显示效果	文字色彩	背景色彩	显示效果
黑字	黄色	好	蓝色	黄色	较好
绿字	白色	好	黄字	白色	较差
蓝字	白色	好	红字	绿色	较差
黑字	白色	好	蓝字	红色	较差
白字	黑色	较好	蓝字	黑色	较差
白字	紫色	较好	紫字	黑色	较差
白字	蓝色	较好	紫字	红色	较差
白字	绿色	较好	绿色	灰色	较差
绿色	黑色	较好	绿字	红色	较差

（3）尽量使用不易产生视觉疲劳的色彩。心理学和生理学的知识显示，色彩对人产生的视觉感受会引起疲劳等方面的心理影响。一般来说，对带绿色成分的黄绿、蓝绿、淡青色，人的眼睛感觉舒适，不易引起疲劳。红色、橙色居中；而蓝色、紫色最容易引起眼睛疲劳。中性色彩还包括黑、白、灰、金、银色等，这些色彩与大部分版面色彩相配都能达到比较好的效果。

（4）选择合适的颜色种数。使用颜色不宜多，宁少勿多，通常不应超过 5 种，太多的颜色使人眼花缭乱。

（5）处理好对比与和谐的关系。色彩对比是两种或以上的色彩并置时产生的矛盾与差异，有色彩对比的画面让人感到明快与醒目。色彩协调是指将两种或以上的色彩有序的进行组合，给人以愉快感。有对比没有协调，画面会显得过于混乱；有协调没有对比，画面会显得单调、乏味。对比是以合理的色彩布局为前提，以视觉平衡为准绳，在对比中体现和谐，在和谐中体现力度。黑、白、灰、金、银色可以和任何色相构成和谐色的关系；在色相中，邻近色之间构成的和谐色关系，如红橙黄。黑白色和不同的色相间则构成对比的关系。

（6）使用一致性的颜色显示。各种颜色的意义应符合人们的习惯并保持一致，如红色表示错误，黄色表示警告等，在显示颜色的设计中要注意色彩基调相对稳定。

2.2　常见的数字图像编辑软件

图像编辑是对已有的位图图像进行编辑加工及运用一些特殊效果，重点在于图像画面的修改、添加效果、合成等。

2.2.1　Photoshop

Photoshop 由美国 Adobe 公司推出的图像处理软件，提供强大的图像编辑和绘图功能。不仅可直接绘制艺术图，还可修改，修复扫描的图像文件，通过调整色彩、亮度，增加特殊效果，使图像更加逼真。Photoshop 集图像扫描、编辑修改、图像制作、广告创意，图像输入与输出于一体的图像处理软件，深受广大平面设计人员和计算机美术爱好者的喜爱。其专长在于图像处理，不适宜图形创作。

2.2.2　CorelDRAW

CorelDRAW 是加拿大 Corel 公司出品的矢量图形制作工具软件，1989 年发布，引入全色矢量插图和版面设计程序，填补图形图像处理在该领域的空白。目前该软件是国内外最流行的平面设计软件之一，它是将平面设计和计算机绘画功能融为一体的专业设计软件。为设计师提供矢量动画、页面设计、网站制作、位图编辑和网页动画等多种功能，广泛应用于商标设计、标志制作、模型绘制、插图描画、排版及分色输出等等诸多领域。CorelDRAW 提供各种图像处理功能，从矢量图像、位图到剪切图的连接修剪、图层处理等各种功能，同时支持图片扫描、数码相机、照片处理等多种时下流行且实用的功能。

另外，还有目前流行的 ACDSee、可牛影像、光影魔术手、美图秀秀等智能图像处理软件。

2.3　使用 Photoshop CS6 编辑图像

2.3.1　Photoshop CS6 概述

Photoshop 的功能可分为图像编辑、图像合成、校色调色及特效制作。图像编辑是图像处理的基础，可对图进行放大、缩小、旋转、倾斜、镜像、透视等操作，也可进行复制、去除斑点、修补、修饰图像残损等操作。

1. Photoshop CS6 的特点和功能

Photoshop CS6 有标准版和扩展版两个版本。Photoshop CS6 标准版适合通用用户，特别适合摄影师以及印刷设计人员使用；Photoshop CS6 扩展版除包含标准版的功能外，还添加用于创建、编辑 3D 和基于动画内容的突破性工具，适合视频专业人士、跨媒体设计人员、Web 设计人员、交互式设计人员等使用。本章采用 Photoshop CS6 扩展版制作实例，它拥有多项全新功能，包括内容识别修补、全新的裁剪工具、全新的 Blur Gallery 以及直观的视频创建和自动恢复、后台存储等，这些新功能让图片处理更加高效、更加智能。

2. 安装 Photoshop CS6 的系统最低要求

安装 Photoshop CS6 的系统最低要求是 Intel Pentium 4 或 AMD Athlon 64 处理器；Windows 7、

Windows 8、Windows 10 或更高的操作系统；2 GB 或更高的内存；2 GB 硬盘空间；1 024×768 像素（建议使用 1 280×800 像素）显示器分辨率；16 位颜色位宽和 512 MB 显存；硬件加速 OpenGL 图形卡、DVD-ROM 驱动器。

3. Photoshop CS6 的工作界面

Photoshop CS6 的工作界面，由菜单栏、工具属性栏、工具箱、面板组、图像编辑窗口、状态栏 6 部分组成，如图 2-3-1 所示。

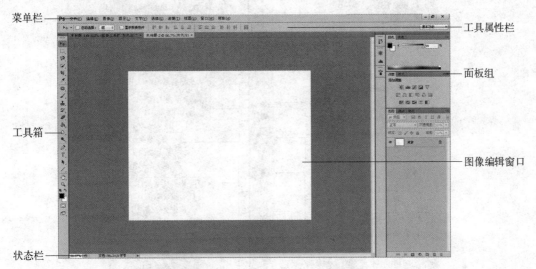

图 2-3-1　Photoshop CS6 工作界面

菜单栏：按照程序功能分组排列的按钮集合，共有 10 类菜单，通过鼠标或键盘方向键在下拉菜单中上下移动进行选择。

工具属性栏：又称选项栏，选择不同的工具会显示不同的属性选项。通过设置不同的选项，可以制作出各种效果，工具属性栏一般被固定存放到菜单栏下方。工具属性栏被隐藏后通过菜单栏的“窗口”菜单进行重新选择并显示。

工具箱：又称常用工具栏，Photoshop CS6 工具超过 60 个。每种工具图标代表一个或多个工具，右下角没有黑三角符号的图标只代表一种工具，用鼠标单击即可使用；右下角含有黑三角符号的图标代表多个工具，右击图标可查看该图标下的所有工具。工具箱被隐藏后可以通过菜单栏的“窗口”菜单进行重新选择并显示，如图 2-3-2 所示。

面板组：又称调板组或属性面板组，面板组面板显示在菜单栏的“窗口”菜单中选择，各种面板可以伸缩、组合和拆分。面板在处理图像时产生菜单栏和工具箱以外的功能，菜单栏、工具箱、面板组的结合使用，使图像处理产生更多变化效果。

图像编辑窗口：图像编辑窗口又称画布，显示正在编辑的图像。菜单栏、工具箱、面板组作用于图像的效果通过图像编辑窗口来呈现。

状态栏：显示文档大小、当前工具、文档尺寸、存储进度等信息。

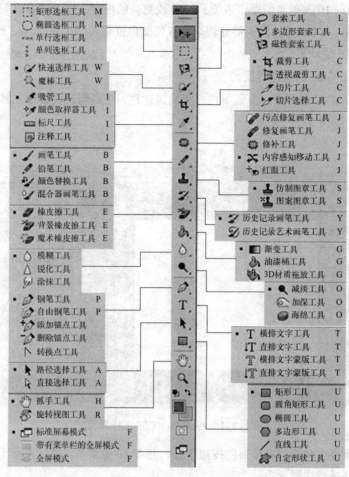

图 2-3-2　工具箱

4．Photoshop 常用名词

Photoshop 包括一些专用名词，以下对部分常用名词进行解释。

像素：图像的基本构成点单元，每个像素呈现为一个小方点，记录图像所在位置点的颜色信息。

图层：存储图像信息，并决定图像信息叠放层次的基本存储单元。图层可理解为一张透明的玻璃纸，图层编辑图像犹如玻璃纸上作画，编辑当前图层不会影响其他图层信息，多个图层如同多张玻璃纸叠放在一起，透过上层可看到下层图案，上层图案将遮挡下层图案。通过对各图层的编辑，并将图层合并，得到最终图像效果。

蒙版：将不同灰度色值转化为不同透明度，并作用到所在图层，使所在图层透明度产生相应变化的特殊图形。其中，黑色为完全透明，白色为完全不透明。可用于抠图、边缘淡化、图层间的融合。

通道：调节记录组成图像颜色、墨水强度、不透明度比率的控制器。

滤镜：改变图像外观效果的某种算法。滤镜通常与通道、图层等联合使用。

选区：通过工具或相应命令在图像上创建的选取范围。选区创建后，可对选区进行编辑；若图像没有创建选区，则默认作用于整个图像。任何编辑对选区外无效。

图层样式：是指存储一组编辑效果，并可应用于图层的特效模板。如记录各种立体投影、质感、光景效果的图像特效。

羽化：是指对选区边缘添加淡变效果。羽化使选区内外衔接部分虚化，起到渐变作用，达到自然过渡效果。

容差：是指色彩色差的容纳范围。容差数值越大即容差越大，选择的颜色色差范围越大。

流量：用于控制画笔作用时的颜色浓度。流量越大，颜色浓度越深。

切片：是指通过切片工具从图像中分解出来的图片。较多用于网页图片，使浏览网页者减少等待图片加载时间。

批处理：是指一次完成多个任务的操作命令序列。批处理用于批量处理图片，使多个对象反复执行同一编辑过程（动作）。

2.3.2 文件新建、打开、导入与存储

1．新建文件

新建文件是指新建一个 Photoshop 的空白源文件（.psd）。源文件是指记录有编辑信息的图像文件。新建文件的具体操作方法是：启动 Photoshop；选择"文件"→"新建"命令，弹出"新建"对话框；输入文件名称、宽度、高度、分辨率、颜色模式、背景内容等；单击"确定"按钮，系统进入图像编辑窗口。

2．打开文件

打开文件是指在 Photoshop 中打开已存的图像文件。具体操作方法是：启动 Photoshop；选择"文件"→"打开"命令，弹出"打开"对话框；选择图像文件或视频文件；单击"打开"按钮，则在 Photoshop 中打开指定的图像文件。Photoshop CS6 扩展版支持打开视频文件。

Photoshop 自动把打开的图像存储于"背景"图层。通常不对"背景"图层进行编辑，而是复制"背景"图层，得到副本；在副本上进行编辑。复制图层的具体操作方法是：选择"窗口"→"图层"命令，Photoshop 窗口右侧弹出"图层"面板；选择图层并右击，弹出快捷菜单；选择"复制图层"命令，弹出"复制图层"对话框；输入图层副本名，单击"确定"按钮。

3．文件的导入

导入文件是指将已有图像文件以图层的形式合并到当前源文件。Photoshop 源文件中导入文件有导入图像和导入视频帧两种操作。导入图像又称置入图像，具体操作方法是：选择"文件"→"置入"命令，弹出"置入"对话框；选择图像文件，单击"置入"按钮，置入图像在"图层"面板中建立一个新图层；右击编辑窗口中置入的图像，弹出快捷菜单，选择"置入"命令，导入图像结束。

Photoshop CS6 允许导入视频帧，具体操作方法是：选择"文件"→"导入"→"视频帧到图层"命令，弹出"打开"对话框；选择视频文件，单击"打开"按钮，视频文件的每一帧作为一个图层对象有序排列在"图层"面板。

4．存储文件

（1）保存新建文档

保存新建文档的具体操作方法是：选择"文件"→"存储为"命令，弹出"存储为"对话框；选择文件格式，如".jpg"格式等，默认文件格式为 Photoshop 源文件，文件扩展名为".psd"；单击"保存"按钮。

（2）保存处理后的图像文件

保存处理后的图像文件的具体操作方法是：选择"文件"→"存储"命令，系统以原来的图像格式存储。

（3）保存 gif 动画文件

放置于多个图层的图像经过 Photoshop 编辑为动画后，可保存为 gif 动画文件。具体操作方法是：选择"文件"→"存储为 Web 所用格式"命令，弹出"存储为 Web 所用格式"对话框，设置"图像大小""文件类型"等参数；单击"存储"按钮。

2.3.3 常用工具应用

Photoshop CS6 的工具箱包含 60 多个工具，单击每个工具图标，工具属性栏将显示该工具相应属性，可根据编辑图像需要，设置工具属性。

1. 渐变、矩形、椭圆、多边形、油漆桶工具

渐变工具用于创建多种颜色间的逐渐混合，可设置颜色到颜色间的过渡效果，可使用系统的渐变色组。矩形工具用于在图像编辑窗口绘制矩形；按住 Shift 键并拖动矩形工具，可绘制一个正方形。椭圆工具用于在图像编辑窗口绘制椭圆形；按住 Shift 键并拖动椭圆工具，可绘制正圆形。多边形工具用于创建多边形和星形。油漆桶工具用于将前景色填充到指定图像选区。

【实例】在 Photoshop CS6 中完成绘制卡通铅笔人的操作：①新建文件，在编辑窗口中设置"宽度"为 30 厘米，"高度"为 25 厘米。②用渐变工具设置图像背景颜色为"径向渐变"。③用矩形工具、椭圆工具、多边形工具绘制卡通铅笔人的身体、眼睛、嘴巴。④用油漆桶给卡通铅笔人填充颜色。⑤文件以"lx2301.psd"为名保存到"文档"文件夹。

具体操作步骤如下：

步骤 1：新建文件。启动 Photoshop CS6，选择"文件"→"新建"命令，弹出"新建"对话框；"宽度"设置为 30 厘米，"高度"设置为 25 厘米，"颜色模式"选项选择"RGB 颜色"项，"背景内容"选项选择"白色"项，"名称"文本框输入"lx2301"；单击"确定"按钮。

步骤 2：设置图像背景颜色为渐变色。分别单击"设置前景色"和"设置背景色"图标，弹出"拾色器（前景色）"对话框和"拾色器（背景色）"对话框；设置前景色为紫色，背景色为黄色；选择"渐变工具"，窗口上方弹出"渐变工具"属性栏；选择"径向渐变"项；在图像编辑窗口绘制一直线，如图 2-3-3 所示。

图 2-3-3 "渐变工具"属性栏

步骤 3：绘制卡通铅笔人身体。选择"矩形工具"；在工具属性栏的"填充"选项中选择"蓝色"；"描边"项选择"黑色"；编辑窗口绘制一个长矩形作为笔杆；选择"椭圆工具"，在工具属性栏的"填充"选项中选择"黑色"；"描边"选项中选择"黑色"；在矩形上面绘制一个椭圆作为橡皮擦；选择"多边形工具"；在工具属性栏的"填充"选项中选择"黑色"，"描边"选项中选择"黑色"，"边"文本框中输入"3"；在矩形下面绘制三角形的笔芯，如图 2-3-4 所示。

步骤 4：绘制卡通铅笔人的眼睛、嘴巴。选择"椭圆工具"；在工具属性栏的"填充"选项中选择"白色"，"描边"选项中选择"黑色"；在矩形笔杆上绘制两个一样大的椭圆作为眼眶；选择"椭圆工具"，在工具属性栏的"填充"选项中选择"黑色"，"描边"选项中选择"黑色"；

在椭圆眼眶内再绘制一个小椭圆作为眼珠；选择"椭圆工具"；在工具属性栏的"填充"选项中选择"红色"，"描边"选项中选择"黑色"；眼睛下方绘制一个椭圆形嘴巴，如图 2-3-5 所示。

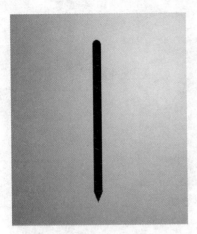

图 2-3-4　铅笔人的身体

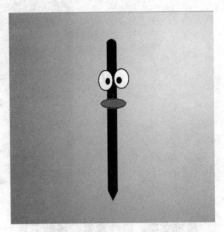

图 2-3-5　铅笔人的眼睛、嘴巴

步骤 5：给卡通铅笔人填充颜色。单击工具箱中的"设置前景色"图标，弹出"拾色器（前景色）"对话框；选择"浅蓝色"；选择"矩形 1"图层；选择"油漆桶工具"；移动鼠标指针到笔杆，单击，弹出"是否栅格化形状"提示框，如图 2-3-6 所示，单击"确定"按钮；同理，用油漆桶工具为铅笔人其他部位填充颜色。

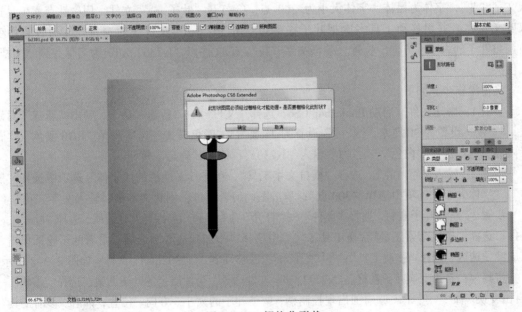

图 2-3-6　栅格化形状

步骤 6：文件存盘。选择"文件"→"存储为"命令，弹出"存储为"对话框；"保存位置"选择"文档"文件夹，"文件名"输入"lx2301"，"格式"选择"Photoshop（*.PSD;*.PDD）"；单击"确定"按钮，最终效果如图 2-3-7 所示。

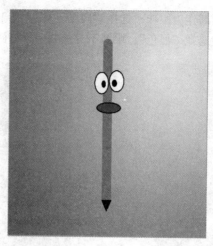

图 2-3-7　铅笔人最终效果

2.　横排文字、磁性套索、移动工具

横排文字工具用于水平方向添加文字图层或放置文字。磁性套索工具用于自动在指定图像捕捉具有一定颜色属性的物体轮廓并形成路径选区。移动工具用于移动选区内的图像，没有选区时，则移动整个图层。

【实例】从网络下载"叶子.jpg"文件，并在 Photoshop CS6 中完成利用素材装饰文字的操作：①新建文件，编辑窗口"宽度"设置为 30 厘米，"高度"设置为 25 厘米。②用横排文字工具输入文字"花"，字体为黑体，字体大小为 300 点。③打开"叶子.jpg"文件，用磁性套索工具选取叶子轮廓，并用移动工具多次把叶子移动到"lx2302.psd"文件编辑窗口。④通过自由变换调整叶子的大小、方向、位置，装饰文字"花"。⑤文件以"lx2302.psd"为名保存到"文档"文件夹。

具体操作步骤如下。

步骤 1：新建文件。启动 Photoshop CS6，选择"文件"→"新建"命令，弹出"新建"对话框；"宽度"设置为 30 厘米，"高度"设置为 25 厘米，"颜色模式"选项选择"RGB 颜色"，"背景内容"选项选择"白色"，"名称"输入"lx2302"；单击"确定"按钮。

步骤 2：输入文字"花"。选择"横排文字工具"，在工具属性栏的"字体"选项中选择"黑体"，"字体大小"选项中选择"300 点"；单击图像编辑窗口，创建文本框；输入文字"花"。

步骤 3：制作叶子素材。选择"文件"→"打开"命令，弹出"打开"对话框，选择"叶子.jpg"文件；选择"磁性套索工具"，在工具属性栏中选择"添加到选区"选项；沿着叶子轮廓单击，形成叶子选区；选择"移动工具"；多次把叶子选区移动到"lx2302.psd"文件，如图 2-3-8 所示。

步骤 4：自由变换叶子素材。"lx2302.psd"文件选择一个图层上的叶子图案，选择"编辑"→"自由变换"命令，叶子图像周围出现控制柄；调整叶子的大小、方向、位置；单击"移动工具"，弹出"是否应用变换"对话框，单击"应用"按钮，如图 2-3-9 所示。

步骤 5：重复步骤 4，完成其他叶子素材的制作，直至将文字覆盖。

步骤 6：文件存盘。选择"文件"→"存储为"命令，弹出"存储为"对话框；"保存位置"选择"文档"文件夹，"文件名"输入"lx2302"，"格式"选择"Photoshop（*.PSD;*.PDD）"；单击"确定"按钮。

图 2-3-8　叶子素材与其图层　　　　　　　　　图 2-3-9　调整叶子素材

3. 仿制图章、内容感知移动、修补、魔棒工具

仿制图章工具用于将图像的部分图案复制到图像的其他区域，可复制或移去图像中的对象。内容感知移动工具用于将图像中的指定对象移动到其他位置，并智能修复对象移动后的空隙。修补工具用于将图像中的图案填充选区。魔棒工具用于根据图像中颜色的相似度来建立选区。

【实例】从网络下载"沙滩.jpg"与"鸭子.jpg"文件，并在 Photoshop CS6 中完成美化沙滩的操作：①打开"沙滩.jpg"文件，以"lx2303.psd"为名保存到"文档"文件夹。②用仿制图章工具把海滩水花线延长至图像左下角。③用内容感知移动工具把星星移动到图像右上角。④用修补工具在图像下方增加一个同样的星星。⑤用魔棒工具把鸭子放在海水中。⑥保存文件。

具体操作步骤如下。

步骤 1：打开文件。启动 Photoshop CS6，选择"文件"→"打开"命令，弹出"打开"对话框，选择"沙滩.jpg"文件，单击"打开"按钮。

步骤 2：文件存盘。选择"文件"→"存储为"命令，弹出"存储为"对话框；"保存位置"选择"文档"文件夹，"文件名"输入"lx2303"，"格式"选择"Photoshop（*.PSD;*.PDD）"；单击"确定"按钮。

步骤 3：复制"背景"图层。在"图层"面板中选择"背景"图层，右击，弹出快捷菜单；选择"复制图层"命令，弹出"复制图层"对话框；单击"确定"按钮。

步骤 4：延长海滩水花线到左下角。选择"仿制图章工具"，在工具属性栏的"笔触大小"选项中选择"100 像素"，"笔触硬度"选项中选择"0%"；按住 Alt 键的同时单击图像中部的水花线取样；放开 Alt 键，拖到鼠标指针在图像左下方的水花线边缘进行涂抹，画出与取样水花线相似的水花线延长部分，如图 2-3-10 所示；水花线延长线和海水部分涂抹完成，效果如图 2-3-11所示。

步骤 5：移动星星。选择"内容感知移动工具"，在工具属性栏的"模式"选项中选择"移动"，单击，将星星圈起来形成选区；将星星选区移动到图像右上角；选择"选择"→"取消选择"命令，取消选区，效果如图 2-3-12 所示。

步骤 6：增加一个星星。选择"修补工具"；在工具属性栏中选择"新选区"选项；在图像下方拖动鼠标画出一个与星星宽度相似的圆形选区；单击圆形选区并拖动到星星上，如图 2-3-13所示；选择"选择"→"取消选择"命令，取消选区。

图 2-3-10　涂抹水花线延长部分

图 2-3-11　涂抹效果

图 2-3-12　内容感知移动星星

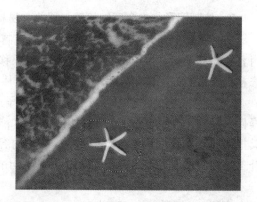

图 2-3-13　增加星星

步骤 7：制作鸭子素材。选择"文件"→"打开"命令，弹出"打开"对话框，选择"鸭子.jpg"文件；选择"魔棒工具"，在工具属性栏中选择"添加到选区"选项，"取样大小"选项中选择"11×11 平均"，"容差"文本框中输入"32"；多次单击鸭子身体图案，将鸭子轮廓建为选区；选择"编辑"→"复制"命令；切换到"lx2303.psd"文件，选择"编辑"→"粘贴"命令，将鸭子选区粘贴在"lx2303.psd"文件，如图 2-3-14 所示。

图 2-3-14　粘贴鸭子

步骤 8：自由变换鸭子素材。选择鸭子图案；选择"编辑"→"自由变换"命令，调整鸭子的大小、方向和位置；选择"移动工具"，弹出"是否应用变换"对话框，单击"应用"按钮，如图 2-3-15 所示。

图 2-3-15　最终效果

步骤 9：文件存盘。选择"文件"→"存储"命令。

4. 红眼、锐化、减淡、加深、裁剪工具

红眼工具用于消除人物眼睛因灯光或闪光灯照射后瞳孔产生的红点、白点等反射光点。锐化工具用于图像的色彩变强烈，柔和的边界变清晰，提高像素点亮度。减淡工具用于改变图像的曝光度来提高图像亮度，使图像颜色变浅。加深工具用于降低图像的曝光度来降低图像的亮度，使图像颜色变深。裁剪工具用于保留图像的选区部分，删除其他部分。照片调整用于裁剪、去除红眼、锐化眼珠、减淡肤色、加深眉毛。

【实例】从网络下载"女孩.jpg"文件，并在 Photoshop CS6 中完成美化女孩照片的操作：①打开"女孩.jpg"文件，以"lx2304.psd"为名保存到"文档"文件夹。②用红眼工具去除女孩的红眼。③用锐化工具强化女孩眼珠亮点。④用减淡工具淡化女孩脸部颜色。⑤用加深工具加深女孩眉毛颜色。⑥用裁剪工具把倾斜的女孩调端正，并裁剪女孩以外的背景。⑦保存文件。

具体操作步骤如下。

步骤 1：打开文件。启动 Photoshop CS6，选择"文件"→"打开"命令，弹出"打开"对话框，选择"女孩.jpg"文件，单击"打开"按钮。

步骤 2：文件存盘。选择"文件"→"存储为"命令，弹出"存储为"对话框；"保存位置"选择"文档"文件夹，"文件名"输入"lx2304"，"格式"选择"Photoshop（*.PSD;*.PDD）"；单击"确定"按钮。

步骤 3：复制"背景"图层。在"图层"面板选择"背景"图层；右击，弹出快捷菜单；选择"复制图层"命令；弹出"复制图层"对话框；单击"确定"按钮。

步骤 4：去除女孩红眼。选择"红眼工具"，光标指向眼珠图案，进行多次单击。

步骤 5：锐化眼珠亮点。选择"锐化工具"；鼠标指针指向眼珠亮点，连续单击 3 次，强化眼珠亮点。

步骤 6：减淡脸部颜色。选择"减淡工具"；在工具属性栏的"笔触大小"选项中选择"900 像素"，"硬度"选项中选择"0%"；鼠标指针移动到脸部，用笔触将脸部圈起来，连续单击 5 次。

步骤 7：加深眉毛颜色。选择"加深工具"；在工具属性栏的"笔触大小"选项中选择"40 像素"，"硬度"选项中选择"0%"；鼠标指针在眉毛图案上涂抹一遍。

步骤 8：端正和裁剪照片。选择"裁剪工具"，使用裁剪框的旋转手柄把图像旋转，直到倾

斜的女孩变成端正，如图 2-3-16 所示；使用裁剪框的控制柄调整裁剪框的大小；单击并拖动图像，使女孩图案保留在裁剪框，多余背景在裁剪框外；在图像上右击，弹出快捷菜单，选择"裁剪"命令，如图 2-3-17 所示。

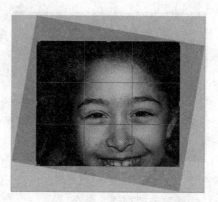

图 2-3-16　端正女孩头部

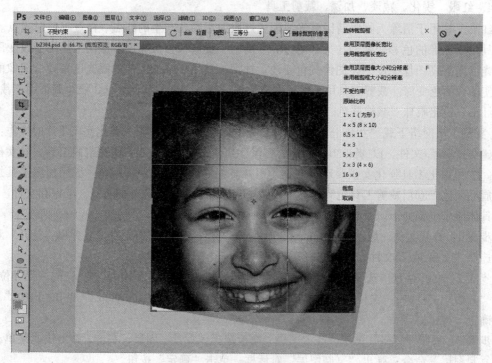

图 2-3-17　选择"裁剪"命令

步骤 9：文件存盘。选择"文件"→"存储"命令。

5. 快速选择、橡皮擦和自定形状工具

快速选择工具用于通过色彩差别智能查找图像中的对象边缘并形成选区。橡皮擦工具用于擦除图像中的图案。若图像处于"背景"图层，擦除图像中的色彩，剩下背景色；若该图像下方有图层则显示下方图层的图像。自定形状工具用于绘制自定形状路径。

【实例】从网络下载"蓝天.jpg"和"郁金香.jpg"文件，并在 Photoshop CS6 中完成制作蓝天下郁金香的操作：①打开"蓝天.jpg"文件，以"lx2305.psd"为名保存到"文档"文件夹。②

把"郁金香.jpg"文件置入"lx2305.psd"文件中。③用快速选择工具和橡皮擦工具去除郁金香花以外的背景。④用自定形状工具在蓝天中绘制小鸟。⑤保存文件。

具体操作步骤如下。

步骤 1：打开文件。启动 Photoshop CS6，选择"文件"→"打开"命令，弹出"打开"对话框，选择"蓝天.jpg"文件，单击"打开"按钮。

步骤 2：文件存盘。选择"文件"→"存储为"命令，弹出"存储为"对话框；"保存位置"选择"文档"文件夹，"文件名"输入"lx2305"，"格式"选择"Photoshop（*.PSD;*.PDD）"；单击"确定"按钮。

步骤 3：置入文件。选择"文件"→"置入"命令，弹出"置入"窗口；选择"郁金香.jpg"文件，单击"置入"按钮；调整图像大小和位置，如图 2-3-18 所示；右击置入图像，弹出快捷菜单；选择"置入"命令。

图 2-3-18　置入郁金香图片

步骤 4：选择去除的背景。在"图层"面板选择"郁金香"图层；选择"快速选择工具"，在工具属性栏中选择"添加到选区"选项；"笔触大小"选项选择"30 像素"；光标在郁金香花以外的背景单击，使郁金香花图案外的背景形成选区，如图 2-3-19 所示。

步骤 5：去除背景。选择"橡皮擦工具"，在工具属性栏的"笔触大小"选项中选择"30 像素"；在选区内进行涂抹，擦除选区全部背景；选择"选择"→"取消选择"命令，取消选区，如图 2-3-20 所示。

图 2-3-19　选择需要去除的背景

图 2-3-20　去除背景

步骤 6：绘制小鸟。选择"图层"→"新建"→"图层"命令，弹出"新建图层"对话框；在"名称"文本框输入"小鸟"，单击"确定"按钮；选择"自定形状工具"，在工具属性栏的"选择工具模式"选项中选择"形状"，"填充"选项中选择"浅蓝色"，"描边"选项中选择"黑色"，"形状"选项中选择"小鸟图案"，如图 2-3-21 所示；将鼠标指针移动到图像中，绘制多个小鸟图形。

图 2-3-21　"自定形状工具"属性栏

步骤 7：文件存盘。选择"文件"→"存储"命令，最终效果如图 2-3-22 所示。

图 2-3-22　最终效果

6. 画笔工具

画笔工具用于绘制图像，或给图像上颜色。

【实例】从网络下载"人像.jpg"文件，并在 Photoshop CS6 中完成给人像头发染色的操作：①打开"人像.jpg"文件，以"lx2306.psd"为名保存到"文档"文件夹。②设置前景色为蓝色。③用画笔工具把人像头发染成蓝色。④保存文件。

具体操作步骤如下。

步骤 1：打开文件。启动 Photoshop CS6，选择"文件"→"打开"命令，弹出"打开"对话框，选择"人像.jpg"文件，单击"打开"按钮。

步骤 2：文件存盘。选择"文件"→"存储为"命令，弹出"存储为"对话框；在"保存位置"选择"文档"文件夹，"文件名"中输入"lx2306"，"格式"选择"Photoshop（*.PSD;*.PDD）"；单击"确定"按钮。

步骤 3：复制"背景"图层。在"图层"面板选择"背景"图层；右击，弹出快捷菜单；选择"复制图层"命令，弹出"复制图层"对话框；单击"确定"按钮。

步骤 4：设置前景。单击"设置前景色"图标，弹出"拾色器（前景色）"对话框；选择蓝色。

步骤 5：给头发上颜色。选择"图层"→"新建"→"图层"命令，弹出"新建图层"对话框；在"名称"文本框中输入"蓝色"，单击"确定"按钮；选择"画笔工具"；在工具属性栏的"笔触大小"选项中选择"70 像素"，"硬度"选项中选择"0%"，"不透明度"选项中选择"50%"；将头发图案涂为蓝色，如图 2-3-23 所示。

步骤 6：合并头发颜色。选择"蓝色"图层，在"图层"面板上方"设置图层的混合模式"选项中选择"叠加"，如图 2-3-24 所示。

图 2-3-23　涂抹蓝色效果　　　　　　　　　　图 2-3-24　叠加效果

步骤 7：文件存盘。选择"文件"→"存储"命令。

2.3.4　图像颜色修改

图像颜色修改主要表现在图片颜色、亮度、对比度等的调整，通过"图像"→"调整"命令可修改图片颜色。"图像"→"调整"命令包含"色阶""色彩平衡""明亮度""对比度""可选颜色"等多项命令，可改变图片的色彩，如修正图片偏色、给黑白照片添加颜色、将彩色照片修改为黑白照片等。

1. 色彩平衡

色彩平衡功能可更改图像的总体颜色混合，并在暗调区、中间调区、高光区通过控制各单色的成分来平衡图像的色彩。

【实例】从网络下载黑白图片"牧场小屋.jpg"文件，并在 Photoshop CS6 中完成黑白图片添加颜色的操作：①打开"牧场小屋.jpg"文件。②用"图像"→"调整"→"色彩平衡"命令给黑白图片中的物体添加颜色。④文件以"lx2307.psd"为名保存到"文档"文件夹。

具体操作步骤如下。

步骤 1：打开文件。启动 Photoshop CS6，选择"文件"→"打开"命令，弹出"打开"窗口，选择"牧场小屋.jpg"文件，单击"打开"按钮。

步骤 2：设置颜色模式。选择"图像"→"模式"→"RGB 颜色"命令，如图 2-3-25 所示。

步骤 3：复制"背景"图层。在"图层"面板中选择"背景"图层，右击，弹出快捷菜单；选择"复制图层"命令，弹出"复制图层"对话框；单击"确定"按钮。

步骤 4：选择添加颜色的景物。在"图层"面板中选择"背景副本"图层；选择"磁性套索工具"或"快速选择工具"；设置工具属性栏选项；选择景物图案如"门"建立选区，如图 2-3-26 所示。

图 2-3-25　设置 RGB 模式

图 2-3-26　选取需要填色的对象

步骤 5：修改选区颜色。选择"图像"→"调整"→"色彩平衡"命令，弹出"色彩平衡"对话框；修改"色彩平衡"参数改变选区颜色；选择"选择"→"取消选择"命令取消选区，如图 2-3-27 所示。

步骤 6：重复步骤 5～步骤 6，对图像中的其他景物图案添加颜色。

步骤 7：文件存盘。选择"文件"→"存储为"命令，弹出"存储为"对话框；"保存位置"选择"文档"文件夹，"文件名"输入"lx2307"，"格式"选择"Photoshop（*.PSD;*.PDD）"；单击"确定"按钮。

图 2-3-27 设置色彩平衡

2. 可选颜色

可选颜色是对某颜色范围进行修改，在不影响其他原色的情况下修改图像中的某种彩色。可用于校正色彩不平衡问题和调整颜色。

【实例】从网络下载"糖果.jpg"文件，并在 Photoshop CS6 中完成修改图片色块的操作：①打开"糖果.jpg"文件。②用"图像"→"调整"→"可选颜色"命令修改图片色块。③文件以"lx2308.psd"为名保存到"文档"文件夹。

具体操作步骤如下。

步骤 1：打开文件。启动 Photoshop CS6，选择"文件"→"打开"命令，弹出"打开"对话框，选择"糖果.jpg"文件，单击"打开"按钮。

步骤 2：复制"背景"图层。在"图层"面板中选择"背景"图层；右击，弹出快捷菜单；选择"复制图层"命令；弹出"复制图层"对话框，单击"确定"按钮。

步骤 3：调整某种颜色。选择"图像"→"调整"→"可选颜色"命令，弹出"可选颜色"对话框；选择某种颜色，如在"颜色"选项中选择"红色"；移动参数滑块调整参数，修改图像中的"红色"色块，如图 2-3-28 所示。

图 2-3-28 调整图片的红色色块

步骤 4：重复步骤 3，对图像中的其他色块进行修改；单击"确定"按钮。

步骤 5：文件存盘。选择"文件"→"存储为"命令，弹出"存储为"对话框；在"保存位置"选择"文档"文件夹，"文件名"输入"lx2308"，"格式"选择"Photoshop（*.PSD;*.PDD）"；单击"确定"按钮。

2.3.5 图层样式应用

Photoshop CS6 通过图层面板管理编辑对象，通常一个对象放置于一个图层。图层样式可对图层对象添加特效如投影、外发光、描边、斜面和浮雕等。

1．利用图层样式制作特效字体

【实例】在 Photoshop CS6 中完成制作五彩水晶字体的操作：①新建文件，设置编辑窗口"宽度"为"30 厘米"，"高度"为"25 厘米"。②新建文字图层。③设置文字图层的图层样式，使文字呈现五彩水晶字效果。④文件以"lx2309.psd"为名保存到"文档"文件夹。

具体操作步骤如下。

步骤 1：新建文件。启动 Photoshop CS6，选择"文件"→"新建"命令，弹出"新建"对话框；"宽度"设置为"30 厘米"，"高度"设置为"25 厘米"，"颜色模式"选项中选择"RGB 模式"，"背景内容"选项中选择"背景色"，"名称"对话框中输入"lx2309"，单击"确定"按钮。

步骤 2：设置背景图层为黑色。选择"窗口"→"色板"命令；窗口右侧弹出"色板"面板；选择"油漆桶工具"；"色板"面板中选择黑色作为前景色；在"图层"面板中选择"背景"图层；在图像编辑窗口单击。

步骤 3：新建文字图层。选择"横排文字工具"；在工具属性栏的"字体"选项中选择"One Stroke Script LET"项，"字体大小"选项中选择"200 点"，"设置文本颜色"选项中选择"绿色"项；单击图像编辑窗口，添加文本框；输入文字"ABCDE"；在"图层"面板中双击文字图层名称，改名为"英文"，如图 2-3-29 所示。

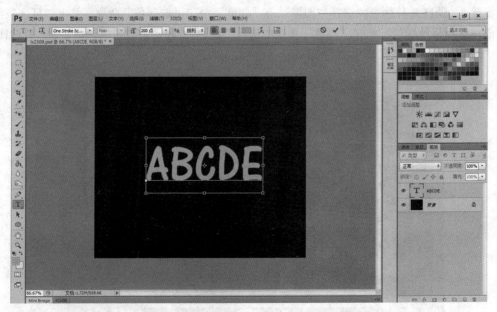

图 2-3-29　横排文字工具设置和文字输入

步骤 4：设置图层样式"渐变叠加"。双击"图层"面板中的"英文"图层，弹出"图层样式"对话框；单击左侧的"渐变叠加"选项，弹出"渐变叠加"设置窗口；单击"渐变"选项，弹出"渐变编辑器"对话框；增加 4 个色标；调整 6 个色标位置；分别双击色标，弹出"拾色器"对话框；设置 6 个色标的颜色数值从左到右依次为#9ecaf0、#a5f99e、#f5b3f1、#f8ae97、#faf18e、#9df7fa；单击"确定"按钮；单击"渐变编辑器"窗口"确定"按钮，如图 2-3-30 所示。

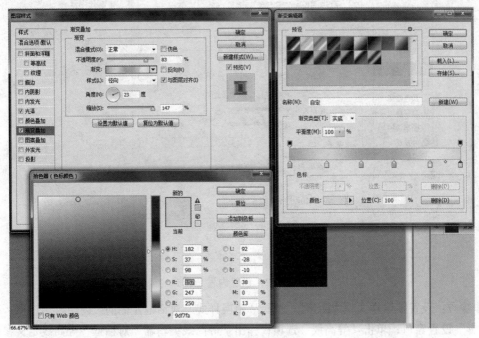

图 2-3-30　设置渐变颜色

步骤 5：设置图层样式"光泽"。单击"图层样式"对话框左侧的"光泽"选项，弹出"光泽"对话框；单击"等高线"选项，弹出"等高线编辑器"对话框，等高线定义为图 2-3-31 所示的参数；单击"确定"按钮。

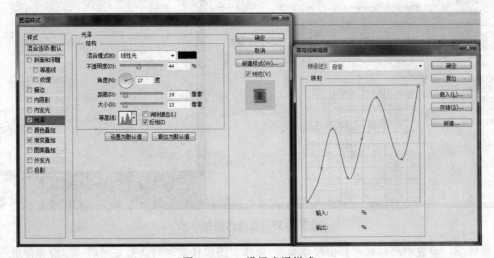

图 2-3-31　设置光泽样式

步骤 6：设置图层样式"内发光"。选择"图层样式"对话框左侧的"内发光"选项；弹出"内发光"设置窗口；参数设置如图 2-3-32 所示。

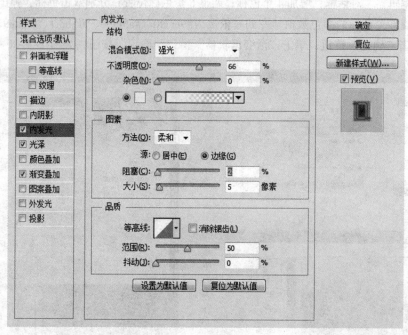

图 2-3-32　设置内发光样式

步骤 7：设置图层样式"内阴影"。选择"图层样式"对话框左侧的"内阴影"选项；弹出"内阴影"设置窗口；单击"等高线"选项；弹出"等高线编辑器"对话框，等高线定义参数；单击"确定"按钮，如图 2-3-33 所示。

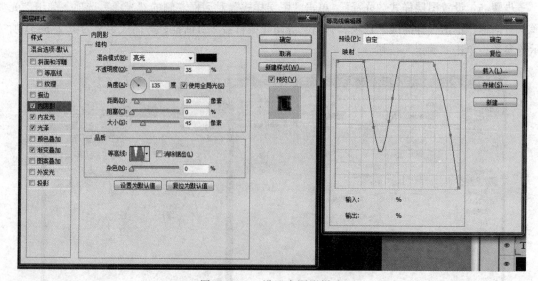

图 2-3-33　设置内阴影样式

步骤 8：设置图层样式"斜面和浮雕"。选择"图层样式"对话框左侧的"斜面和浮雕"选项，弹出"斜面和浮雕"设置窗口，参数设置如图 2-3-34 所示。

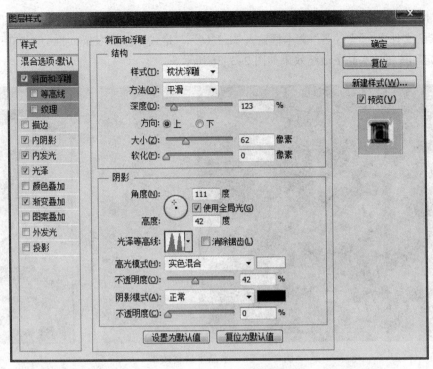

图 2-3-34　设置斜面和浮雕样式

步骤 9：设置图层样式"外发光"。单击"图层样式"对话框左侧的"外发光"选项；弹出"外发光"设置窗口，参数设置如图 2-3-35 所示。

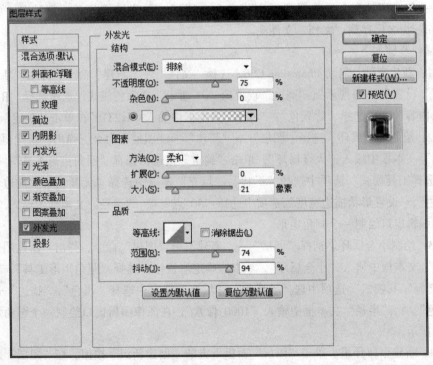

图 2-3-35　设置外发光样式

步骤 10：文件存盘。选择"文件"→"存储为"命令，弹出"存储为"对话框；"保存位置"选择"文档"文件夹，"文件名"文本框输入"lx2309"，"格式"选择"Photoshop（*.PSD;*.PDD）"；单击"确定"按钮。水晶字最终效果如图 2-3-36 所示。

图 2-3-36　水晶字最终效果

2．利用图层样式制作物体外观

【实例】在 Photoshop CS6 中完成制作金属链条的操作：①新建文件，编辑窗口设置"宽度"为"30 厘米"、"高度"为"25 厘米"。②新建图层，制作单个金属环。③设置金属环图层的图层样式，使金属环具有金属光泽。④制作多个金属环，并连接成一条金属链条。⑤文件以"lx2302.psd"为名保存到"文档"文件夹。

具体操作步骤如下。

步骤 1：新建文件。启动 Photoshop CS6，选择"文件"→"新建"命令，弹出"新建"对话框；"宽度"设置为"30 厘米"，"高度"设置为"25 厘米"，"颜色模式"选项选择"RGB 模式"项，"背景内容"选项选择"背景色"，"名称"文本框中输入"lx2310"；单击"确定"按钮。

步骤 2：绘制大金属环。选择"图层"→"新建"→"图层"命令，弹出"新建图层"对话框；"名称"文本框中输入"大金属环"，单击"确定"按钮；选择"圆角矩形工具"；在工具属性栏的"选择工具模式"选项中选择"形状"，"填充"选项中选择"无颜色"，"描边"选项中选择"黑色"，"设置形状描边宽度"选项中选择"50 点"项，"半径"文本框中输入"1000 像素"；图像编辑窗口绘制一个圆角矩形。

步骤 3：绘制小金属环。选择"图层"→"新建"→"图层"命令，弹出"新建图层"对话框；"名称"文本框中输入"小金属环"，单击"确定"按钮；选择"圆角矩形工具"，在工具属性栏的"选择工具模式"选项中选择"形状"，"填充"选项中选择"黑色"，"描边"选项中选择"无颜色"项，"半径"文本框中输入"1000 像素"；在图像编辑窗口绘制一个圆角矩形，如图 2-3-37 所示。

步骤 4：新建金属环组。单击"图层"面板下方的"创建新组"按钮，在"图层"面板中新建图层组"组 1"；双击"组 1"图层组名称，进入文本输入状态，改名为"金属环组"；选择"大金属环"图层并拖动到"金属环组"图层组；选择"小金属环"图层并拖动到"金属环组"图层组，如图 2-3-38 所示。

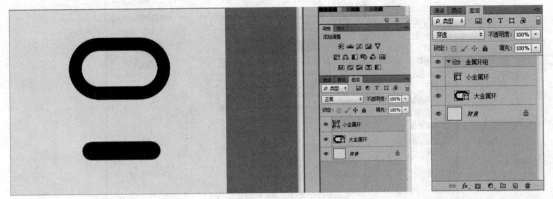

图 2-3-37 大小圆角矩形 　　　　　　　　　图 2-3-38 "金属环组"
图层组

步骤 5：设置图层样式"内阴影"。双击"图层"面板中的"金属环组"图层组，弹出"图层样式"对话框；选择"内阴影"选项，弹出"内阴影"对话框；"混合模式"选项中选择"正片叠底"，"设置阴影颜色"选项中选择"蓝色"，其他参数设置如图 2-3-39 所示。

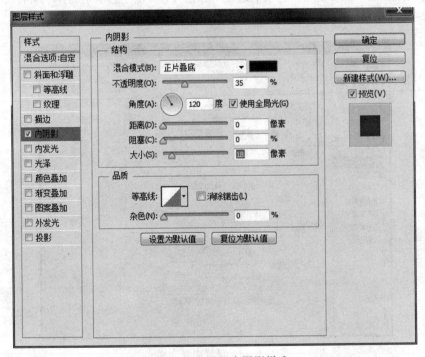

图 2-3-39 设置内阴影样式

步骤 6：设置图层样式"外发光"。选择"图层样式"窗口左侧的"外发光"选项，弹出"外发光"设置窗口；在"混合模式"选项中选择"正常"，"方法"选项中选择"柔和"，其他参数设置如图 2-3-40 所示。

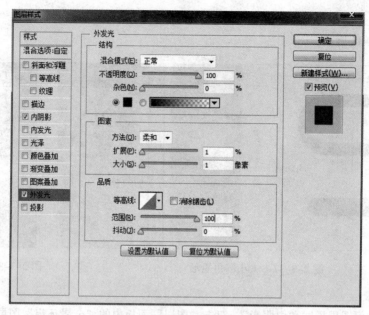

图 2-3-40　设置外发光样式

步骤 7：设置图层样式"内发光"。选择"图层样式"窗口左侧的"内发光"选项，弹出"内发光"设置窗口；在"混合模式"选项中选择"滤色"，"方法"选项中选择"柔和"，其他参数设置如图 2-3-41 所示。

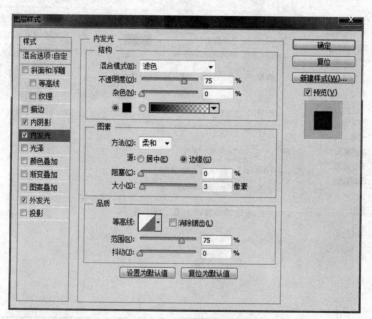

图 2-3-41　设置内发光样式

步骤 8：设置图层样式"斜面与浮雕"。选择"图层样式"窗口左侧的"斜面与浮雕"选项，弹出"斜面与浮雕"设置窗口；同时勾选"等高线"和"纹理"复选框；"斜面与浮雕"对话框"样式"选项中选择"内斜面"，"方法"选项中选择"雕刻清晰"，"高光模式"选项中选择"滤色"，"阴影模式"选项中选择"正片叠底"，其他参数设置如图 2-3-42 所示。

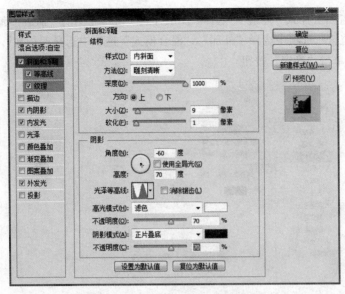

图 2-3-42 设置斜面和浮雕样式

步骤 9：设置图层样式"纹理"。选择"图层样式"窗口左侧的"纹理"选项，弹出"纹理"设置窗口；在"图案"选项中选择"图案"系列中的"气泡"，"缩放"文本框中输入"629"，"深度"文本框中输入"-673"。

步骤 10：设置图层样式"光泽"。选择"图层样式"窗口左侧的"光泽"选项，弹出"光泽"设置窗口；"混合模式"选项中选择"正片叠底"，"设置效果颜色"选项中选择"灰色"，其他参数设置如图 2-3-43 所示。

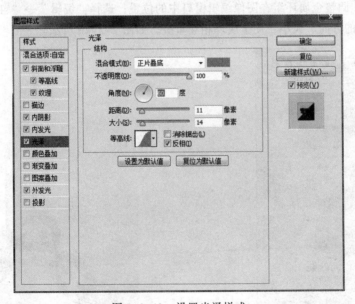

图 2-3-43 设置光泽样式

步骤 11：设置图层样式"颜色叠加"。选择"图层样式"窗口左侧的"颜色叠加"选项，弹出"颜色叠加"设置窗口；在"混合模式"选项中选择"正常"，"颜色"选项中选择"白色"，"不透明度"文本框中输入"100"。

步骤 12：设置图层样式"描边"。选择"图层样式"窗口左侧的"描边"选项，弹出"描边"设置窗口；在"位置"选项中选择"外部"，"混合模式"选项中选择"正常"，其他参数设置如图 2-3-44 所示；单击"确定"按钮。

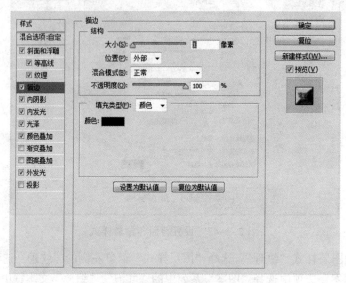

图 2-3-44　设置描边样式

步骤 13：复制"金属环组"图层组。选择"金属环组"图层组，右击，弹出快捷菜单，选择"复制组"命令；弹出"复制组"对话框；单击"确定"按钮，如图 2-3-45 所示。

步骤 14：制作金属链条。重复步骤 13，制作多个金属环组；选择所有金属环组图层组；选择"移动工具"；调整金属环组在图像编辑窗口中的位置；选择"编辑"→"自由变换路径"命令，调整金属环的方向、大小，使金属环相互重叠，如图 2-3-46 所示。

图 2-3-45　"图层"面板效果

图 2-3-46　金属链条最终效果

步骤 15：文件存盘。选择"文件"→"存储为"命令，弹出"存储为"对话框；"保存位置"选择"文档"文件夹，"文件名"文本框中输入"lx2310"，"格式"选择"Photoshop（ *.PSD;*.PDD ）"；单击"确定"按钮。

2.3.6 滤镜应用

Photoshop CS6 的滤镜能对原有图像进行艺术加工，得到特殊显示效果。每个图像可应用一个或多个滤镜。

1. 利用滤镜绘制景物

【实例】在 Photoshop CS6 中完成绘制云彩、海浪的操作：①新建文件，在编辑窗口中设置"宽度"为 30 厘米，"高度"为 25 厘米。②用"云彩"滤镜制作云彩。③用"波纹"滤镜绘制海浪。④文件以"lx2311.psd"为名保存到"文档"文件夹。

具体操作步骤如下。

步骤 1：新建文件。启动 Photoshop CS6，选择"文件"→"新建"命令，弹出"新建"对话框；"宽度"设置为 30 厘米，"高度"设置为 25 厘米，"颜色模式"选项中选择"RGB 模式"，"背景内容"选项中选择"白色"，"名称"文本框中输入"lx2311"，单击"确定"按钮。

步骤 2：制作云彩。分别单击"设置前景色""设置背景色"图标，弹出"拾色器（前景色）"对话框和"拾色器（背景色）"对话框；分别设置前景色为#00AEEF 代码的颜色、背景色为白色；选择"滤镜"→"渲染"→"云彩"命令，效果如图 2-3-47 所示。

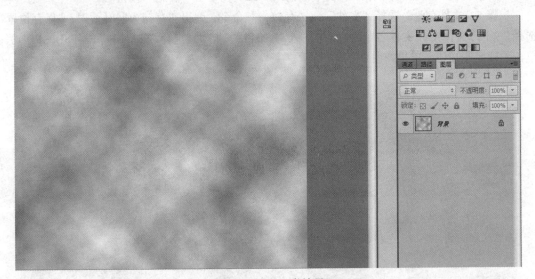

图 2-3-47　云彩效果

步骤 3：制作海浪选区和填充渐变色彩。选择"图层"→"新建"→"图层"命令，弹出"新建图层"对话框；"名称"输入"蓝色"，单击"确定"按钮，新建"蓝色"图层；选择"蓝色"图层；选择"矩形选框工具"，选择图像编辑窗口下半部分作为选区；分别单击"设置前景色""设置背景色"图标，弹出"拾色器（前景色）"对话框和"拾色器（背景色）"对话框；分别设置前景色为代码#00AEEF 的颜色、背景色为白色；选择"渐变工具"，在工具属性栏中选择"线性渐变"选项；在矩形选框中拖动鼠标填充颜色，如图 2-3-48 所示；选择"选择"→"取消选择"命令取消选区。

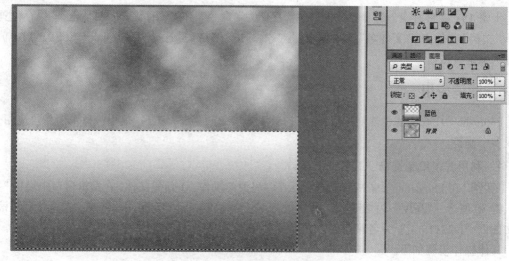

图 2-3-48　海浪选区和渐变效果

步骤 4：制作海浪。选择"蓝色"图层；选择"滤镜"→"扭曲"→"波纹"命令；弹出"波纹"对话框，"数量"文本框中输入"999"，"大小"选项中选择"大"项，单击"确定"按钮；再次选择"滤镜"→"扭曲"→"波纹"命令，弹出"波纹"对话框，"数量"文本框中输入"999"，"大小"选项中选择"中"，单击"确定"按钮；选择"滤镜"→"扭曲"→"旋转扭曲"命令，弹出"旋转扭曲"对话框；"角度"文本框输入"226"，单击"确定"按钮。

步骤 5：文件存盘。选择"文件"→"存储为"命令，弹出"存储为"对话框；"保存位置"选择"文档"文件夹，"文件名"文本框中输入"lx2311"，"格式"选择"Photoshop（*.PSD;*.PDD）"；单击"确定"按钮，效果如图 2-3-49 所示。

图 2-3-49　波浪最终效果

2. 利用滤镜制作特效字体——火焰效果

【实例】在 Photoshop CS6 中完成制作火焰字的操作：①新建文件，在编辑窗口中设置"宽度"为 30 厘米，"高度"为 25 厘米。②新建文字图层，输入文字"火焰字"。③给文字图层添加滤镜效果，制作火焰效果。④文件以"lx2312.psd"为名保存到"文档"文件夹。

具体操作步骤如下。

步骤 1：新建文件。启动 Photoshop CS6，选择"文件"→"新建"命令，弹出"新建"对话框；"宽度"设置为 30 厘米，"高度"设置为 25 厘米，"颜色模式"选项中选择"RGB 颜色"，"背景内容"选项中选择"白色"，"名称"文本框中输入"lx2312"；单击"确定"按钮。

步骤 2：设置"背景"图层为黑色。选择"窗口"→"色板"命令，弹出"色板"面板；选择"油漆桶工具"；在"色板"面板中选择黑色作为前景色；在"图层"面板中选择"背景"图层；在图像编辑窗口中单击。

步骤 3：新建文字图层。选择"横排文字工具"；在工具属性栏的"字体"选项中选择"黑体"，"字体大小"文本框中输入"150 点"，"设置文本颜色"选项中选择"黄色"；单击图像编辑窗口，添加文字输入文本框；输入"火焰字"；在"图层"面板中双击文字图层名称，改名为"文字"。

步骤 4：合并所有图层。选择"图层"→"合并可见图层"命令。

步骤 5：旋转图像。选择"图像"→"图像旋转"→"90 度（顺时针）"命令。

步骤 6：设置滤镜"风"。选择"滤镜"→"风格化"→"风"命令，弹出"风"对话框；"方法"选项中选择"风"，"方向"选项中选择"从左"；单击"确定"按钮；连续按 Ctrl+F 组合键 3 次，增加"风"特效，效果如图 2-3-50 所示。

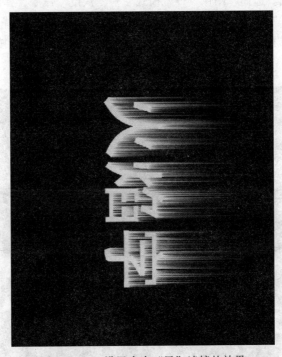

图 2-3-50　设置多次"风"滤镜的效果

步骤 7：旋转图像。选择"图像"→"图像旋转"→"90 度（逆时针）"命令。

步骤 8：设置滤镜"高斯模糊"。选择"滤镜"→"模糊"→"高斯模糊"命令，弹出"高斯模糊"对话框；在"半径"文本框中输入"2.5"，单击"确定"按钮，如图 2-3-51 所示。

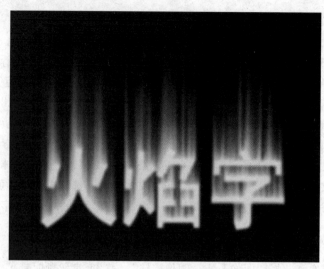

图 2-3-51　设置高斯模糊的效果

步骤 9：设置滤镜"波纹"。选择"滤镜"→"扭曲"→"波纹"命令，弹出"波纹"对话框；在"数量"文本框中输入"100"，"大小"选项中选择"中"；单击"确定"按钮。

步骤 10：设置模式。选择"图像"→"模式"→"灰度"命令，弹出"信息"对话框，单击"扔掉"按钮；选择"图像"→"模式"→"索引颜色"命令；再选择"图像"→"模式"→"颜色表"命令，弹出"颜色表"对话框；选择"黑体"；单击"确定"按钮，效果如图 2-3-52 所示。

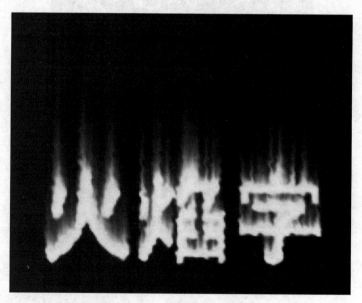

图 2-3-52　设置模式后的效果

步骤 11：文件存盘。选择"文件"→"存储为"命令，弹出"存储为"对话框；"保存位置"选择"文档"文件夹，"文件名"文本框中输入"lx2312"，"格式"选择"Photoshop（*.PSD;*.PDD）"；单击"确定"按钮。

3．利用滤镜制作特效字体——熔化效果

【实例】在 Photoshop CS6 中完成制作熔化字的操作：①新建文件，编辑窗口设置"宽度"为 30 厘米，"高度"为 25 厘米。②新建文字图层，输入文字"ice"。③给文字图层添加滤镜效果，制作熔化效果。④文件以"lx2313.psd"为名保存到"文档"文件夹

具体操作步骤如下。

步骤 1：新建文件。启动 Photoshop CS6，选择"文件"→"新建"命令，弹出"新建"对话框；"宽度"设置为 30 厘米，"高度"设置为 25 厘米，"颜色模式"选项中选择"RGB 颜色"，"背景内容"选项中选择"白色"，"名称"文本框中输入"lx2313"；单击"确定"按钮。

步骤 2：创建新通道。选择"窗口"→"通道"命令，弹出"通道"面板；单击"通道"面板下方的"创建新通道"按钮，创建新通道"Alpha 1"，如图 2-3-53 所示。

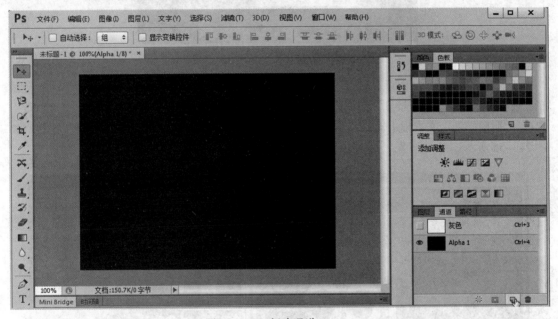

图 2-3-53　新建通道 Alpha 1

步骤 3：新建文字图层。选择"窗口"→"通道"命令，弹出"通道"面板；选择"横排文字工具"；在工具属性栏的"字体"选项中选择"Arial"，"字体大小"选项中选择"200 点"，"设置文本颜色"选项中选择"蓝色"；单击图像编辑窗口，添加文本框；输入文字"ice"，使用移动工具调整位置。

步骤 4：填充前景色。选择"设置前景色"图标，弹出"拾色器（前景色）"对话框；设置前景色为黄色；按 Alt+Delete 组合键用前景色填充文字选区；选择"选择"→"取消选择"命令，取消选区。

步骤 5：设置滤镜"风"。选择"图像"→"图像旋转"→"90 度（逆时针）"命令；选择"滤镜"→"风格化"→"风"命令，弹出"风"对话框；"方法"选项中选择"风"，"方向"选项中选择"从左"，单击"确定"按钮；连续按 Ctrl+F 组合键 2 次，增加特效"风"，效果如图 2-3-54 所示。

图 2-3-54　设置多次"风"滤镜的效果

步骤 6：设置滤镜"图章"。选择"图像"→"图像旋转"→"90 度顺时针"命令，旋转画布；选择"滤镜"→"滤镜库"命令，弹出"滤镜库"对话框；在右侧选择"素描"→"图章"选项，"明暗平衡"文本框中输入"28"，"平滑度"文本框中输入"7"；单击"确定"按钮，如图 2-3-55 所示。

图 2-3-55　设置"图章"滤镜的效果

步骤 7：设置滤镜"石膏"。选择"滤镜"→"滤镜库"命令，弹出"滤镜库"对话框；在右侧选择"素描"→"石膏效果"选项，"图像平衡"文本框中输入"5"，"平滑度"文本框中输入"1"，"光照"选项中选择"上"；单击"确定"按钮，如图 2-3-56 所示。

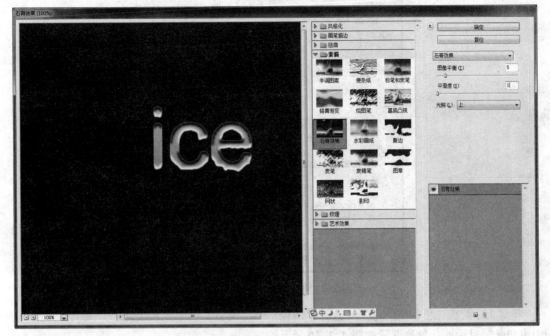

图 2-3-56 设置"石膏"滤镜的效果

步骤 8：载入选区。单击"图层"面板下方的"创建新图层"按钮，新建"图层 1"图层；单击"设置前景色"图标，弹出"拾色器（前景色）"对话框；设置前景色为白色；选择"图层 1"图层，按 Alt+Delete 组合键填充"图层 1"图层；选择"选择"→"载入选区"命令，弹出"载入选区"对话框；"通道"选项中选择"Alpha1"；单击"确定"按钮。

步骤 9：填充选区。单击"设置前景色"图标，弹出"拾色器（前景色）"对话框；设置前景色为深灰色（R、G、B 值均为 56）；按 Alt+Delete 组合键填充选区，如图 2-3-57 所示；选择"选择"→"取消选择"命令，取消选区。

图 2-3-57 填充文字选区效果

步骤 10：设置滤镜"USM 锐化"。选择"滤镜"→"锐化"→"USM 锐化"命令，弹出"USM 锐化"对话框；"数量"文本框中输入"255"，"半径"文本框中输入"2"，"阈值"文本框中输入"0"；单击"确定"按钮。

步骤 11：应用"曲线"功能。选择"图像"→"调整"→"曲线"命令，弹出"曲线"对话框；设置曲线参数；单击"确定"按钮，如图 2-3-58 所示。

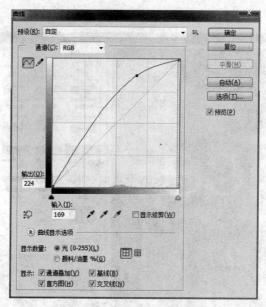

图 2-3-58 "曲线"对话框

步骤 12：调整"色相/饱和度"。选择"图像"→"调整"→"色相/饱和度"命令，弹出"色相/饱和度"对话框；参数设置如图 2-3-59 所示。

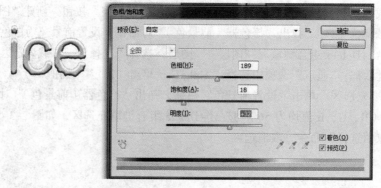

图 2-3-59 "色相/饱和度"对话框

步骤 13：文件存盘。选择"文件"→"存储为"命令，弹出"存储为"对话框；"保存位置"选择"文档"文件夹，"文件名"文本框中输入"lx2313"，"格式"选择"Photoshop(*.PSD;*.PDD)"；单击"确定"按钮。

2.3.7 人物照片处理

1. 抠取人物发丝

【实例】从网络下载"发型.jpg"和"新背景.jpg"文件，并在 Photoshop CS6 中完成以下操作：①打开"发型.jpg"文件。②把人物作为选区，选取范围精确到发丝。③把"新背景.jpg"文件作为人物的新背景。④文件以"lx2314.psd"为名保存到"文档"文件夹。

具体操作步骤如下。

步骤 1：打开文件。启动 Photoshop CS6；选择"文件"→"打开"命令，弹出"打开"对话框；选择"发型.jpg"文件；单击"打开"按钮。

步骤2：复制"背景"图层。在"图层"面板中选择"背景"图层；右击，弹出快捷菜单；选择"复制图层"命令，弹出"复制图层"对话框；单击"确定"按钮。

步骤3：选取人物。选择"快速选择工具"；在工具属性栏中选择"添加到选区"选项；"笔触大小"选项中选择"30像素"；单击人物图案，选择人物轮廓创建选区，如图2-3-60所示。

图2-3-60 选取人物

步骤4：选择发丝。选择"快速选择工具"；在工具属性栏中单击"调整边缘"按钮；弹出"调整边缘"对话框，"视图"选项中选择"叠加"，如图2-3-61所示"；右击"调整边缘"对话框左侧的第3个按钮，弹出选项菜单，选择"调整半径工具"；勾选"智能半径"复选框，微调"半径"项；在工具属性栏的"大小"选项中选择"35"，在人物头发边缘的发丝涂抹；单击"确定"按钮，效果如图2-3-62所示。

图2-3-61 "叠加"视图

图2-3-62 细致抠取发丝

步骤5：清除旧背景。选择"选择"→"反向"命令，选择人物图案外的背景；按Delete键清除旧背景；在"图层"面板中单击"背景"图层前的"眼睛（可见性）"按钮隐藏该图层；选择"选择"→"取消选择"命令，取消选区。

步骤6：置入新背景。选择"背景"图层；选择"文件"→"置入"命令，弹出"置入"窗口；选择"新背景.jpg"文件，单击"置入"按钮；调整图像大小和位置；右击图像，弹出快捷菜单；选择"置入"命令，如图2-3-63所示。

图2-3-63　调整新背景大小

步骤7：调整人物大小。选择"背景副本"图层；选择"编辑"→"自由变换"命令；编辑窗口调整人物大小；选择"移动工具"，弹出"是否应用变换"对话框，单击"应用"按钮。

步骤8：文件存盘。选择"文件"→"存储为"命令，弹出"存储为"对话框；"保存位置"选择"文档"文件夹，"文件名"文本框中输入"lx2314"，"格式"选择"Photoshop（*.PSD;*.PDD）"；单击"确定"按钮。最终效果如图2-3-64所示。

图2-3-64　最终效果

2.　美化人物皮肤

【实例】从网络下载"皮肤.jpg"文件，并在Photoshop CS6中完成以下操作：①打开"皮肤.jpg"文件。②清除人物的乱发、痤疮印、眼袋。③美白脸部皮肤。④文件以"lx2315.psd"为名保存到"文档"文件夹。

具体操作步骤如下。

步骤 1：打开文件。启动 Photoshop CS6，选择"文件"→"打开"命令，弹出"打开"对话框，选择"皮肤.jpg"文件，单击"打开"按钮。

步骤 2：复制"背景"图层。在"图层"面板中选择"背景"图层，右击，弹出快捷菜单；选择"复制图层"命令，弹出"复制图层"对话框；单击"确定"按钮。

步骤 3：清除乱发。在"图层"面板中选择"背景副本"图层；选择"仿制图章工具"；在工具属性栏的"笔触大小"选项中选择"5 像素"，"笔触硬度"选项中选择"0%"；按住 Alt 键的同时单击乱发图案旁的皮肤取样；放开 Alt 键，涂抹乱发图案，清除乱发。

步骤 4：清除痤疮印。在"图层"面板中选择"背景副本"图层；选择"仿制图章工具"；在工具属性栏的"笔触大小"选项中选择"10 像素"，"笔触硬度"选项中选择"0%"；按住 Alt 键的同时单击痤疮印图案旁皮肤取样；放开 Alt 键，涂抹痤疮印。

步骤 5：去除眼袋。选择"修补工具"；在工具属性栏选择"新选区"选项；选择眼袋图案建立选区；将选区拖动到眼袋附近较好的皮肤，如图 2-3-65 所示；选择"选择"→"取消选择"命令，取消选区。

步骤 6：建立选区。选择"窗口"→"通道"命令，弹出"通道"面板，按住 Ctrl 键并单击 RGB 通道，建立选区，如图 2-3-66 所示。

图 2-3-65　眼袋选区

图 2-3-66　由通道获取选区

步骤 7：美白皮肤。在"图层"面板中选择"背景副本"图层；选择"编辑"→"填充"命令，弹出"填充"对话框；"使用"选项中选择"白色"，单击"确定"按钮；选择"选择"→"取消选择"命令，取消选区。

步骤 8：模糊皮肤。在"图层"面板中选择"背景副本"图层；右击，弹出快捷菜单；选择"复制图层"命令，弹出"复制图层"对话框；单击"确定"按钮，新建"背景副本 2"图层；选择"滤镜"→"模糊"→"高斯模糊"命令，弹出"高斯模糊"对话框；"半径"文本框中输入"2.5"；单击"确定"按钮，如图 2-3-67 所示。

步骤 9：保留眉毛、眼睛、嘴唇的原始效果。在"图层"面板中选择"背景副本 2"；单击"图层"面板下方的"添加图层蒙版"按钮；单击"设置前景色"图标，弹出"拾色器（前景色）"对话框；设置前景色为黑色；选择"画笔工具"；在工具属性栏的"笔触大小"选项中选择"20 像素"项，"硬度"选项中选择"0%"，"不透明度"选项中选择"100%"；在图像编辑窗口中涂抹眉毛、眼睛、嘴唇图案，如图 2-3-68 所示。

图 2-3-67 "高斯模糊"对话框　　　　　　　图 2-3-68 蒙版效果

步骤 10：文件存盘。选择"文件"→"存储为"命令，弹出"存储为"对话框；"保存位置"选择"文档"文件夹，"文件名"文本框中输入"lx2315"，"格式"选择"Photoshop（ *.PSD;*.PDD ）"；单击"确定"按钮。

3. 人物合成——移花接木（变脸）

【实例】从网络下载"图 1.jpg"和"图 2.jpg"文件，并在 Photoshop CS6 中完成以下操作：①打开"图 1.jpg"文件。②把"图 1.jpg"人物的脸换成"图 2.jpg"人物的脸，其余部位不变。④文件以"lx2316.psd"为名保存到"文档"文件夹

具体操作步骤如下。

步骤 1：打开文件。启动 Photoshop CS6，选择"文件"→"打开"命令，弹出"打开"对话框，选择"图 1.jpg"文件，单击"打开"按钮。

步骤 2：复制"背景"图层。在"图层"面板中选择"背景"图层；右击，弹出快捷菜单；选择"复制图层"命令，弹出"复制图层"对话框；单击"确定"按钮。

步骤 3：选择新脸。选择"文件"→"打开"命令，弹出"打开"对话框；选择"图 2.jpg"文件，单击"打开"按钮；选择"多边形套索工具"，在"图 2.jpg"人物脸部创建选区，如图 2-3-69 所示；选择"移动工具"，将选区拖放到"lx2316.psd"文件，创建新图层"图层 1"；双击"图层 1"名称，改名为"新脸"，如图 2-3-70 所示。

图 2-3-69 选择脸部轮廓

图 2-3-70　移动新脸

步骤 4：调整新脸。在"图层"面板中选择"新脸"图层；选择"编辑"→"自由变换"命令；缩小新脸，调整头部角度；选择"编辑"→"变换"→"变形"命令，调整新脸的五官位置，如图 2-3-71 所示；选择"新脸"图层，在"图层"面板上方的"不透明度"选项中选择"50%"；半透明状态下再次调整新脸，使新脸与旧脸匹配重合；选择"移动工具"，弹出"是否应用变换"对话框；单击"应用"按钮。

图 2-3-71　新脸变形

步骤 5：匹配脸部。在"图层"面板中选择"新脸"图层；单击面板下方的"添加图层蒙版"按钮；选择"设置前景色"图标，弹出"拾色器（前景色）"对话框；设置前景色为黑色；选择"画笔工具"；在"图层"面板中选择"新脸"图层的图层蒙版；在图像编辑窗口的新脸图案中涂抹头发与新脸部边缘，使新脸与原始脸部更加融合。

步骤 6：匹配五官。在"图层"面板中选择"新脸"图层（非蒙版图）；选择"多边形套索工具"；在编辑窗口选择新脸五官图案并创建选区；按 Ctrl+J 组合键快速复制选区像素创建新图层；双击新图层名称，改名为"新五官"；分别选择"编辑"→"自由变换"命令和"编辑"→

"变换" → "变形"命令,调整五官和脸部的匹配角度;选择"移动工具",弹出"是否应用变换"对话框,单击"应用"按钮;单击"图层"面板下方的"添加图层蒙版"按钮添加蒙版;单击"设置前景色"图标,弹出"拾色器(前景色)"对话框;设置前景色为黑色;选择"画笔工具";在"图层"面板中选择"新五官"图层的图层蒙版;编辑窗口涂抹新五官与脸部边缘,修饰新五官与脸部的拼接痕迹,如图 2-3-72 所示。

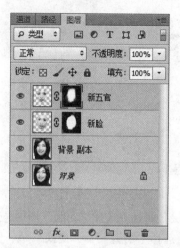

图 2-3-72　蒙版效果

步骤 7:合并图层。选择"新五官"图层,按 Ctrl+E 组合键向下合并图层。

步骤 8:填充肤色。按住 Ctrl 键并单击"新脸"图层,浮动选区;单击"图层"面板下方"创建新的填充或调整图层"按钮,弹出选项菜单,选择"纯色"命令,弹出"拾色器(纯色)"对话框;编辑窗口在脸部肤色上单击,单击"确定"按钮,如图 2-3-73 所示;在"图层"面板中选择"颜色填充 1"图层;"设置图层的混合模式"选项选择"柔光"项,"不透明度"选项选择"30%"项。

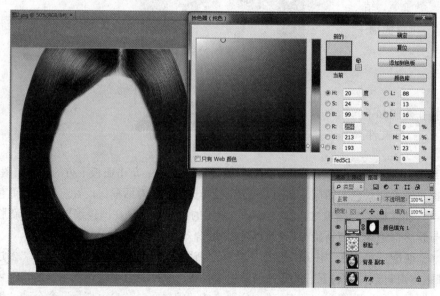

图 2-3-73　添加纯色填充层

步骤 9：调节脸部色彩亮度。按住 Ctrl 键并单击 "新脸" 图层，浮动选区；单击 "图层" 面板下方 "创建新的填充或调整图层" 按钮，弹出选项菜单，选择 "色阶" 命令；弹出 "色阶" 属性面板，调整亮度参数。

步骤 10：调节脸部色彩饱和度。按住 Ctrl 键并单击 "新脸" 图层，浮动选区；单击 "图层" 面板下方的 "创建新的填充或调整图层" 按钮，弹出选项菜单，选择 "色相/饱和度"；弹出 "色相/饱和度" 属性面板；调节饱和度参数。

步骤 11：文件存盘。选择 "文件" → "存储为" 命令，弹出 "存储为" 对话框；"保存位置" 选择 "文档" 文件夹，"文件名" 输入 "lx2316"，"格式" 选择 "Photoshop（*.PSD;*.PDD）"；单击 "确定" 按钮。最终效果如图 2-3-74 所示。

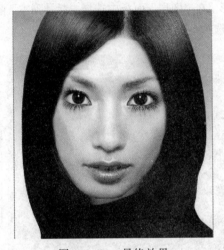

图 2-3-74　最终效果

2.3.8　综合应用实例

通过菜单命令，结合工具箱工具和多种面板的组合，可综合编辑图像。

1. 走出相框的狮子

【实例】从网络下载 "狮子.jpg" 文件，并在 Photoshop CS6 中完成以下操作：①打开 "狮子.jpg" 文件。②在狮子周围绘制一个相框。③制作第一只狮子走出相框的效果。④文件以 "lx2317.psd" 为名保存到 "文档" 文件夹。

具体操作步骤如下。

步骤 1：打开文件。启动 Photoshop CS6；选择 "文件" → "打开" 命令；弹出 "打开" 对话框，选择 "狮子.jpg" 文件；单击 "打开" 按钮。

步骤 2：复制 "背景" 图层。在 "图层" 面板中选择 "背景" 图层；右击，弹出快捷菜单；选择 "复制图层" 命令，弹出 "复制图层" 对话框；单击 "确定" 按钮。

步骤 3：选择第 1 只狮子。在 "图层" 面板中选择 "背景副本" 图层；选择 "钢笔工具"；在工具属性栏的 "选择工具模式" 选项中选择 "路径"，"路径操作" 选项中选择 "排除重叠形状"；在编辑窗口中的第 1 只狮子轮廓上连续单击，选择狮子轮廓创建路径；按 Ctrl+Enter 组合键，将狮子路径转变成选区，如图 2-3-75 所示；按 Ctrl+J 组合键复制选区新建 "图层 1" 图层。

图 2-3-75　复制选区

步骤 4：制作相框的雏形。在"图层"面板中选择"背景副本"图层；选择"矩形选框工具"；在编辑窗口中绘制一个矩形选框，如图 2-3-76 所示。

图 2-3-76　制作相框

步骤 5：删除背景。选择"选择"→"反向"命令，按 Delete 键，删除矩形选框外的图像内容；选择"选择"→"取消选择"命令，取消选区。

步骤 6：绘制相框。在"图层"面板中选择"背景副本"图层；选择"编辑"→"描边"命令，弹出"描边"对话框；"宽度"输入"30 像素"，"颜色"选择粉红色，"位置"选项中选择"内部"，如图 2-3-77 所示。加相框后的效果如图 2-3-78 所示。

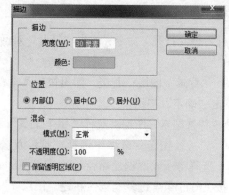

图 2-3-77　"描边"对话框

图 2-3-78　相框描边后的初步效果

步骤 7：设置图层样式"内阴影"。在"图层"面板中双击"背景副本"图层，弹出"图层样式"对话框；选择"内阴影"选项，弹出"内阴影"设置窗口，设置参数如图 2-3-79 所示；单击"确定"按钮；在"图层"面板中取消选择"眼睛"项，隐藏背景图层。

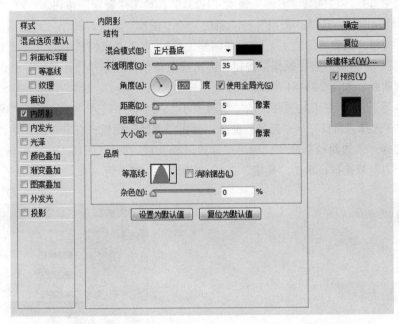

图 2-3-79　设置内阴影样式

步骤 8：文件存盘。选择"文件"→"存储为"命令，弹出"存储为"对话框；"保存位置"选择"文档"文件夹，"文件名"文本框中输入"lx2317"，"格式"选择"Photoshop（*.PSD;*.PDD）"；单击"确定"按钮。最终效果如图 2-3-80 所示。

图 2-3-80　最终效果

2．制作彩色渐变曲线

【实例】在 Photoshop CS6 中完成以下操作：①新建文件，编辑窗口设置"宽度"为 30 厘米，"高度"为 25 厘米。②绘制曲线。③给曲线添加颜色。④文件以"lx2318.psd"为名保存到"文档"文件夹。

具体操作步骤如下。

步骤 1：新建文件。启动 Photoshop CS6；选择"文件"→"新建"命令；弹出"新建"对话框，"宽度"设置为 30 厘米，"高度"设置为 25 厘米，"颜色模式"选项中选择"RGB 颜色"，"背景内容"选项中选择"白色"，"名称"输入"lx2318"；单击"确定"按钮。

步骤 2：绘制曲线。选择"图层"→"新建"→"图层"命令，弹出"新建图层"对话框，单击"确定"按钮，创建"图层 1"；选择"钢笔工具"，在工具属性栏中的"选择工具模式"选项中选择"路径"，单击"路径操作"按钮，弹出选项菜单，选择"合并形状"命令；在图像编辑窗口中绘制曲线，如图 2-3-81 所示。

选择"画笔工具"；在工具属性栏的"笔触大小"文本框中输入"2 像素"，"硬度"文本框中输入"0%"；选择"窗口"→"路径"命令，弹出"路径"面板；右击"工作路径"层，弹出选项菜单，选择"描边路径"命令；弹出"描边路径"对话框；"工具"选项中选择"画笔"，勾选"模拟压力"复选框；单击"确定"按钮，如图 2-3-82 所示。

图 2-3-81　绘制初始曲线

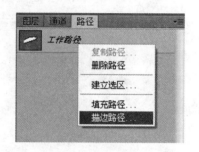

图 2-3-82　选择"描边路径"命令

步骤 3：复制 8 条曲线并轻微移动曲线位置。在"图层"面板中选择"图层 1"图层；连续按 8 次 Ctrl+Shift+Alt+→组合键。选择所有曲线图层（"背景"图层除外），选择"图层"→"合并图层"命令；双击曲线图层名称，改名为"曲线"，效果如图 2-3-83 所示。

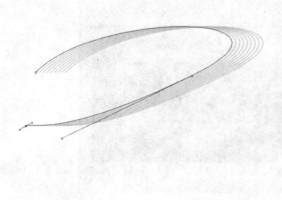

图 2-3-83　复制图层

步骤 4：曲线添加彩色。在"图层"面板中选择"曲线"图层；单击"图层"面板下方的"创建新图层"按钮，新建"图层 1"图层；选择"渐变工具"；在工具属性栏的"点按可编辑渐变"选项中选择"透明彩虹渐变"，选择"线性渐变"选项；在图像编辑窗口中从左下角往右上角拖动光标添加渐变色，如图 2-3-84 所示；在"图层"面板的"设置图层的混合模式"选项中选择"色相"，如图 2-3-85 所示。

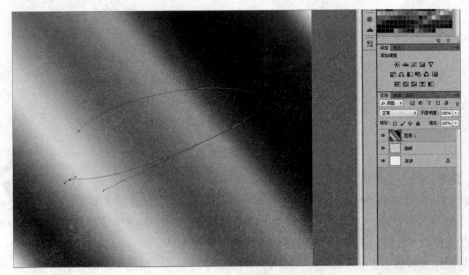

图 2-3-84　线性渐变效果

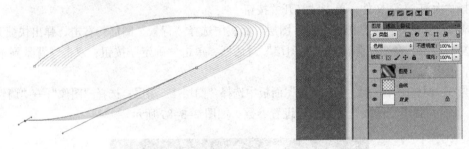

图 2-3-85　图层混合模式改为"色相"后的效果

步骤 5：合并图层。在"面层"面板中选择"背景"图层；按 Ctrl+J 组合键，新建"背景副本"图层；在"图层"面板中取消选择"背景"图层中的"眼睛"选项，隐藏该图层；选择"图层"→"合并可见图层"命令；恢复显示"背景"图层。

步骤 6：设置滤镜"高斯模糊"。在"图层"面板中选择"背景副本"图层；按 Ctrl+J 组合键复制图层，新建"背景副本 2"图层；选择"滤镜"→"模糊"→"高斯模糊"命令，弹出"高斯模糊"对话框；在"半径"文本框中输入"2.5"，单击"确定"按钮；在"图层"面板上方的"设置图层的混合模式"选项中选择"正片叠底"；选择"图层"→"向下合并"命令。

步骤 7：设置滤镜"铜板雕刻"。在"图层"面板选择"背景副本"图层；按 Ctrl+J 组合键复制图层，新建"背景副本 2"图层；选择"滤镜"→"像素化"→"铜板雕刻"命令，弹出"铜板雕刻"对话框；"类型"选项中选择"精细点"，单击"确定"按钮；在"图层"面板上方的"设置图层的混合模式"选项中选择"柔光"，"不透明度"选项中选择"70%"。

步骤 8：文件存盘。选择"文件"→"存储为"命令，弹出"存储为"对话框；"保存位置"选择"文档"文件夹，"文件名"输入"lx2318"，"格式"选择"Photoshop（*.PSD;*.PDD）"；单击"确定"按钮。最终效果如图 2-3-86 所示。

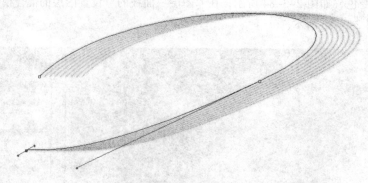

图 2-3-86　最终效果

3. 雷电交加的暴风雨场景

【**实例**】从网络下载"大海.jpg"文件，并在 Photoshop CS6 中完成以下操作：①打开"大海.jpg"文件。②制作乌云效果。③制作暴风效果。④制作闪电效果。⑤制作下雨效果。⑥制作水波纹效果。⑦文件以"lx2319.psd"为名保存到"文档"文件夹。

具体操作步骤如下。

步骤 1：打开文件。启动 Photoshop CS6；选择"文件"→"打开"命令，弹出"打开"对话框；选择"大海.jpg"文件；单击"打开"按钮。

步骤 2：复制"背景"图层。在"图层"面板中选择"背景"图层；右击，弹出快捷菜单，选择"复制图层"命令；弹出"复制图层"对话框，单击"确定"按钮；双击"背景副本"图层名称，改名为"图层 1"。

步骤 3：调整图片亮度。在"图层"面板中选择"图层 1"图层；选择"图像"→"调整"→"曲线"命令；弹出"曲线"对话框，设置参数，如图 2-3-87 所示。

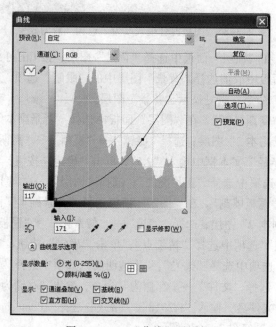

图 2-3-87　"曲线"对话框

步骤 4：模糊图片。在"图层"面板中选择"图层 1"图层；右击，弹出快捷菜单，选择"复制图层"命令；弹出"复制图层"对话框，单击"确定"按钮，新建"图层 1 副本"；选择"图层 1 副本"图层；选择"滤镜"→"模糊"→"径向模糊"命令，弹出"径向模糊"对话框；设置参数及效果，如图 2-3-88 所示；在"图层"面板上方的"设置图层的混合模式"选项中选择"正片叠底"，"不透明度"选项中选择"40%"。

图 2-3-88　"径向模糊"对话框

步骤 5：制作乌云。单击"图层"面板下方的"创建新图层"按钮，新建"图层 1"图层；双击"图层 1"图层，改名为"乌云"；选择"滤镜"→"渲染"→"云彩"命令；选择"滤镜"→"渲染"→"分层云彩"命令；按 6 次 Ctrl+F 组合键；选择"图像"→"调整"→"色阶"命令，弹出"色阶"对话框；移动滑块调整参数，直到云彩成为乌黑色；单击"确定"按钮；在"图层"面板上方的"设置图层的混合模式"选项中选择"颜色减淡"。

步骤 6：修饰乌云效果。在"图层"面板中选择"乌云"图层；选择"编辑"→"自由变换"命令，调整乌云大小和位置；选择"编辑"→"变换"→"透视"命令，进行云彩变形。选择"移动工具"，弹出"是否应用变换"对话框，单击"应用"按钮。

打开"面板"通道，按住 Ctrl 键并单击"红"通道的缩略图，载入选区；选择"选择"→"反向"命令；选择"选择"→"修改"→"羽化"命令，弹出"羽化选区"对话框；羽化半径"文本框中输入"10"，单击"确定"按钮；打开"图层"面板，单击"图层"面板下方的"添加图层蒙版"按钮；选择"设置前景色"选项，弹出"拾色器（前景色）"对话框；设置前景色为黑色；工具箱选择"画笔工具"；在工具属性栏的"笔触大小"选项中选择"30 像素"，"硬度"选择中选择"100%"，"图层"面板中选择"乌云"图层；图像编辑窗口涂抹较亮部分；选择"图像"→"调整"→"色阶"命令，弹出"色阶"对话框；参数设置如图 2-3-89 所示。

步骤 7：添加闪电效果。选择"图层"→"新建"→"图层"命令；弹出"新建图层"对话框，"名称"文本框中输入"闪电"，单击"确定"按钮；选择"矩形选框工具"；按 Shift 键并单击，在图像编辑窗口中绘制正方形选区；分别单击"设置前景色"和"设置背景色"图标，弹出"拾色器（前景色）"对话框和"拾色器（背景色）"对话框；分别设置前景色为黑色、背景色为白色；选择"渐变工具"；在工具属性栏的"点按可编辑渐变"选项中选择"前景色到背景色渐变"，选择"线性渐变"选项；拖动光标在正方形选区中部从左至右填充颜色，如图 2-3-90 所示。

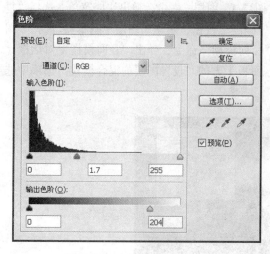

图 2-3-89　"色阶"对话框

图 2-3-90　绘制线性渐变

选择"滤镜"→"渲染"→"分层云彩"命令；选择"图像"→"调整"→"反相"命令；选择"图像"→"调整"→"色阶"命令，弹出"色阶"对话框；向右移动"输入色阶"选项滑块，如图 2-3-91 所示，单击"确定"按钮。

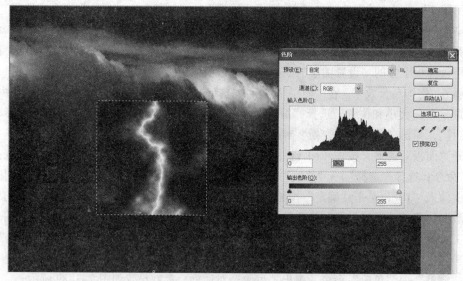

图 2-3-91　"色阶"对话框

选择"选择"→"取消选择"命令，取消选区；在"图层"面板上方的"设置图层的混合模式"选项中选择"滤色"；选择"橡皮擦工具"；在工具属性栏的"硬度"文本框中输入"0%"；单击擦除闪电旁多余的颜色；选择"编辑"→"自由变换"命令，调整闪电大小和位置；选择"移动工具"，弹出"是否应用变换"对话框；单击"应用"按钮，如图 2-3-92 所示。

步骤 8：制作另一条闪电。右击"图层"面板中的"闪电"图层，弹出快捷菜单；选择"复制图层"，弹出"复制图层"对话框；单击"确定"按钮；选择"编辑"→"自由变换"命令，调整闪电大小和位置；选择"移动工具"，弹出"是否应用变换"对话框，单击"应用"按钮；效果如图 2-3-93 所示。

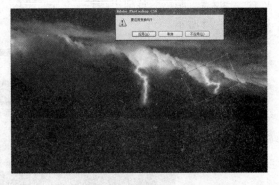

图 2-3-92　闪电效果　　　　　　　　　图 2-3-93　制作另一条闪电

步骤 9：制作下雨效果。选择 "图层"→"新建"→"图层"命令，弹出"新建图层"对话框；"名称"文本框中输入"雨"，单击"确定"按钮；单击"设置前景色"图标；弹出"拾色器（前景色）"对话框，设置前景色为黑色；选择"油漆桶工具"，移动光标到编辑窗口图像，单击填充颜色；选择"滤镜"→"像素化"→"点状化"命令；弹出"点状化"对话框，在"单元格大小"选项中选择"7"，单击"确定"按钮；选择"图像"→"调整"→"阈值"命令；弹出"阈值"对话框，"阈值色阶"文本框中输入"163"，单击"确定"按钮；"图层"面板上方的"设置图层的混合模式"选项中选择"滤色"；选择"滤镜"→"模糊"→"动感模糊"命令；弹出"动感模糊"对话框，"角度"文本框中输入"–78"，"距离"文本框输入"71"，如图 2-3-94 所示，单击"确定"按钮。

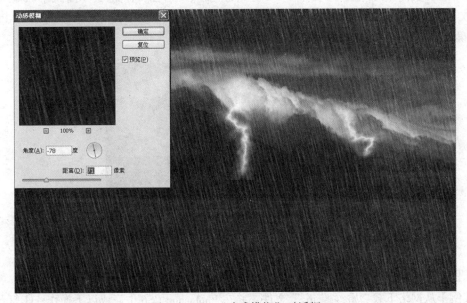

图 2-3-94　"动感模糊"对话框

步骤 10：制作水波纹。在"图层：面板中选择"雨"图层；选择"椭圆选框工具"，按住 Shift 键并单击绘制一个正圆选区；选择"编辑"→"复制"命令；选择"编辑"→"粘贴"命令，新建图层"图层 1"；双击"图层 1"图层名称，改名为"水波纹"；按住 Ctrl 键并单击"水波纹"图层，选择"滤镜"→"扭曲"→"水波"命令；弹出"水波"对话框，"数量"选项中选择"-69","起伏"选项中选择"6","样式"选项中选择"围绕中心";单击"确定"按钮，如图 2-3-95 所示。

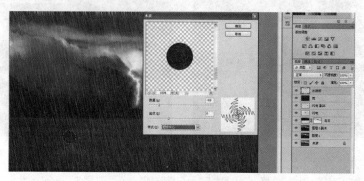

图 2-3-95 "水波"对话框

"图层"面板上方的"设置图层的混合模式"选项中选择"滤色";选择"编辑"→"自由变换"命令，调整水波纹形状、大小和位置;选择"移动工具"，弹出"是否应用变换"对话框，单击"应用"按钮;选择"选择"→"取消选择"命令，取消选区。

步骤 11:制作另一个水波纹。在"图层"面板中选择"水波纹"图层;右击，弹出快捷菜单，选择"复制图层"命令;弹出"复制图层"对话框;单击"确定"按钮;选择"编辑"→"自由变换"命令，调整水波纹形状、大小和位置;选择"移动工具"，弹出"是否应用变换"对话框，单击"应用"按钮。

步骤 12:文件存盘。选择"文件"→"存储为"命令，弹出"存储为"对话框;"保存位置"选择"文档"文件夹,"文件名"文本框中输入"lx2319","格式"选择"Photoshop（*.PSD;*.PDD）";单击"确定"按钮。最终效果如图 2-3-96 所示。

图 2-3-96 最终效果

4. 图片中人物动作的微调

【实例】从网络下载"婚纱照.jpg"文件，并在 Photoshop CS6 中完成以下操作:①打开"婚纱照.jpg"文件。②移除新娘。③调整新郎的手脚位置。④文件以"lx2320.psd"为名保存到"文档"文件夹。

具体操作步骤如下。

步骤 1:打开文件。启动 Photoshop CS6;选择"文件"→"打开"命令，弹出"打开"对话框;选择"婚纱照.jpg"文件，单击"打开"按钮。

步骤 2：复制"背景"图层。在"图层"面板中选择"背景"图层；右击，弹出快捷菜单；选择"复制图层"命令，弹出"复制图层"对话框；单击"确定"按钮。

步骤 3：选取新郎和新娘图案。选择"快速选择工具"；在工具属性栏中选择"添加到选区"选项，"笔触大小"选项中选择"12 像素"项；连续单击新郎和新娘图案，将人物轮廓创建为选区，如图 2-3-97 所示；右击选区，弹出快捷菜单，选择"存储选区"命令；弹出"存储选区"对话框，"名称"文本框中输入"人物"，单击"确定"按钮；选择"选择"→"修改"→"扩展"命令；弹出"扩展"对话框，"扩展量"文本框中输入"3"，单击"确定"按钮。

图 2-3-97　选取人物

步骤 4：智能识别和修复。选择"编辑"→"填充"命令；弹出"填充"对话框，在"使用"选项中选择"内容识别"；单击"确定"按钮，效果如图 2-3-98 所示；选择"污点修复画笔工具"；在工具属性栏中选择"内容识别"；移动光标修饰选区内不协调的部分，如海平面。

图 2-3-98　填充"内容识别"后的效果

步骤 5：移除新娘图案。在"图层"面板中选择"背景"图层，右击，弹出快捷菜单，选择"复制图层"命令；弹出"复制图层"对话框，单击"确定"按钮，新建"背景副本 2"图层；将"背景副本 2"图层移至"图层"面板顶端；打开"通道"面板，按住 Ctrl 键并单击"人物"通道，载入"人物"选区；在"图层"面板中选择"背景副本 2"图层；选择"快速选择工具"；

在工具属性栏中选择"从选区减去"选项,"笔触大小"选项中选择"12 像素";在新娘图案单击,将新娘图案分离出选区;选择"选择"→"反选"命令,按 Delete 键,效果如图 2-3-99所示。

图 2-3-99 去除新娘图案效果

步骤 6:智能调整选区。选择"选择"→"反选"命令;选择"快速选择工具";在工具属性栏中单击"调整边缘"按钮;弹出"调整边缘"对话框,勾选"智能半径"复选框,其他参数设置如图 2-3-100 所示。

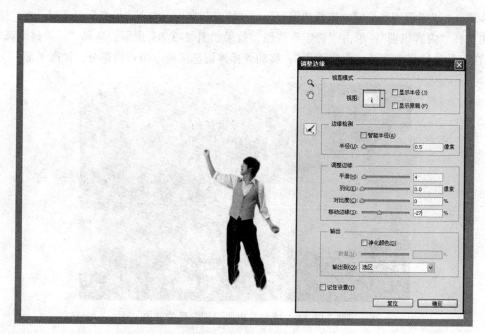

图 2-3-100 "调整边缘"对话框

步骤 7:调整新郎手脚位置。选择"编辑"→"操控变换"命令,单击新郎图案手脚关节位置,放置图钉,如图 2-3-101 所示;拖动图钉,调整手脚位置;选择"移动工具",弹出"是否应用操控变形"对话框,单击"应用"按钮。

图 2-3-101 添加操控变换图钉

步骤 8：文件存盘。选择"文件"→"存储为"命令，弹出"存储为"对话框；"保存位置"选择"文档"文件夹，"文件名"文本框中输入"lx2320"，"格式"选择"Photoshop（*.PSD;*.PDD）"；单击"确定"按钮。最终效果如图 2-3-102 所示。

图 2-3-102 最终效果

2.3.9 图像批量处理

Photoshop 对图像的批量处理主要是通过录制动作来完成，批量的图像将按照记录的动作执行同一个编辑过程。图像的批量处理通过"动作"面板中的动作来完成，Photoshop CS6 自带 13 项默认动作，也可根据个人编辑图像的需要创建新动作。

1. 使用默认动作

【实例】从网络下载"人像.jpg"文件，并在 Photoshop CS6 中完成为图像添加木质画框的操作：①打开"人像.jpg"文件。②使用动作默认动作为图像添加木质画框。③文件以"lx2321.psd"为名保存到"文档"文件夹。

具体操作步骤如下。

步骤 1：打开文件。启动 Photoshop CS6；选择"文件"→"打开"命令，弹出"打开"对话框；选择"人像.jpg"文件，单击"打开"按钮。

步骤 2：添加木质画框。选择"窗口"→"动作"命令，弹出"动作"面板；单击"动作"面板中"默认动作"组左边的黑色三角形，弹出"默认动作"组；选择"木质画框-50 像素"动作选项；单击"动作"面板下方的"播放选定的动作"按钮；弹出"信息"对话框，单击"继续"按钮，如图 2-3-103 所示。

图 2-3-103　"信息"对话框

步骤 3：文件存盘。选择"文件"→"存储为"命令，弹出"存储为"对话框；"保存位置"选择"文档"文件夹，"文件名"文本框中输入"lx2321"，"格式"选择"Photoshop（*.PSD;*.PDD）"；单击"确定"按钮。最终效果如图 2-3-104 所示。

图 2-3-104　最终效果

2．创建并使用自定义动作

【实例】并在 Photoshop CS6 中完成为若干图像调整大小并添加拍摄日期的操作：①新建"处理前"和"处理后"文件夹。②打开"花.jpg"文件，以"lx2322.psd"为名保存到"文档"文件夹。③创建动作，记录"花.jpg"文件调整大小并添加拍摄日期的过程。④对"处理前"文件夹的所有图像调整大小并添加拍摄日期。⑤保存文件。

具体操作步骤如下。

步骤 1：新建文件夹。在计算机上新建两个文件夹，分别命名为"处理前"和"处理后"；将批量处理的图像存放到"处理前"文件夹。

步骤 2：打开文件。启动 Photoshop CS6；选择"文件"→"打开"命令，弹出"打开"对话框；选择"花.jpg"文件；单击"打开"按钮。

步骤 3：文件存盘。选择"文件"→"存储为"命令，弹出"存储为"对话框；"保存位置"选择"文档"文件夹，"文件名"文本框中输入"lx2322"，"格式"选择"Photoshop（ *.PSD;*.PDD ）"；单击"确定"按钮。

步骤 4：创建新动作。选择"窗口"→"动作"命令，弹出"动作"面板；单击"动作"面板下方的"创建新组"按钮；弹出"新建组"对话框，"名称"文本框中输入"我的动作"，单击"确定"按钮；单击"动作"面板中"我的动作"组左边的黑色三角形，弹出"我的动作"组；单击"动作"面板下方的"创建新动作"按钮，弹出"新建动作"对话框，"名称"文本框中输入"调整图片大小 400*300 及添加拍摄时间'2015.1.1'"；"组"选项中选择"我的动作"，单击"记录"按钮。

步骤 5：调整图像大小。选择"图像"→"图像大小"命令；弹出"图像大小"对话框，在"像素大小"选项的"宽度"文本框中输入"400"，"宽度"选项中选择"像素"，"高度"文本框中输入"300"，"高度"选项中选择"像素"；单击"确定"按钮，如图 2-3-105 所示。

图 2-3-105　调整图像大小

步骤 6：添加拍摄日期。选择"横排文字工具"；在工具属性栏的"字体"选项中选择"宋体"项，"字体大小"选项中选择"15 点"，"设置文本颜色"选项中选择"红色"；单击图像编辑窗口的右下角，添加文本框，输入"2015.1.1"。

步骤7：保存动作。选择"文件"→"存储为"命令；弹出"存储为"对话框，"保存位置"选择"处理后"文件夹，"格式"选择"JPEG（*.JPG;*.JPEG;*.JPE）"选项，如图 2-3-106 所示；单击"确定"按钮；弹出"JPEG 选项"对话框，单击"确定"按钮；单击"动作"面板下方的"停止播放/记录"按钮，如图 2-3-107 所示。

图 2-3-106 "存储为"对话框

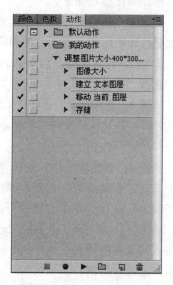

图 2-3-107 "动作"面板

步骤8：批量处理图片。选择"文件"→"自动"→"批处理"命令，弹出"批处理"对话框；参数设置如图 2-3-108 所示，单击"确定"按钮。

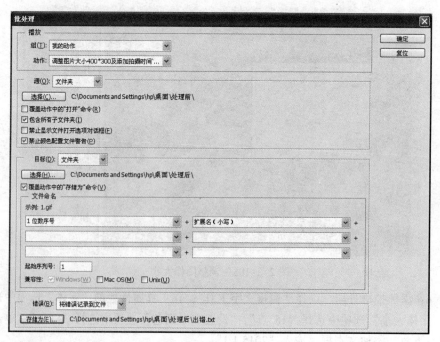

图 2-3-108 "批处理"对话框

步骤 9：文件存盘。选择"文件"→"存储"命令。批量处理后的图片如图 2-3-109 所示。

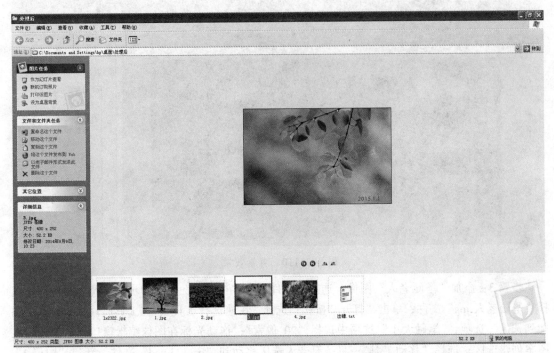

图 2-3-109 "处理后"文件夹图像

2.3.10 平面设计应用

利用 Photoshop 进行平面设计，特别是宣传海报、广告展板的设计，需要确定宣传内容、收集有关图像和文字素材、构思展板中的素材布局、编辑素材等。

【实例】从网络下载"圣诞老人.jpg""花纹.jpg""铃铛.jpg""圣诞节简介.txt"文件，并在 Photoshop CS6 中完成制作圣诞展板的操作：①新建文件，编辑窗口设置"宽度"为 100 厘米，"高度"为 50 厘米。②置入图像素材并编辑。③添加文字内容并编辑。④文件以"lx2323.psd"为名保存到"文档"文件夹。

具体操作步骤如下。

步骤 1：新建文件。启动 Photoshop CS6；选择"文件"→"新建"命令；弹出"新建"对话框，"宽度"设置为 100 厘米，"高度"设置为 50 厘米，"颜色模式"选项中选择"RGB 颜色"，"背景内容"选项中选择"白色"，"名称"文本框输入"lx2323"；单击"确定"按钮。

步骤 2：设置展板背景效果。分别单击"设置前景色"和"设置背景色"图标；弹出"拾色器（前景色）"对话框和"拾色器（背景色）"对话框；分别设置前景色为红色、背景色为黑色；选择"渐变工具"；在工具属性栏的"点按可编辑渐变"选项中选择"前景色到背景色渐变"，选择"菱形渐变"选项；在图像编辑窗口的自左上角往右下角绘制一直线，填充背景色，如图 2-3-110 所示。

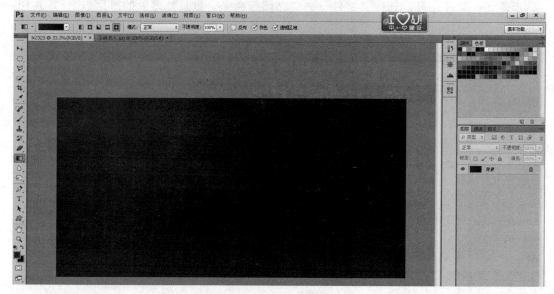

图 2-3-110　背景效果

步骤 3：添加"圣诞老人"图像。选择"文件"→"打开"命令；弹出"打开"对话框，选择"圣诞老人.jpg"文件；单击"打开"按钮；选择"快速选择工具"；在工具属性栏中选择"添加到选区"选项，"笔触大小"选项中选择"20 像素"；拖动光标在图像编辑窗口选择圣诞老人图案创建选区；选择"移动工具"；将圣诞老人选区移动到"lx2323.psd"文件，新建"图层 1"图层；双击"图层 1"图层名称，改名为"圣诞老人"；选择"编辑"→"自由变换"命令，调整圣诞老人的大小和位置；选择"移动工具"；弹出"是否应用变换"对话框，单击"应用"按钮，如图 2-3-111 所示。

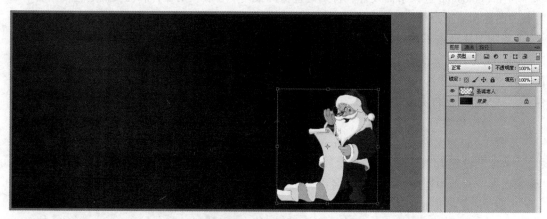

图 2-3-111　调整圣诞老人图像

步骤 4：添加花纹。选择"文件"→"置入"命令；弹出"置入"窗口，选择"花纹.jpg"文件；单击"置入"按钮；调整图像大小、方向和位置，如图 2-3-112 所示；再右击图像，弹出快捷菜单；选择"置入"命令；在"图层"面板中选择"花纹"图层；在面板上方的"设置图层的混合模式"选项中选择"正片叠底"。

图 2-3-112　置入花纹

步骤 5：添加"圣诞节简介"的文字图层。打开"圣诞节简介.txt"文件，按 Ctrl+A 组合键
全选文字，按 Ctrl+C 组合键复制文字；选择"横排文字工具"；在工具属性栏的"字体"选项中
选择"宋体"，"字体大小"选项中选择"48 点"，"设置消除锯齿的方法"选项中选择"锐利"，
"设置文本颜色"选项中选择"白色"；拖动光标在图像编辑窗口创建文本框；按 Ctrl+V 组合键
粘贴文字；光标拖选文字；在工具属性栏中选择"切换字符和段落面板"选项，弹出"字符"
面板；"行距"选项中选择"60 点"项；双击文字图层名称，改名为"圣诞节简介"。双击"圣
诞节简介"图层，弹出"图层样式"对话框；选择窗口左侧的"外发光"选项，弹出"外发光"
对话框；设置参数；单击"确定"按钮，如图 2-3-113 所示。

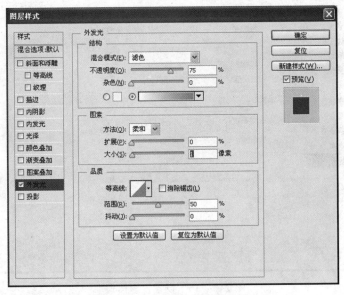

图 2-3-113　设置外发光样式

步骤 6：添加标题文字图层。单击"图层"面板下方的"创建新图层"按钮，新建"图层 1"图层；双击"图层 1"图层，改名为"标题"；选择"横排文字工具"；在工具属性栏中选择"切换字符和段落面板"选项；弹出"字符"面板，参数设置如图 2-3-114 所示；单击图像编辑窗口以创建文本框，输入"Merry Christmas"，如图 2-3-115 所示。

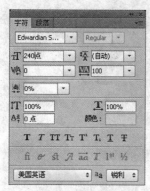

图 2-3-114 "字符"面板

图 2-3-115 添加标题文字后的效果

步骤 7：设置标题文字的图层样式。在"图层"面板中双击"标题"图层，弹出"图层样式"对话框；选择窗口左侧的"投影"选项，弹出"投影"设置窗口；"设置阴影颜色"选项中选择"黄色"，其他参数设置如图 2-3-116 所示；选择"图层样式"窗口左侧的"内发光"选项，弹出"内发光"设置窗口；参数设置如图 2-3-117 所示；选择窗口左侧的"斜面和浮雕"选项，弹出"斜面和浮雕"设置窗口；参数设置如图 2-3-118 所示；单击"确定"按钮。

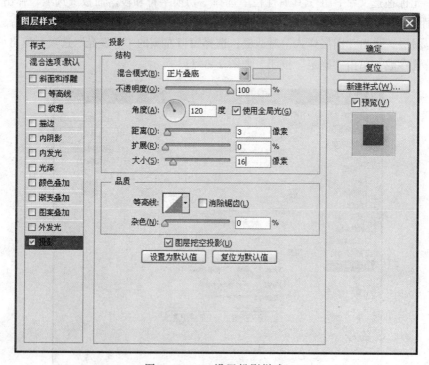

图 2-3-116 设置投影样式

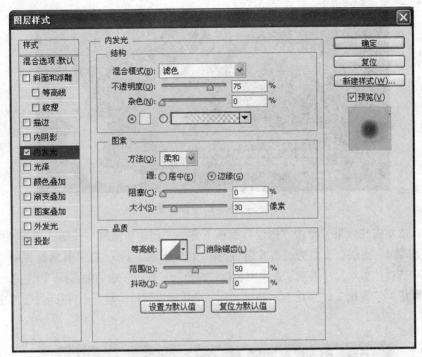

图 2-3-117　设置内发光样式

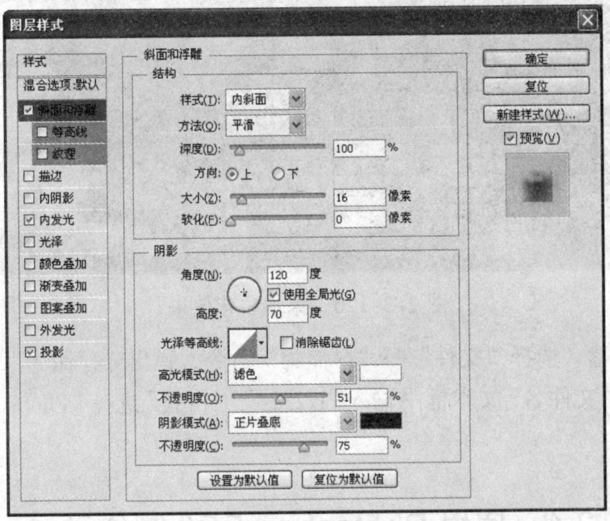

图 2-3-118　设置斜面和浮雕样式

　　步骤 8：添加"铃铛"图像。选择"文件"→"打开"命令，弹出"打开"对话框；选择"铃铛.jpg"文件；单击"打开"按钮；选择"快速选择工具"；在工具属性栏中选择"添加到选区"选项，"笔触大小"选项中选择"55 像素"；拖动光标在图像编辑窗口中选择铃铛图案，创建选区；选择"移动工具"；将铃铛选区移动到"lx2323.psd"文件，新建"图层 1"图层；双击"图层 1"图层名称，改名为"铃铛"；选择"编辑"→"自由变换"命令，调整铃铛的大小和位置，如图 2-3-119 所示；选择"移动工具"；弹出"是否应用变换"对话框，单击"应用"按钮。

图 2-3-119　添加铃铛图像

步骤 9：添加雪花效果。单击"图层"面板下方的"创建新图层"按钮，新建"图层 1"图层；双击"图层 1"图层，改名为"雪花"；选择"自定形状工具"；在工具属性栏的"选择工具模式"选项中选择"形状"，"填充"选项中选择"白色"，"描边"选项中选择"无色"，"形状"选项中选择"雪花 1""雪花 2""雪花 3"；拖动光标在图像编辑窗口绘制若干雪花形状，如图 2-3-120所示。

图 2-3-120　添加雪花效果

步骤 10：文件存盘。选择"文件"→"存储为"命令，弹出"存储为"对话框；"保存位置"选择"文档"文件夹，"文件名"文本框中输入"lx2323"，"格式"选择"Photoshop（ *.PSD;*.PDD ）"；单击"确定"按钮。

2.4　使用 Photoshop CS6 制作动画

Photoshop 具有制作 gif 动画、视频编辑功能。制作动画需要使用时间轴面板，内含帧动画面板和视频时间轴面板。导入视频，视频以图层形式独立存放在"图层"面板中，可使用工具和快捷键调整各图层视频帧的颜色、曝光度，使用菜单栏和面板为视频添加边框、纹理、滤镜等效果，还可加入音频。

2.4.1　帧动画

【实例】从网络下载"春.jpg""夏.jpg""秋.jpg"和"冬.jpg"文件，并在 Photoshop CS6 中完

成制作四季转换 GIF 动画的操作：①导入制作 GIF 动画的四季图像素材。②以 "lx2401.psd" 为名保存到 "文档" 文件夹。③为四季图像添加季节名称。④用时间轴面板制作四季转换的过程。⑤输出 GIF 动画。

具体操作步骤如下。

步骤 1：导入四季图像素材。选择 "文件"→"脚本"→"将文件载入堆栈" 命令，弹出 "载入图层" 对话框，如图 2-4-1 所示；单击 "浏览" 按钮，弹出 "打开" 对话框；选择 "春.jpg" "夏.jpg" "秋.jpg" 和 "冬.jpg" 文件；单击 "确定" 按钮。

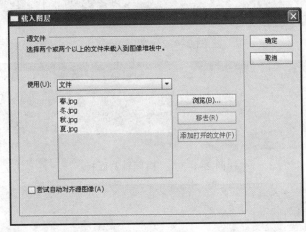

图 2-4-1   "载入图层" 对话框

步骤 2：文件存盘。选择 "文件"→"存储为" 命令，弹出 "存储为" 对话框；"保存位置" 选择 "文档" 文件夹，"文件名" 文本框中输入 "lx2401"，"格式" 选项中选择 "Photoshop (*.PSD;*.PDD)"；单击 "确定" 按钮。

步骤 3：调整 "春.jpg" 图像的大小和位置。在 "图层" 面板中分别取消选择 "夏" "秋" "冬" 图层的 "眼睛" 选项，隐藏 3 个图层；选择 "春" 图层；选择 "编辑"→"自由变换" 命令，调整图像大小和位置，使图像大小与画布一致；选择 "移动工具"，弹出 "是否应用变换" 对话框，单击 "应用" 按钮。

步骤 4：调整其他图像大小和位置。重复步骤 3，调整 "夏" "秋" "冬" 图层图像大小和位置。

步骤 5：添加 "春天" 文字图层。在 "图层" 面板中分别选择 "夏" "秋" "冬" 图层的 "眼睛" 选项，显示所有图层；选择顶端图层，单击 "图层" 面板下方的 "创建新图层" 按钮，新建 "图层 1" 图层；双击 "图层 1" 图层名字，改名为 "春天"；选择 "横排文字工具"；在工具属性栏的 "字体" 选项中选择 "宋体"，"字体大小" 选项中选择 "60 点"，"设置文本颜色" 选项中选择 "红色"；单击图像编辑窗口左上角创建文本框，输入 "春"。

步骤 6：添加其他文字图层。重复步骤 5，添加 "夏天" "秋天" "冬天" 文字图层，如图 2-4-2 所示。

步骤 7：调出帧动画时间轴。选择 "窗口"→"时间轴" 命令，弹出 "时间轴" 面板；单击 "时间轴" 面板中间的黑色三角形下拉按钮，弹出选项菜单，选择 "创建帧动画" 选项，如图 2-4-3 所示；单击 "创建帧动画" 按钮，弹出帧动画时间轴。

步骤 8：复制动画帧。选择时间轴第 1 帧，单击 3 次 "时间轴" 面板下方的 "复制所选帧" 按钮，创建 4 个一样的动画帧，如图 2-4-4 所示。

图 2-4-2　文字图层

图 2-4-3　"时间轴"面板

图 2-4-4　复制 4 个帧

　　步骤 9：设置每个动画帧。选择时间轴面板第 1 帧，显示"春""春天"图层，隐藏其余图层；选择时间轴面板第 2 帧，显示"夏""夏天"图层，隐藏其余图层；选择时间轴面板第 3 帧，显示"秋""秋天"图层，隐藏其余图层；选择时间轴面板第 4 帧，显示"冬""冬天"图层，隐藏其余图层。

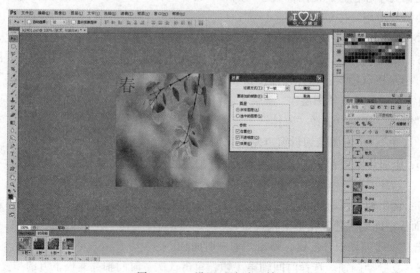

图 2-4-5　设置过渡动画帧

步骤 10：设置过渡动画帧。选择"时间轴"面板中的第 1 帧，单击"时间轴"面板下方的"过渡动画帧"按钮，弹出"过渡"对话框；""过渡方式"选项中的选择"下一帧"，"要添加的帧数"文本框中输入"3"，"图层"选项中选择"所有图层"，如图 2-4-5 所示；同理设置"夏""秋"的动画帧；"冬"动画帧的设置如图 2-4-6 所示；单击"时间轴"面板下方的"选择循环选项"按钮，选择"永远"选项。

图 2-4-6　设置"冬"动画帧的过渡帧

步骤 11：设置每个帧的显示时间。选择"时间轴"面板中的第 1 帧，单击帧下方的黑色三角形下拉按钮，弹出选项菜单，选择"1.0"选项；同理设置，其他动画帧的显示时间；单击时间轴面板下方的"播放动画"按钮，观察动画效果。

步骤 12：生成 gif 动画。选择"文件"→"存储为 Web 所用格式"命令，弹出"存储为 Web 所用格式"对话框；参数设置如图 2-4-7 所示；单击"存储"按钮，弹出"将优化结果存储为"窗口；"保存在"选项中选择"文档"文件夹，"文件"名文本框中输入"四季转换"，"格式"选项中选择"仅限图像"项；单击"保存"按钮。

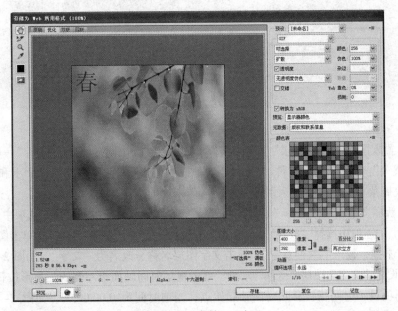

图 2-4-7　存储 gif 动画

步骤 13：文件存盘。选择"文件"→"存储"命令。

2.4.2 视频时间轴

【实例】从网络下载"春.jpg""佳人写真.mpg"和"炮声.mp3"文件，并在 Photoshop CS6 中完成用视频时间轴编辑视频的操作：①导入视频新建文件。②以"lx2402.psd"为名保存到"文档"文件夹。③置入图像并编辑图像动画。④添加文字并编辑文字动画。⑤添加音频文件。⑥渲染视频。

具体操作步骤如下。

步骤 1：导入视频。选择"窗口"→"时间轴"命令；选择"文件"→"打开"命令，弹出"打开"对话框；选择"佳人写真.mpg"，单击"打开"按钮，如图 2-4-8 所示。

步骤 2：文件存盘。选择"文件"→"存储为"命令，弹出"存储为"对话框；"保存位置"选择"文档"文件夹，"文件名"文本框中输入"lx2402"，"格式"选择"Photoshop（*.PSD;*.PDD）"；单击"确定"按钮。

图 2-4-8　导入视频

步骤 3：置入图像。在"图层"面板中选择"视频组 1"图层；选择"文件"→"置入"命令；弹出"置入"窗口，选择文件"春.jpg"；单击"置入"按钮；调整图像大小和位置；右击图像；弹出快捷菜单，选择"置入"命令。

步骤 4：新增文字图层。选择"横排文字工具"；在工具属性栏的"字体"选项中选择"黑体"项，"字体大小"选项中选择"48 点"，"设置文本颜色"选项中选择"紫色"；单击图像编辑窗口左下角新建文本框，输入"欢迎观看"；双击文字图层名称，改名为"文字"，如图 2-4-9 所示。

步骤 5：设置"文字"图层"变换"动画。单击视频时间轴面板左侧的三角形按钮，展开"文字"图层动画项目；时间指针移到时间轴起始点，当前时间为 0:00:00:00，如图 2-4-10 所示；单击"变换"项目左边的"启用关键帧动画"按钮；选择"移动工具"，将文字移动到窗口左下角；将时间指针移到 0:00:00:02 的位置，选择"移动工具"，将文字移动到窗口右下角；将时间标指针移到 0:00:00:04 的位置，选择"移动工具"，将文字移动到图像上方，如图 2-4-11 所示。

图 2-4-9 添加文字和图层

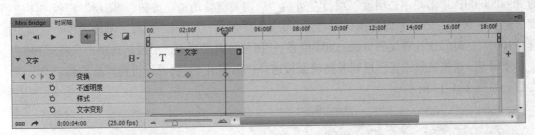

图 2-4-10 时间指针位于时间轴起始点

图 2-4-11 "文字"图层变换的时间轴面板

步骤 6：设置"文字"图层"不透明度"动画。单击视频时间轴面板左侧的三角形按钮，展开"文字"图层的动画项目；时间指针移到时间轴起始点，当前时间为 0:00:00:00；单击"不透明度"项目左边的"启用关键帧动画"按钮；"图层"面板"不透明度"选项中选择"100%"；时间指针移动到 0:00:00:02 位置，"图层"面板"不透明度"选项中选择"50%"；时间指针移动到 0:00:00:04 位置，"图层"面板"不透明度"选项中选择"100%"。

步骤7：设置"文字"图层"文字变形"动画。在视频时间轴面板中展开"文字"图层的动画项目，时间指针移到时间轴起始点，当前时间为 0:00:00:00；单击"文字变形"项目左边的"启用关键帧动画"按钮；时间指针移动到 0:00:00:02 位置，选择"横排文字工具"，用光标选择窗口文字；在工具属性栏中单击"创建文字变形"按钮，弹出"变形文字"对话框；"样式"选项中选择"鱼眼"项，微调其他参数，单击"确定"按钮；时间指针移动到 0:00:00:04 位置，选择"横排文字工具"，用光标选择窗口文字；在工具属性栏中单击"创建文字变形"按钮，弹出"变形文字"对话框；"样式"选项中选择"扇形"，微调其他参数；单击"确定"按钮，如图 2-4-12 所示。

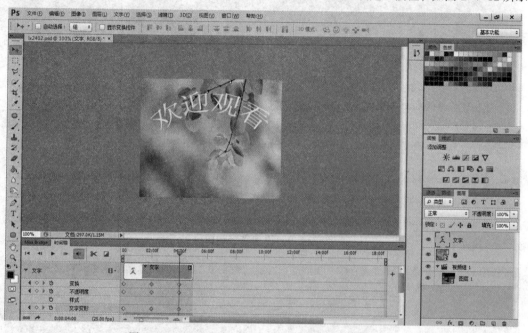

图 2-4-12　已设置"文字"图层动画的时间轴面板

步骤8：设置"春"图层的"不透明度度"动画。单击视频时间轴面板中"春"左侧的三角形按钮，视频时间轴面板展开"春"图层的动画项目；时间指针移到时间轴起始点，当前时间为 0:00:00:00；单击"不透明度"项目左边的"启用关键帧动画"按钮，"图层"面板"不透明度"选项中选择"50%"；时间指针移动到 0:00:00:02 位置，"图层"面板"不透明度"选项中选择"100%"；时间指针移动到 0:00:00:04 位置，"图层"面板"不透明度"选项中选择"70%"。

步骤9：调整视频位置。视频时间轴面板选择"视频组 1"轨道，将视频拖放到"春"图片之后，如图 2-4-13 所示。

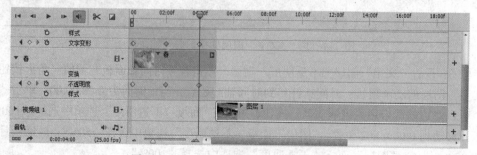

图 2-4-13　调整"视频组 1"的出现时间

步骤 10：添加音频文件。在视频时间轴面板中选择音轨，单击音轨右端的"+"按钮；弹出"添加音频剪辑"窗口，选择文件"炮声.mp3"；单击"打开"按钮添加音频，如图 2-4-14 所示。

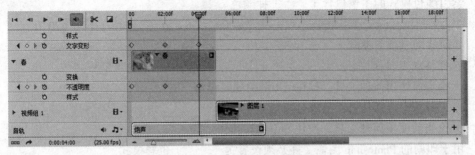

图 2-4-14　添加音频剪辑

步骤 11：渲染视频。将时间指针移动到时间轴起始点，时间为 0:00:00:00；单击视频时间轴左上方的"播放"按钮，观看播放效果；单击视频时间轴面板左下方的"渲染视频"按钮，弹出"渲染视频"对话框，设置参数；单击"渲染"按钮，如图 2-4-15 所示。

图 2-4-15　"渲染视频"对话框

步骤 12：文件存盘。选择"文件"→"存储"命令。

习　题　2

一、单项选择题

1. 下列（　　）是 Photoshop 图像最基本的组成单元。

A. 结点　　　　　　　B. 色彩空间　　　　　　C. 像素　　　　　　　D. 路径

2. 色彩深度是指在一个图像中（　　　）的数量。

A. 颜色　　　　　　　B. 饱和度　　　　　　　C. 亮度　　　　　　　D. 灰度

3. 索引颜色模式的图像包含（　　　）种颜色。

A. 2　　　　　　　　B. 256　　　　　　　　C. 约 6.5 万　　　　D. 1 670 万

4. 如何移动一条参考线（　　　）。

A. 选择移动工具拖拉

B. 无论当前使用何种工具，按住 Alt 键的同时单击

C. 在工具箱中选择任何工具进行拖拉

D. 无论当前使用何种工具，按住 Shift 键的同时单击

5. 用于印刷的 Photoshop 图像文件必须设置为（　　　）色彩模式。

A. RGB　　　　　　　B. 灰度　　　　　　　C. CMYK　　　　　　D. 黑白位图

6. 在喷枪选项中可以设定的内容是（　　　）。

A. 压力　　　　　　　B. 自动抹除　　　　　　C. 湿边　　　　　　D. 样式

7. "自动抹除"选项是（　　　）工具栏中的功能。

A. 画笔工具　　　　　B. 喷笔工具　　　　　　C. 铅笔工具　　　　D. 直线工具

8. 如何使用橡皮图章工具在图像中取样（　　　）。

A. 在取样的位置单击并拖拉

B. 按住 Shift 键的同时单击取样位置来选择多个取样像素

C. 按住 Alt 键的同时单击取样位置

D. 按住 Ctrl 键的同时单击取样位置

9. 当编辑图像时，使用减淡工具可以达到（　　　）目的。

A. 使图像中某些区域变暗　　　　　　　　B. 删除图像中的某些像素

C. 使图像中某些区域变亮　　　　　　　　D. 使图像中某些区域的饱和度增加

10. 下列（　　　）工具可以选择连续的相似颜色的区域。

A. 矩形选择工具　　　B. 椭圆选择工具　　　C. 魔术棒工具　　　D. 磁性套索工具

11. 在按住 Alt 键的同时，使用什么工具选择路径后，拖拉该路径将会将该路径复制（　　　）。

A. 钢笔工具　　　　　B. 自由钢笔工具　　　C. 直接选择工具　　D. 移动工具

12. Alpha 通道最主要的用途是（　　　）。

A. 保存图像色彩信息　　　　　　　　　　B. 创建新通道

C. 存储和建立选择范围　　　　　　　　　D. 是为路径提供的通道

13. 下面（　　　）方法可以将填充图层转化为一般图层。

A. 双击"图层"面板中的填充图层图标

B. 选择"图层"→"点阵化"→"填充内容"命令

C. 按住 Alt 键的同时单击"图层"面板中的填充图层

D. 选择"图层"→"改变图层内容"命令

14. 字符文字可以通过（　　　）命令转化为段落文字。

A. 转化为段落文字　　B. 文字　　　　　　　C. 链接图层　　　　D. 所有图层

15. 下面（　　　）色彩调整命令可提供最精确的调整。

A. 色阶　　　　　　　B. 亮度/对比度　　　　C. 曲线　　　　　　D. 色彩平衡

16. 当图像偏蓝时，使用变化功能应当给图像增加（　　）颜色。

A. 蓝色 　　　　　　B. 绿色 　　　　　　C.黄色 　　　　　　D. 洋红

17. 如果扫描的图像不够清晰，可用下列（　　）滤镜弥补。

A. 噪声 　　　　　　B. 风格化 　　　　　　C. 锐化 　　　　　　D. 扭曲

18. 若一幅图像在扫描时放反了方向，使图像头朝下了则应该（　　）。

A. 将扫描后图像在软件中垂直翻转一下

B. 将扫描后图像在软件中旋转 180°

C. 重扫一遍

D. 以上都不对

19. 下列（　　）文件格式不支持无损压缩。

A. PNG 　　　　　　B. JPEG 　　　　　　C. PHOTOSHOP 　　　　D. GIF

20. 下列（　　）格式可以通过"输出"而不是"存储"来创建。

A. JPEG 　　　　　　B. GIF 　　　　　　C. PNG 　　　　　　D. PSD

21. Photoshop 内定的历史记录是（　　）。

A. 5 　　　　　　B. 10 　　　　　　C. 20 　　　　　　D. 100

22. 如果选择了一个前面的历史记录，所有位于其后的历史记录都无效或变成了灰色显示，这说明（　　）。

A. 如果从当前选中的历史记录开始继续修改图像，所有其后面的无效历史记录都会被删除

B. 这些变成灰色的历史记录已经被删除，但可以用撤销命令将其恢复

C. 允许非线性历史记录的选项处于选中状态

D. 应当清除历史记录

23. 下列（　　）滤镜只对 RGB 滤镜起作用。

A. 马赛克 　　　　　　B. 光照效果 　　　　　　C. 波纹 　　　　　　D. 浮雕效果

24. 在使用切片功能制作割图时（　　）。

A. 制作好的割图必须在其他 HTML 编辑软件中重新手工进行排版

B. 割图必须文件格式一致

C. 制作好的割图文件只能使用 GIF、JPEG 和 PNG 三种格式

D. 以上答案都不对

25. 以下键盘快捷方式中可以改变图像大小的是（　　）。

A. Ctrl+T 　　　　　　B. Ctrl+Alt 　　　　　　C. Ctrl+S 　　　　　　D. Ctrl+V

26. 使用圆形选框工具时，需配合（　　）键才能绘制出正圆。

A. Shift 　　　　　　　　　　　　B. Ctrl

C. Tab 　　　　　　　　　　　　D. Photoshop 不能画正圆

27. Photoshop 中，在"路径"面板中单击"从选区建立工作路径"按钮，即创建一条与选区相同形状的路径，利用直接选择工具对路径进行编辑，路径区域中的图像有（　　）。

A. 随着路径的编辑而发生相应的变化

B. 没有变化

C. 位置不变，形状改变

D. 形状不变，位置改变

28. Photoshop 中，在使用渐变工具创建渐变效果时，选择其"仿色"选项的原因是（　　）。

A. 模仿某种颜色 　　　　　　　　B. 使渐变具有条状质感

C. 用较小的带宽创建较平滑的渐变效果 　　D. 使文件更小

29. Photoshop 中，下面（　　）或命令，没有"消除锯齿"复选框。

A. 魔棒工具 　　　　　　　　　　B. 矩形选择工具

C. 套索工具 　　　　　　　　　　D. "选择"→"色彩范围"

30. Photoshop 中，利用单行或单列选框工具选中的是（　　）。

A. 拖动区域中的对象 　　　　　　B. 图像行向或竖向的像素

C. 一行或一列像素 　　　　　　　D. 当前图层中的像素

二、操作题

1. 在网上搜索相关素材，用 Photoshop 软件设计一个节日海报，如"三八妇女节""五一劳动节"海报，文件以"lx2501.psd"为名保存到"文档"文件夹。

2. 用 Photoshop 软件设计具有班级特色的班徽，文件以"lx2502.psd"为名保存到"文档"文件夹。

3. 选择若干个人照片，撰写个人情况，用 Photoshop 软件制作一份图文并茂的个人简介，文件以"lx2503.psd"为名保存到"文档"文件夹。

4. 用 Photoshop 软件制作一个红绿交通灯闪烁的 gif 动画，文件以"lx2504.psd"为名保存到"文档"文件夹。

5. 选择若干个人照片，用 Photoshop 软件进行美化处理，并制作个人照片循环播放的 gif 动画，文件以"lx2505.psd"为名保存到"文档"文件夹。

6. 用 Photoshop 软件设计一个卡通人物，文件以"lx2506.psd"为名保存到"文档"文件夹。

7. 用 Photoshop 软件制作书本翻页效果，文件以"lx2507.psd"为名保存到"文档"文件夹。

8. 在网上搜索相关素材，用 Photoshop 软件制作一个手表销售网站版面，文件以"lx2508.psd"为名保存到"文档"文件夹。

9. 在网上搜索相关素材，用 Photoshop 软件制作牛奶广告，主题新颖、鲜明，文件以"lx2509.psd"为名保存到"文档"文件夹。

10. 选取若干校园照片，用 Photoshop 软件设计校园卡的正反面，校园卡上必须有学校的校名和校徽，文件以"lx2510.psd"为名保存到"文档"文件夹。

第 **3** 章

数字音频编辑

内容概要

数字音频编辑包括音频的录制、剪辑、添加特效、合成、输出等操作。本章从数字音频的基本概念与基本理论出发，着重介绍数字音频编辑的基本方法，同时讲解音频与视频格式转换的简易方法。通过本章的学习，使学习者能够从理论上把握数字音频的基本理论、操作上达到编辑日常音频、满足工作需要的目的。

3.1 数字音频基础

3.1.1 音频的基本概念

音频是指人能够听到的声音。声音是通过空气传播、作用于听觉器官的连续波。音频的强弱体现在声波压力的大小方面，音调的高低体现在声音的频率方面。自然界的声音是一个随时间而变化的连续信号，可看成是一种周期性的函数。通常用模拟的连续波形描述声波的形状，单一频率的声波可用一条正弦波表示，如图 3-1-1 所示。

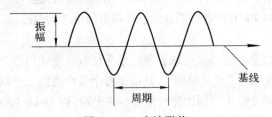

图 3-1-1 声波形状

声波是随时间而连续变化的物理量，通过能量转换装置，可用随声波变化而改变的电压或电流信号来模拟，以模拟电压的幅度来表示声音的强弱。

音频信号分为模拟信号与数字信号。为使计算机能处理音频，必须数字化音频信号。

3.1.2 数字化音频

1. 音频的数字化

音频的数字化通过对模拟音频信号的采样、量化、编码来实现。音频用电表示时，音频信号在时间和幅度上是连续的模拟信号。声音进入计算机的第一步是数字化，连续时间的离散化通过采样实现。对模拟音频信号进行采样、量化、编码后，得到数字音频。音频的数字化的过程如图 3-1-2～图 3-1-4 所示。

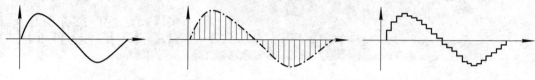

图 3-1-2　模拟音频信号　　　图 3-1-3　音频信号的采样　　　图 3-1-4　采样信号的量化

模拟声音在时间上是连续的，或称连续时间函数 $x(t)$。用计算机编辑这些信号时，必须先对连续信号采样，即按一定的时间间隔（T）在模拟声波上截取一个振幅值（通常为反映某一瞬间声波幅度的电压值），得到离散信号 $x(nT)$（n 为整数）。T 称采样周期，$1/T$ 称为采样频率。为把采样得到的离散序列信号 $x(nT)$ 存入计算机，必须将采样值量化成有限个幅度值的集合 $x(nT)$，将采样值用二进制数字表示的过程称为量化编码。

2. 数字音频的质量

数字音频的质量取决于采样频率、量化位数和声道数 3 个因素。

（1）采样频率

采样频率是指 1 秒钟时间内采样的次数。在音频处理中，采样频率通常有 3 种：11.025 kHz（语音效果）、22.05 kHz（音乐效果）、44.1 kHz（高保真效果）。

采样频率的高低是根据奈奎斯特理论（Nyquist theory）和声音信号本身的最高频率决定的。奈奎斯特理论指出，采样频率不应低于声音信号最高频率的 2 倍，这样才能把数字表达的音频还原。采样即抽取某点的频率值，在 1 秒中内抽取的点越多，获取的频率信息越丰富。为复原波形，一次振动中必须有 2 个点的采样。人耳能够感觉到的最高频率为 20 kHz，因此要满足人耳的听觉要求，则需要至少每秒进行 40 k 次采样，用 40 kHz 表达，这个 40 kHz 就是采样频率。常见的 CD 采样频率为 44.1 kHz；电话语音的信号频率约为 3.4 kHz，采样频率则为 8 kHz。

（2）量化位数

记录音频除了频率信息，还必须记录音频的量化位数。量化位数越高，表示音频的组成元素种类数越多。量化位数也称"量化精度"，是描述每个采样值的二进制位数。如 8 bit 量化位数表示每个采样值可用 2^8 即 256 个不同的量化值之一来表示，而 16 bit 量化位数表示每个采样值可用 2^{16} 即 65 536 个不同的量化值之一来表示。量化位数的大小影响音频的质量，位数越多，声音的质量越高，同时存储空间也越多。常用的量化位数有 8 bit、12 bit、16 bit。常见的 CD 为 16 bit，即组成音频的元素种类有 2^{16} 种。

（3）声道数

音频通道的个数称为声道数，是指一次采样所记录产生的声音波形个数。记录声音时，如果每次生成一个声波数据，称为单声道；每次生成 2 个声波数据，称为双声道（立体声）。随着声道数的增加，所占用的存储容量也成倍增加。数字音频文件的存储量以字节为单位，模拟波形声音被数字化后音频文件的存储量为：存储量=采样频率×量化位数/8×声道数×时间。如用 44.1 kHz 的采样频率进行采样，量化位数选用 16 bit，则录制 1 秒的立体声节目，其波形文件所需的存储量为 $44\,100 \times 16 / 8 \times 2 \times 1 = 176\,400$（字节）。

① 单声道（Mono）。单声道是指用一个声音通道，一个传声器拾取声音，一个扬声器播放的音频。单声道在听觉上声音只由一只音箱产生，可明显听出声音的来源即音箱摆放位置，其本身的表现力较为平淡。当通过 2 个扬声器回放单声道信息时，可感觉到声音是从 2 个音箱中间传递出来。自从 1877 年，美国发明家托玛斯·爱迪生发明滚筒式留声机开始，音频世界进入单声道的录音时代。由于受技术条件的制约，直到 1958 年人们记录和播放音频的方式仍以单声道为主。

② 立体声（Stereo）。立体声是指立体声利用 2 个独立声道进行录音，具有立体感的音频。立体声系统的再现需要一对音箱完成，它通过调整系统中 2 只音箱发出声音的大小，让听者感到声源来自 2 只音箱之间直线段中的任意位置。特别是使用耳机时，由于左右 2 边的声音串音情况很少发生，所以声音的定位比较准确。立体声的表现力比单声道真实，缺点是对音箱的位置摆放要求较高。立体声录音技术诞生于 1954 年，美国无线电公司（RCA）于 1957 年第一次将立体声唱片引入商业应用领域，首先采用双音轨的磁带作为存储介质，后来采用黑胶唱片进行存储。

③ 多声道环绕声。多声道环绕声是指使用 2 个以上声道进行录音、多个音箱播放的音频。多声道环绕声包括杜比 AC-3（Dolby Audio Code3 或 Dolby Digital，杜比数字）、数字影院系统（Digital Theater System，DTS）、THX 家庭影院系统等。其中 AC-3 杜比数码环绕声系统为杜比实验室于 1991 年开发出的一种杜比数码环绕声系统（Dolby Surround Digitai），AC-3 杜比数码环绕声系统由 5 个完全独立的全音域声道（3～20 000 Hz）和 1 个超低频声道（3～120 Hz）组成，又称为 5.1 声道。其中 5 个独立声道为前置左声道、前置右声道、中置声道、环绕左声道、环绕右声道；0.1 声道即 1 个用来重放 120 Hz 以下的超低频声道。多声道环绕声的实现上需要多个音箱，一般 1 个声道对应至少 1 个音箱，如杜比数字系统需要 5 个全音频范围的音箱，再加一个低音音箱。AC-3 杜比数码环绕声系统由杜比实验室于 1991 年开发。

④ 虚拟环绕声（Virtual Surround）。虚拟环绕声是指通过两个声道模拟出多声道环绕声效果的音频。虚拟环绕声是把多声道的信号经过处理，在两个平行放置的音箱中回放，让人感觉到环绕声的效果。它是利用单耳效应和双耳效应对环绕声信号进行虚拟化处理，尽管只有两个重放声道，但产生多声道效果。虚拟环绕声技术主要有 SRS 公司的 SRS TruSurround、Q-sound 公司的 Qsurround、Aureal 公司的 A3D、Spatializer 公司的 N-2-2DVS 等技术，

3. 压缩编码

压缩编码是指音频数字化后，对采样量化后的数据进行编码，使其成为具有一定字长的二进制数字序列，形成音频文件。经过采样、量化得到的脉冲编码调制（Pulse Code Modulation，PCM）数据是数字音频信号，可直接在计算机中传输和存储。但这些数据的体积庞大，为便于存储和传输，需要进一步压缩，故产生各种压缩算法，如利用 MP3、AAC、AAC+、WMA 等编码压缩算法将 PCM 数据转换为 MP3、AAC、WMA 等格式的音频。

4. 声卡

声卡（Sound Card）也称音频卡，是指计算机上实现声波和数字信号相互转换、录音、播音

和声音合成的物理设备。声卡通过插入主板扩展槽与主机相连，卡上的输入/输出接口与相应的输入/输出设备相连。常见的输入设备包括麦克风、收录机、电子乐器等，常见的输出设备包括扬声器、音响设备等。声卡由声源获取声音，并进行模拟/数字转换或压缩，而后存入计算机。声卡还可将经过计算机处理的数字化音频通过解压缩、数字/模拟转换后，送到输出设备进行播放或录制。声卡主要功能包括录制与播放波形音频文件、编辑与合成波形音频文件、MIDI 音乐录制和合成、文语转换和语音识别。

3.2 常见的音频编辑软件

3.2.1 GoldWave

GoldWave 是 GoldWave 公司出品的声音编辑器，是一个集数字音频编辑、播放、录制和格式转换为一体的音频编辑工具。可兼容的音频文件格式包括 WAV、OGG、VOC、IFF、AIFF、AIFC、AU、SND、MP3、MAT、DWD、SMP、VOX、SDS、AVI、MOV、APE 等，也可从 CD、VCD、DVD或其他视频文件中提取声音。GoldWave 内含丰富的音频处理特效，从一般特效如多普勒、回声、混响、降噪到高级的公式计算。数字化重灌旧的录音文件，如从磁带、唱片、收音机等录音；通过话筒录音；复制 CD 并存储为 wma、mp3、ogg 等格式的文件；实时浏览 VU 效果图。GoldWave除了拥有普通的音频编辑器的功能外，还内置其他工具，如批处理器、CD 播放器等。

3.2.2 CoolEdit Pro

CoolEdit pro 是美国 Syntrillium Software Corporation 公司开发的一款功能强大、效果出色的多轨录音和音频处理软件，具有丰富的音频处理效果，并能进行实时预览和多轨音频的混缩合成，是个人音乐工作室的音频处理首选软件。有人把 CoolEdit 形容为音频"绘画"程序，可以编辑音调、歌曲的一部分、声音、弦乐、颤音、噪声或调整静音等；同时提供有多种特效为作品增色，如放大、降低噪声、压缩、扩展、回声、失真、延迟等；可以同时处理多个文件，在几个文件间进行剪切、粘贴、合并、重叠声音等操作。CoolEdit pro 可以在 aif、au、mp3、sam、voc、vox、wav 等文件格式之间进行转换。CoolEdit pro 主要特性有：①128 轨；②增强的音频编辑能力；③超过 40 种音频效果器，mastering 和音频分析工具，以及音频降噪、修复工具；④音乐 CD 烧录；⑤实时效果器和 EQ；⑥32-bit 处理精度；⑦支持 24bit/192kHz 以及更高的精度；⑧loop 编辑、混音；⑨支持 SMPTE/MTC Master，支持 MIDI 回放，支持视频文件的回放和混缩。

3.2.3 Adobe Audition

Adobe 推出的 Adobe Audition 软件是一个完整的、应用于运行 PC Windows 系统上的多音轨唱片工作室版。该产品此前称为 Cool Edit Pro 2.1，在 2003 年 5 月从 Syntrillium Software 公司成功购买，其出品版本包括 Adobe Audition 1.0、1.5、2.0、3.0、CS5、CS6 等。

Adobe Audition 提供高级混音、编辑、控制和特效处理能力，是一个专业级的音频工具，允许用户编辑个性化的音频文件、创建循环、引进了 45 个以上的 DSP 特效以及高达 128 个音轨。

Adobe Audition 拥有集成的多音轨和编辑视图、实时特效、环绕支持、分析工具、恢复特性和视频支持等功能，为音乐、视频、音频和声音设计专业人员提供全面集成的音频编辑和混音解决方案。

Adobe Audition 为视频项目提供高品质的音频，允许用户对能够观看影片重放的 avi 声音音轨进行编辑、混合和增加特效。广泛支持工业标准音频文件格式，包括 wav、aiff、mp3、mp3 pro 和 wma，还能利用 32 位的位深度来处理文件，取样速度超过 192 kHz，从而能够以最高品质的声音输出磁带、CD、DVD 或 DVD 音频。

3.3 使用 Adobe Audition CS6 编辑音频

3.3.1 Adobe Audition CS6 概述

1. Adobe Audition CS6 的界面

Adobe Audition CS6 编辑界面分为波形编辑模式、多轨混音模式、CD 模式 3 种。3 种模式可通过选择"文件"→"新建"→"多轨混音项目"或"音频文件"或"CD 布局"命令切换；或通过选择"视图"→"多轨编辑器"或"波形编辑器"或"CD 编辑器"命令切换。其中波形编辑模式、多轨混音模式两种模式的切换，也可通过单击工具栏 [波形] [多轨混音] 中相应的按钮选项实现。

波形模式主要用于单个音频文件的编辑。波形模式界面从上至下依次为菜单栏、工具栏，编辑器、播放控制波形缩放栏、状态栏等。通过菜单"视图"可以改变视图模式，添加或取消频谱显示、时间显示、状态栏显示状态等，如图 3-3-1 所示。

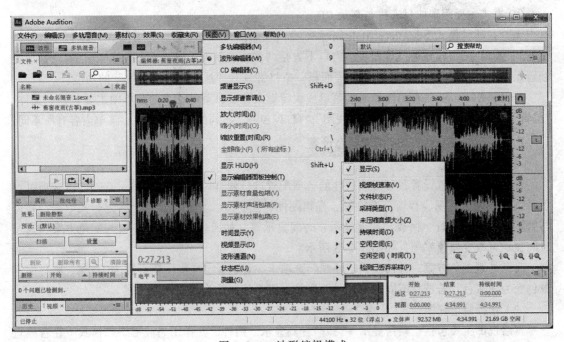

图 3-3-1 波形编辑模式

多轨混音模式主要进行多轨音频混音的编辑与操作，界面与波形模式相近。不同的是编辑器包含多个轨道，每个轨道左侧为音轨控制台。音轨控制台可显示音轨名称、音量、录音/回放设备选择，或对指定音轨进行静音、录音等设置，如图 3-3-2 所示。

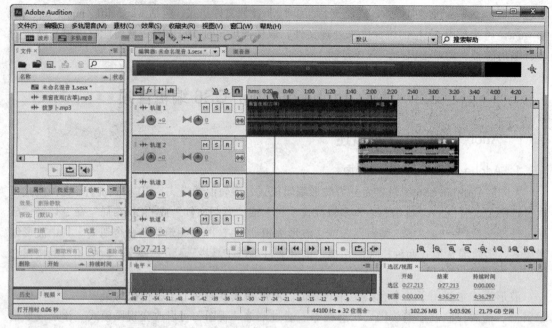

图 3-3-2　多轨混音模式

CD 模式主要用于曲目安排与刻录 CD。

无论在哪种模式下，Adobe Audition CS6 窗口左侧都有一个窗格，其中包括"文件""媒体浏览器""效果夹""收藏夹"等面板。窗口下方是"多功能面板"区，其中包括"时间""播放控制器""缩放""电平""选区/视图"等面板。空格键具有"播放"与"暂停"的功能。

Adobe Audition CS6 的操作通过菜单或快捷键来完成，菜单栏中的菜单项主要包括"文件""编辑""多轨混音""素材""效果""视图""窗口"9 项。不同的编辑模式下，菜单内容有所不同。

2. Adobe Audition CS6 编辑状态设置

（1）首选项设置

首选项是指配置设置，可对该软件的各项配置进行调整。Adobe Audition CS6 的首选项可设置系统的常规、外观、音频声道映射、音频硬件、控制面、数据、效果、标记与元数据、媒体与暂存盘、多轨混音、回放、频谱显示、时间显示等。如通过外观可变窗口的配色方案、通过时间显示可改变帧速率等，如图 3-3-3 所示。

改变外观配色方案，可切换到"外观"选项卡，若选择"亮度"项参数为 100%，则界面背景色变为浅灰色；若选择不同的"预设"参数，则系统更改为相应配色方案。

（2）选择频谱视图

频谱视图主要包括"频谱显示""频谱音调显示"两种，其作用是波形编辑模式下在音频轨道下方添加与取消添加"频谱显示""频谱音调显示"视图。其添加与取消添加的基本方法有如下两种。

方法 1：单击工具栏中的 ▇▇ ▇▇ 按钮，则在音频轨道下方添加"频谱显示""频谱音调显示"视图；重复单击工具栏中的 ▇▇ ▇▇ 按钮，则取消添加视图。

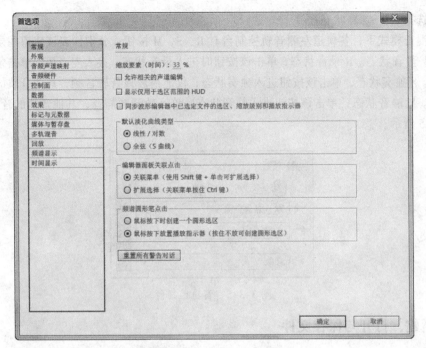

图 3-3-3　"首选项"对话框

方法 2：选择"视图"→"频谱显示"或"频谱音调显示"命令，则在音频轨道下方添加"频谱显示"或"频谱音调显示"视图；取消选择相关的命令，则取消添加相应的视图。

（3）选择编辑声道

波形编辑模式下，编辑声道系统默认为所有声道。若编辑其中的某个声道，使用"编辑"→"编辑声道"命令，可选择编辑立体声的左声道或右声道、5.1 声道中的某些声道等，如图 3-3-4所示。

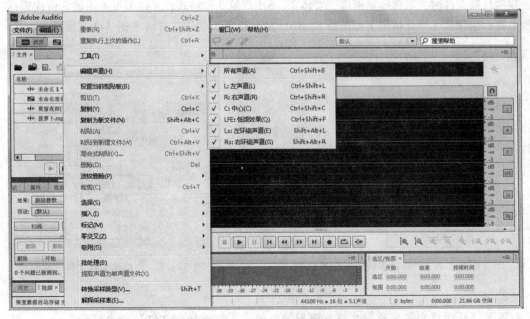

图 3-3-4　5.1 声道模式下的声道选择

（4）选择 R、S、M 状态

多轨混音模式下，各轨道左侧音轨控制台有 R、S、M 按钮，分别代表该轨道的录音状态、独奏状态、静音状态。R 录音状态，单击该按钮时进入录音状态，接入麦克风，单击录音按钮可录制声音。S 独奏状态，单击该按钮进入独奏状态，仅能播放该音轨音频，其他音轨的音频处于静音状态。M 静音状态，单击该按钮进入静音状态，该音轨音频静音，其他音轨的音频可播放，如图 3-3-5 所示。

图 3-3-5　音轨控制台

3.3.2　新建、打开与保存文件

Adobe Audition CS6 音频编辑中主要用到两种类型的文件：音频文件与项目文件。项目文件是指用于记录音频文件编辑状态和管理素材库的文件。该类文件只被 Adobe Audition CS6 编辑软件打开，其文件类型通常为.ses 或.sesx。音频文件是指存储音频波形数据信息的文件。该类文件可用音频播放器打开，其文件类型通常为.mp3 或.wav 等。

1. 新建

新建项目文件或音频文件。通过选择"文件"→"新建"→"多轨混音项目"或"音频文件"或"CD 布局"命令，可分别新建"多轨混音项目"或"音频文件"或"CD 布局"文件。新建项目或文件时，可选择单声道、立体声、5.1 声道 3 种格式；采样率可采用默认值或选择其他参数；位深度（量化精度）可选择 8、16、24、32 等，如图 3-3-6 和图 3-3-7 所示。

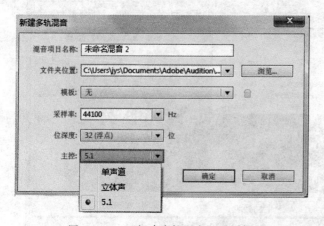

图 3-3-6　"新建多轨混音"对话框

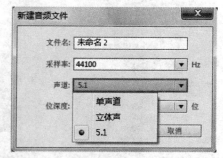

图 3-3-7　"新建音频文件"对话框

2. 打开

用于打开项目文件或音频文件。波形编辑模式下，选择"文件"→"打开"命令，可打

开指定的音频文件。多轨混音模式下，若选择"文件"→"打开"命令则可直接打开某个音频文件，并进入波形编辑模式。若在某轨道打开音频文件，则选择轨道并右击，弹出快捷菜单；选择"插入"→"文件"命令（见图 3-3-8），弹出"导入文件"对话框，选择音频文件打开。

图 3-3-8　导入音频文件

3．文件保存

不同编辑模式下，文件保存略有差异。多轨混音模式下，有两种文件保存格式：①项目文件保存，选择"文件"→"另存为"命令，将保存为项目 sesx 格式文件。②音频文件保存，选择"文件"→"导出"→"多轨混缩"命令，弹出"导出多轨混缩"对话框，选择文件保存格式。波形编辑模式下，选择"文件"→"保存"或"另存为"命令，将音频文件保存为指定格式。

4．追加打开

"追加打开"主要应用于波形编辑模式，是指将外部音频文件拼接到已打开文件尾部。这样 2 个音频文件拼接成 1 个音频波形文件，长度为 2 个音频源文件之和。注意拼接文件的格式要相同。选择"文件"→"追加打开"命令，将会出现选项子菜单：在多轨混音模式下子菜单内容为"为新建"，可选择将追加打开的音频文件新建一个文件；在波形编辑模式下子菜单内容为"为新建""到当前"，可选择将追加打开的音频文件新建一个文件或拼接到当前文件之后。

【实例】从网络下载歌曲"拔萝卜.mp3"与"让我们荡起双桨.mp3"，并在 Adobe Audition CS6 中完成下列操作：①打开歌曲"拔萝卜.mp3"。②将歌曲"让我们荡起双桨.mp3"追加到歌曲"拔萝卜.mp3"之后，拼接在一起形成歌曲联唱。③将追加合成的文件以"lx3301.mp3"为名保存到"文档"文件夹。

具体操作步骤如下。

步骤 1：利用搜索引擎在网络上搜索歌曲"拔萝卜.mp3"与"让我们荡起双桨.mp3"，并下载保存到"下载"文件夹。

步骤 2：打开歌曲"拔萝卜.mp3"文件。启动 Adobe Audition CS6；选择"文件"→"打开"命令；弹出"打开文件"对话框，选择"下载"文件夹的文件"拔萝卜.mp3"；单击"打开"按钮。

步骤 3：追加"让我们荡起双桨.mp3"文件到当前文件之后。选择"文件"→"追加打开"→"到当前"命令；弹出"追加打开到当前"对话框，选择"下载"文件夹中的"让我们荡起双桨.mp3"文件；单击"打开"按钮。

步骤 4：调整音量使两首歌曲音量趋于一致。可采用个别调整音量的方式或采用"压限"的方式使两首歌曲音量趋于一致。若采用"压限"的方式则选择"效果"→"振幅与压限"→"多段压限器"命令；弹出多段压限器的"效果"对话框，"预设"选项中选择一种效果器如"clsaaical Master"等；单击"应用"按钮，如图 3-3-9 所示。

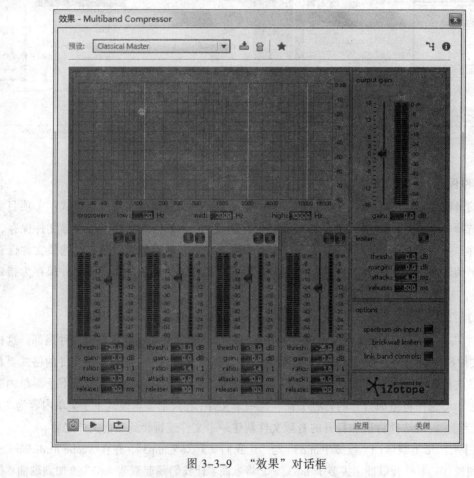

图 3-3-9　"效果"对话框

步骤 5：保存文件。选择"文件"→"存储为"命令；弹出"存储为"对话框，"位置"选择"文档"文件夹，"文件名"文本框中输入"lx3301"，"格式"选择"mp3 音频"项；单击"确定"按钮，如图 3-3-10 所示。

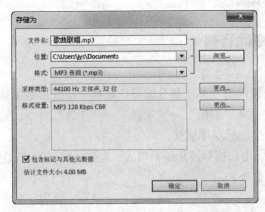

图 3-3-10　"存储为"对话框

5. 从 CD 中提取音频

从 CD 中提取音频又称 CD 抓轨，是指获取 CD 音轨的音频文件并转换成 mp3、wav 等格式音频文件的过程。和普通音频编解码转换不同，CD 存储的文件扩展名为.cda，文件大小全部是44.1 KB，该类文件包含的是 CD 轨道信息，不是音频信息，无法直接保存到计算机。CD 抓轨则是将 CD 轨道信息转换成普通音频，并保存到计算机存储设备。

从 CD 中提取音频的具体操作方法是：将 CD 放入光驱中；选择"文件"→"从 CD 中提取音频"命令，弹出"从 CD 中提取音频"对话框；单击某个轨道前的"播放"按钮试听音频，选择需要获取的 CD 音轨；单击"确定"按钮；系统进入波形编辑模式，逐个轨道获取音频文件存放到"文件"素材库；"文件"素材库选择音频文件，选择"文件"→"另存为"命令保存音频文件为需要的格式（如.mp3），如图 3-3-11 所示。

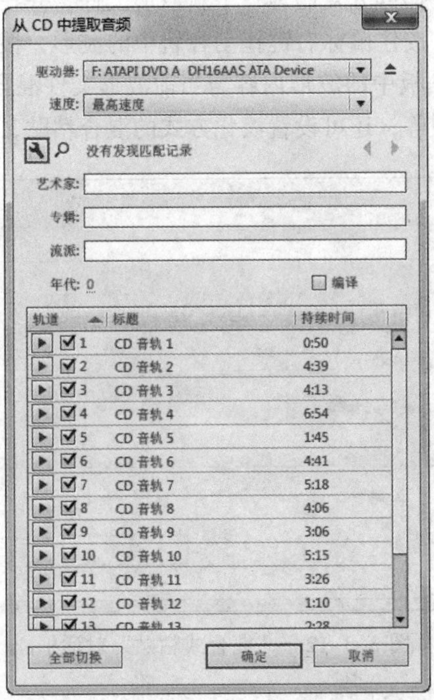

图 3-3-11　"从 CD 中提取音频"对话框

3.3.3 选择、复制和删除音频

1. 选择波形

选择波形是指选择音轨中的全部或部分波形。选择全部波形是指选择音轨上的整个波形，具体操作方法是：双击或选择"编辑"→"选择"→"全选"命令。选择部分波形即选择音频轨道部分音频波形，可通过鼠标左键拖选。

若选择某音轨的波形，由切换到波形编辑模式，先选择需要的波形段，然后选择"编辑"→"编辑声道"→"*声道"命令。

2. 设置当前剪贴板

音频编辑的过程中，可选择当前使用的剪贴板。系统共计 6 个剪贴板，其中 Adobe Audition CS6 有 5 个、Windows 系统 1 个。一次可选 1 个剪贴板，选择剪贴板的方法是：选择"编辑"→"设置当前剪贴板"→"剪贴板*"命令（*代表 1、2、3、4、5）。若不选择则系统默认使用剪贴板 1。

可将选择的信息存储于不同的剪贴板，然后从剪贴板中的粘贴，简化操作。使用"剪贴板*"复制的具体操作方法是：选择轨道中的音频；选择"编辑"→"设置当前剪贴板"→"剪贴板*"命令；选择"编辑"→"复制"命令。使用"剪贴板*"粘贴的具体操作方法是：选择"编辑"→"设置当前剪贴板"→"剪贴板*"命令；选择轨道中的目标位置；选择"编辑"→"粘贴"命令。

3. 复制、裁剪、粘贴和移动

复制与粘贴用于复制与粘贴选定的音频区域。"裁剪"用于将选择区域的音频从整体文件中剪切出来，删除没有选择的部分。"粘贴为新的"将剪贴板中的文件粘贴为新文件。"复制为新的"将当前文件或当前文件选择部分复制为一个新波形文件，并在原文件名后加"（2）"表示区别。移动音轨中的波形文件，按住鼠标右键拖动音轨中的波形，根据需要调整位置。"混合式粘贴"在波形编辑模式下将剪贴板中的波形内容与当前波形文件混合，在对话框中可选择混音方式如反转已复制的音频、调制等，还可设置淡化方式的混合粘贴，如图 3-3-12 所示。

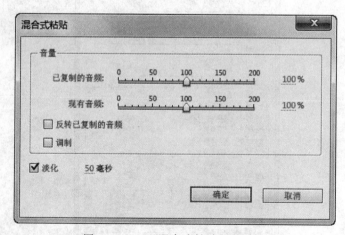

图 3-3-12　"混合式粘贴"对话框

具体操作方法是：选择波形；选择"编辑"→"裁剪"或"粘贴为新的"或"复制为新的"或"混合式粘贴"命令。

4. 删除音频

删除音频即删除当前选择的波形，具体操作方法是：选择波形；按 Delete 键或选择"编辑"→"删除"命令。

5. 撤销、重做、重复执行上次操作

撤销、重做、重复执行上次操作分别用于撤销操作、重做上一步操作、重复上一次操作。具体操作方法是：选择"编辑"→"撤销"或"重做"或"重复执行上次操作"命令。

撤销也可按 Ctrl+Z 键；若撤销到此前若干步可连续按 Ctrl+Z 键。

6. 智能分割含多首歌曲的音频文件

对于多首歌连接到一起的歌曲，若将某歌曲从中分离出来，具体操作方法是：波形编辑模式下，打开音频文件；选择"编辑"→"标记"→"添加 Cart timer 标记"命令；音轨上方显示蓝色标记（每首歌的开头至结尾），双击标签，选择一段音频；选择"文件"→"存储所选择为"命令，保存所选音频。

3.3.4 音量大小与淡化

1. 改变音频文件音量

音频的音量波形过小或过大，则需改变其大小以适应操作者的需要。Adobe Audition CS6 中改变音频音量大小的方法有两种：①使用"标准化"效果器。具体操作方法是：选择音频波形；选择"效果"→"振幅与压限"→"标准化"命令，弹出音量"标准化"对话框；设置参数，若提高音量则数值设置大于 100，若减小音量则数值设置为小于 100；单击"确定"按钮，如图 3-3-13 所示。②使用"增幅"效果器。具体操作方法是：选择音频波形；选择"效果"→"振幅与压限"→"增幅"命令，弹出"效果–增幅"对话框；修改左右声道增益值；单击"确定"按钮，如图 3-3-14 所示。

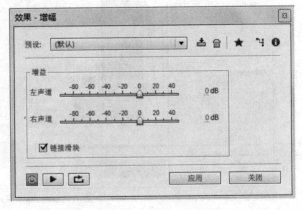

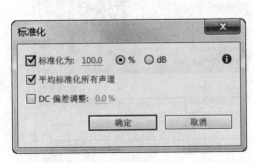

图 3-3-13 "标准化"对话框   图 3-3-14 "效果增幅"对话框

【实例】请从网络下载歌曲"两只蝴蝶.mp3"，并在 Adobe Audition CS6 中完成以下操作：①将"两只蝴蝶.mp3"右声道的音量降低 50%。②将"两只蝴蝶.mp3"左声道的音量提高 50%。③文件以原名保存到"文档"文件夹。

具体操作步骤如下。

步骤 1：打开音频文件。启动 Adobe Audition CS6，选择"文件"→"打开"命令；弹出"打开"对话框，找到文件"两只蝴蝶.mp3"；单击"打开"按钮；切换到波形编辑模式。

步骤 2：减小右声道的音量 50%。

方法 1：使用"增幅"效果器。选择"效果"→"振幅与压限"→"增幅"命令，弹出"增幅"对话框；取消选择"链接滑块根"复选框，将右声道增益参数修改为-50，单击"确定"按钮。

方法 2：使用"标准化"效果器。选择右声道，选择"编辑"→"编辑声道"→"编辑右声道"命令；减小右声道音量，选择"效果"→"振幅与压限"→"标准化"命令，弹出"标准化"对话框；将"标准化到"参数修改为 50，取消选择"平均标准化所有声道"复选框；单击"确定"按钮。

步骤 3：参考步骤 2 的方法，设置左声道音量提高 50%。

步骤 4：保存文件。选择"文件"→"另存为"命令；弹出"存储为"窗口，选择"文档"文件夹；单击"确定"按钮。

2. 音量淡入淡出效果的设置

音量淡入淡出是指在指定的时间内，音量由无到大或由大到无的变化过程。应用音频时，通常采用音量的淡入与淡出效果，即对音频文件开头和结尾的几秒添加淡入淡出效果。具体操作方法是：选择音频文件的波形区域；选择"效果"→"振幅与压限"→"淡化包络"命令，弹出"淡化包络"对话框；"预设"选项中选择"平滑淡入"或"平滑淡出"；单击"预览"按钮试听效果；单击"确定"按钮，如图 3-3-15 所示。

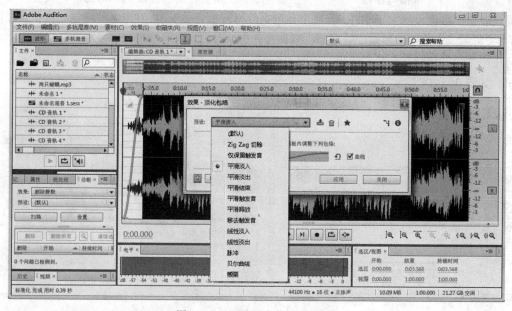

图 3-3-15　设置音量淡入淡出

【实例】从网络下载歌曲"让我们荡起双桨.mp3"，并在 Adobe Audition CS6 中完成以下操作：①截取"让我们荡起双桨.mp3"中前 50 秒音频内容。②设置前 2 秒平滑淡入。③设置最后 2 秒线性淡出。④文件以"lx3302.mp3"为名保存到"文档"文件夹。

具体操作步骤如下。

步骤 1：打开音频文件。启动 Adobe Audition CS6；选择"文件"→"打开"命令，弹出"打开"对话框；选择"让我们荡起双桨.mp3"文件；单击"打开"按钮；将系统切换到波形编辑模式。

步骤 2：截取前 50 秒音频。删除不需要的音频区间，在窗口右下角的"选区/视图"面板中选择"选区"选项卡，"开始"选项中输入"0:50:000"，"结束"选项中输入文件末端数据；按 Delete 键删除，如图 3-3-16 所示。

图 3-3-16　设置选区参数

步骤 3：设置前 2 秒平滑淡入。选择设置淡入的 2 秒音频区间，在"选区/视图"面板的"选区"选项卡"开始"项中输入"0:02:000"，或按鼠标左键拖选音频文件的开始 2 秒的区间；选择"效果"→"振幅与压限"→"淡化包络"命令，弹出"淡化包络"对话框；"预设"选项中选择"平滑淡入"；单击"确定"按钮。

步骤 4：设置最后 2 秒线性淡出。选择设置淡出的 2 秒音频区间，在"选区/视图"面板的"选区"选项卡"开始"项中输入"0:48:000"，或按鼠标左键拖选音频文件的结尾 2 秒的区间；选择"效果"→"振幅与压限"→"淡化包络"命令，弹出"淡化包络"对话框；"预设"选项中选择"线性淡出"；单击"确定"按钮。

步骤 5：保存文件。选择"文件"→"另存为"命令；弹出"存储为"对话框，选择"文档"文件夹；"文件名"文本框中输入"lx3302"；"格式"选择"mp3 音频（.mp3）"；单击"确定"按钮。

3.3.5　音频混缩输出

1. 多轨音频合成编辑

多轨混音模式下，可在不同轨道编辑多个音频，并将其合成为一个音调协调、主次分明、叙事合理的音频文件。多轨音频的合成常见的操作包括文件的插入、音频在轨道的位置调整、文件拆分、音量变化调协等。

（1）文件插入

文件插入是指从"文件"素材库或计算机存储器中获取音频文件，并插入到音轨的操作。"文件"素材库中的音频文件插入可用鼠标直接拖入音轨；计算机存储器中音频文件插入则选择音轨，右击，弹出快捷菜单，选择"插入"→"文件"命令；弹出"导入文件"对话框；选择存储器中的音频文件；单击"打开"按钮。

（2）位置调整

利用鼠标左键拖动音频波形，可上、下、左、右调整所选波形在轨道中的位置。

（3）文件拆分

文件拆分是指将放置在音轨的音频文件分割为几部分的操作。拆分后每个部分音频波形，可独立编辑。拆分文件的方法是：移动播放指针到拆分目标点；右击，弹出快捷菜单；选择"拆分"命令。

（4）音量调协

多个轨道插入音频文件后，各轨道音频文件音量有所不同，主音频带与伴奏音频的音量比例需要调整，使其主次分明。当主音频没有出现时，伴奏音频以正常音量播放；当主音频出现时，伴奏音频渐弱到一恒定音量；主音频结束后，伴奏音频音量再渐强到正常。

音量调协需要通过调整音量包络线来实现。在"视图"菜单依次选取"显示素材声场包络""显示素材音量包络"命令；在每条音轨中上部出现黄绿色的音量控制包络线、音轨中间蓝色的相位控制包络线。在音频轨任意处单击可选择音轨；用鼠标单击音轨中的音量包络线可添加控制点；上下拖动控制点，可提高或减弱音量，拖动时鼠标旁会显示出音量。同样的方法，可调整相位，使音频音源来自不同的方位，如图 3-3-17 所示。

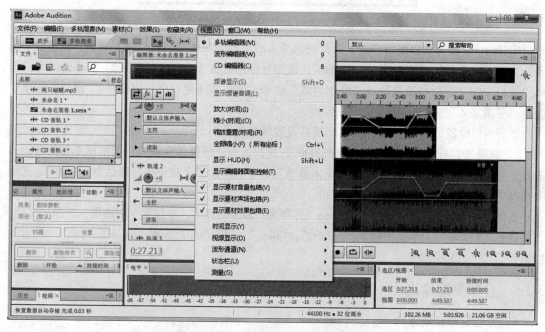

图 3-3-17　调整音量包络、声场包络

2. 音频混缩输出

混缩是将分布于多个音轨的音频文件合成为一个音频文件。多轨编辑的音频文件是音频项目文件，不是常用的音频文件，需要将项目文件混缩为常用音频格式合成输出，保存类型可选择多种音频格式，如 wav、mp3、ape 等。

将多轨音频项目文件混缩为音频文件的具体操作方法有 3 种：①选择"多轨混音"→"混缩为新文件"→"完整混缩"命令，将多个轨道的音频文件混缩为一个新音频文件，并进入波形编辑模式。②选择"文件"→"导出"→"多轨混缩"→"完整混缩"命令，将多个轨道的音频混缩为一个音频文件，并保存到计算机的存储器。③在音轨上右击，弹出快捷菜单，选择"内部混缩到新建音轨"命令，将多个轨道的音频文件混缩到某个空轨道，形成一个新音频文件。

【实例】从网络下载"战争音效"音频素材与歌曲"两只蝴蝶.mp3"，并在 Adobe Audition CS6 中完成以下操作：①给歌曲"两只蝴蝶"添加多个"战争音效"素材，如枪、炮声等，添加位置自定。②调节"战争音效"素材的音量，营造出远近不同的音效。③将文件以"lx3303.mp3"为名保存到"文档"文件夹。

步骤 1：进入多轨混音模式。打开 Adobe Audition CS6，选择"文件"→"多轨混音项目"命令，弹出"新建多轨混音"对话框；选择存盘位置、输入项目文件名称；单击"确定"按钮。

步骤 2：插入"两只蝴蝶.mp3"文件。选择轨道 1，右击，弹出快捷菜单；选择"插入"→"文件"命令，弹出"导入文件"对话框；选择文件"两只蝴蝶.mp3"，单击"打开"按钮。

步骤 3：插入"战争音效"素材文件。选择轨道 2，右击，弹出快捷菜单；选择"插入"→"文件"命令，弹出"导入文件"窗口；选择"战争音效"素材文件（枪炮声等），单击"打开"按钮。重复此操作，插入多个枪、炮音频素材。

步骤 4：调整战争音频素材位置。将鼠标指标指向音频轨道的枪炮音频文件，单击并拖动到恰当位置。

步骤 5：调整音量大小与声场。在"视图"菜单依次选取"显示素材声场包络""显示素材音量包络"命令；用鼠标左键调节音量包络线、相位包络线到合适声音效果，使枪炮声错落有致。

步骤 6：保存文件。选择"文件"→"导出"→"多轨混缩"→"完整混缩"命令，弹出"导出多轨混缩"对话框；"在文件名"文本框中输入"lx3303"，"位置"选择"文档"文件夹，"格式"选择"mp3 音频（.mp3）"；单击"确定"按钮。

3.3.6　录音、降噪与添加音效

1. 录音

录音是将自然界声音以数字化的形式采集到计算机，并保存到存储器。使用 Adobe Audition CS6 录制音频，需要先完成以下两项准备工作：①设备准备。将耳机、麦克风接入计算机，并调试好。②设置波形录音标准。新建文件时，在"新建文件"对话框中可选择采样率、录音声道和采样精度（如 44 100 Hz、立体声、16 位等），一般采用系统默认值。若更改录音参数，则在波形编辑模式，选择"编辑"→"转换采样类型"命令；弹出"转换采样类型"对话框，更改参数；单击"确定"按钮，如图 3-3-18 所示。

图 3-3-18　"转项采样类型"对话框

录音可在多轨混音模式或波形编辑模式下进行，两者的主要区别在于：多轨模式下需要先

选择轨道，并激活录音按钮 R，再单击"录音"键进行录音。波形编辑模式下，直接单击"录音"按钮，进入录音状态。

通常为方便降噪的操作，先对环境噪声进行采样，然后再录音。

【实例】从网络下载古筝音频文件"蕉窗夜雨.mp3"，并在 Adobe Audition CS6 中完成以下配乐诗朗诵：①在音轨 1 插入音频文件"蕉窗夜雨.mp3"。②音频文件"蕉窗夜雨.mp3"伴奏下，朗读古诗《春晓》并在音轨 2 录音："春晓，孟浩然，春眠不觉晓，处处闻啼鸟，夜来风雨声，花落知多少"。③将文件以"lx3304.mp3"为名保存到"文档"文件夹。

具体操作步骤如下。

步骤 1：进入录音状态。启动 Adobe Audition CS6；选择"文件"→"新建"→"多轨混音项目"命令；弹出"多轨混音项目"对话框，使用默认值；单击"确定"按钮。

步骤 2：在音轨 1 插入音频文件"蕉窗夜雨.mp3"。选择音轨 1；右击，弹出快捷菜单；选择"插入"→"文件"命令，弹出"导入文件"窗口；选择音频文件"蕉窗夜雨.mp3"，单击"确定"按钮。

步骤 3：录制人声。选择音轨 2，单击音轨 2 音频控制台的 R 按钮；单击红色"录音"按钮开始录音，通过麦克风朗读《春晓》，录音结束；单击"停止"按钮。

步骤 4：删除多余的伴奏音频。选择音轨 1，将播放指针移到诗朗诵结束处；右击，弹出快捷菜单；选择"拆分"命令分割音频"蕉窗夜雨.mp3"；选择拆分的后半部分音频波形，按 Delete 键。

步骤 5：保存文件。选择"文件"→"导出"→"多轨混缩"→"完整混缩"命令，弹出"导出多轨混缩"对话框；在"文件名"文本框中输入"lx3304"，"位置"选择"文档"文件夹，"格式"选择"mp3 音频（.mp3）"；单击"确定"按钮。

2. 修饰声音——添加音效

通过 Adobe Audition CS6 的各种效果器可给音频文件添加降噪、混响、均衡器等各种音效，达到修饰声音的目的。

（1）降噪

通常从网络或光盘中获取的音频素材不需要降噪。对于自己录制的音频，由于大部分使用者在非专业录音设备的计算机中进行，故录音中会有很多噪声，为此需要对录音进行降噪。降噪有嘶声消除、采样降噪等多种方法，其中最常用且有效的方法是采样降噪。

采样降噪是指通过噪声采样获取当前环境噪声，然后将采样的环境噪声从录制的音频中减去的过程。采样降噪的具体操作通常需要以下 3 个环节：①噪声采样。利用麦克风录制环境音（噪声）；选择录制的环境音波形；选择"效果"→"降噪/恢复"→"降噪"命令，弹出"降噪器"对话框；单击"捕捉噪声样本"按钮，获取噪声样本；单击"保存（▦）"按钮保存噪声样本。②加载噪声样本。选择"效果""降噪/恢复"→"降噪"命令，弹出"效果-降噪"对话框；单击"打开（▤）"按钮，弹出"打开 Audition 噪声样本文件"对话框；选择并加载前期采样的噪声样本文件；③降噪。单击"应用"按钮降噪，如图 3-3-19 所示。

在对话框中，上方窗口的黄色表示当前状态，绿色表示噪声，蓝线可以动态调节降噪程度。衰减是对噪声衰减后的分贝数，数值越低噪声就越小，对原音的破坏性也越大。值一般在 20～40 之间，因为低于 20 dB 的声音人耳几乎听不到，超过 40 dB 容易察觉。精度的数值越大，噪声特征越明显，降噪时间越长，小于 7 会产生抖动声。平滑的值越小噪声越低，对原音破坏越大。

过渡范围：值越小噪声越小。FFT 的数值越大，图中点越密集，越小越稀松。噪声样本快照的值越高，获取精度越大，计算时间越长。

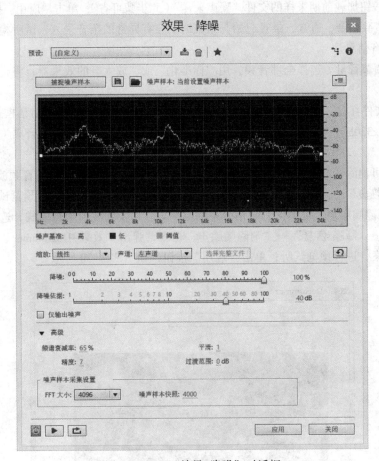

图 3-3-19　"效果-降噪"对话框

单击对话框下方的"播放"按钮，可试听。

【实例】在 Adobe Audition CS6 中完成以下操作：①获取当前环境噪声样本。②朗读本书本小节第 1 自然段"通常从网络或光盘中获取……"，并录音。③消除录制音频中的噪声。④将文件以"lx3305.mp3"为名保存到"文档"文件夹。

具体操作步骤如下。

步骤 1：进入录音状态。启动 Adobe Audition CS6，选择"文件"→"新建"→"音频文件"命令；弹出"新建音频文件"对话框，使用默认值；单击"确定"按钮。

步骤 2：录制噪声。单击红色"录音"按钮，录制一段 10 秒左右的环境音；单击"停止"按钮，结束录音。

步骤 3：噪声采样。选择音轨中的音频波形；选择"效果"→"降噪/恢复"→"降噪"命令，弹出"效果-降噪"对话框；单击"捕捉噪声样本"按钮，获取噪声样本；单击"保存（🖫）"按钮，将获取噪声样本，以"噪声采样"为名存盘；单击"关闭"按钮。

步骤 4：录音。选择音轨中的波形，按 Delete 键删除；单击红色"录音"按钮开始录音，通过麦克风朗读本小节第 1 自然段"通常从网络或光盘中获取……"；录音结束，单击"停止"按钮。

步骤 5：选择降噪的音频区间。双击音轨，全选音轨中的音频波形。

步骤 6：降噪。选择"效果"→"降噪/恢复"→"降噪"命令，弹出"效果-降噪"对话框；单击"打开"按钮加载前期采样的文件"噪声采样"（此步骤可省）；单击"应用"按钮进行降噪。

步骤 7：清除杂音。通常，录音起始与结束时，会有异常的杂音录入，试听检查并删除降噪后音频中的杂音信息。

步骤 8：调节音量。选择全部音频，用"标准化"或"放大"的效果器，将音量调节到合适的位置。

步骤 9：文件存盘。选择"文件"→"另存为"命令，弹出"存储为"对话框；在"文件名"文本框输入"lx3305"，"位置"选择"文档"文件夹，"格式"选择"mp3 音频（.mp3）"；单击"确定"按钮。

嘶声消除可消除音频信号中的嘶嘶声。在波形编辑模式，选择需降噪的音频波形；选择"效果"→"降噪/恢复"→"降低嘶声"命令，弹出"降低嘶声"对话框；进行预览试听，单击"应用"按钮。"消除嗡嗡声"可消除音频信号中的嗡嗡声。切换到波形编辑模式，选择音频区间；选择"效果"→"降噪/恢复"→"消除嗡嗡声"命令，弹出"效果-DeHummer"对话框；选择不同的预设方案，进行预览试听；单击"应用"按钮，如图 3-3-20 所示。

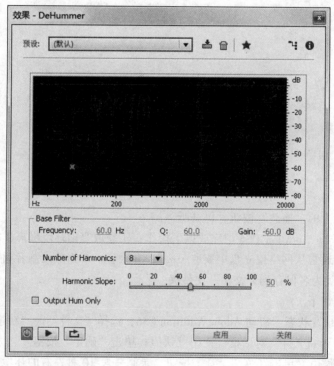

图 3-3-20　"效果-DeHummer"对话框

（2）均衡器

均衡器用于增强或减弱某频段的信号，达到改变音色的目的，增强或减弱通常用分贝（dB）来衡量。Adobe Audition CS6 均衡器包括图示均衡器、FFT 滤波、参数均衡器等。采用均衡器可调节音频各频段的音量，使声音听起来更自然、清晰、富有表现力。本案以"图示均衡器"为例学习均衡器的应用方法，具体操作方法是：切换到波形编辑模式，选择音频区间；选择"效果"→

"滤波与均衡"→"图示均衡器（*段）"命令，其中包括 10 段均衡（1 个八度）、20 段均衡（1/2 个八度）、30 段均衡等选项，如图 3-3-21 所示；弹出"效果-图示均衡器"对话框，手动调整或选择预设参数；单击"播放"按钮试听，单击"应用"按钮完成操作，如图 3-3-22 所示。

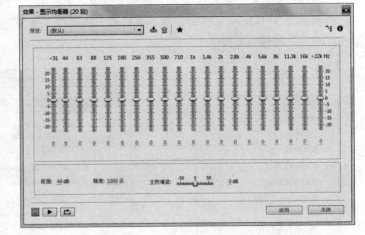

图 3-3-21　"图示均衡器"子菜单　　　　图 3-3-22　"效果-图示均衡器"对话框

（3）音频的变速与变调

变速是指改变音频的速率，加快或放慢音速语速。变调是指改变音频的声调，提高或降低声调。音频变速与变调的具体操作方法是：选择音频区间；选择"效果"→"伸缩与变调"命令；弹出"伸缩与变调"子菜单，其中包括自动音调校正、手动音调校正、伸缩与变调选项，如图 3-3-23 所示；选择"伸缩与变调"命令，弹出"效果-伸缩与变调"对话框，手动调整或选择预设参数；单击"播放"按钮试听，单击"确定"按钮完成操作。其中"伸缩"项可调整音频的播放速度，"变调"项可用于调整音频的声调。如图 3-3-24 所示。

图 3-3-23　"伸缩与变调"子菜单　　　　图 3-3-24　"效果-伸缩与变调"对话框

（4）压限

压限是指均衡音频音量，控制音频信号输出的动态范围，使较微弱的信号变大、较大的信号变小的操作过程。压限可视为音量调节旋钮，能将音频文件的大音量波形调小，把小音量的音频波形提升，使音量始终保持在某个平均线，避免声音忽大忽小。应用压限的具体操作方法是：选择音频区间；选择"效果"→"振幅和压限"命令；弹出"振幅和压限"子菜单，其中包括"单段压限器"、"多段压限器"等多个命令，如图 3-3-25 所示。若选择"单段压限器"命令，则弹出图 3-3-26 所示的对话框，手动调节或选择"预设"选项；单击"播放"按钮试听，单击"应用"按钮完成操作。

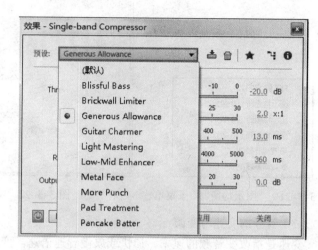

图 3-3-25　"振幅和压限"子菜单　　　　图 3-3-26　"效果–Single-band Compressor"对话框

【实例】在 Adobe Audition CS6 中完成以下操作：①通过麦克风朗读本小节第 1 自然段"压限是指均衡音频音量……"文字并录音。②对录制的音频降噪。③应用"图示均衡器（20 段）"效果器中的预设项"变形高音提升"修饰音频。④应用"单段压限器"中的预设项"Blissful Bass"修饰音频。⑤应用"伸缩与变调"效果器将"伸缩"项参数设为 130%。⑥文件以"lx3306.mp3"为名保存到"文档"文件夹。

具体操作步骤如下。

步骤 1：进入录音状态。启动 Adobe Audition CS6，选择"文件"→"新建"→"音频文件"命令；弹出"新建音频文件"对话框，使用默认值；单击"确定"按钮。

步骤 2：录音。单击红色"录音"按钮开始录音，通过麦克风朗读本小节第 1 自然段"压限是指均衡音频音量……"文字；录音结束，单击"停止"按钮。

步骤 3：降噪。①噪声采样。选择音轨中的没有人声的部分音频波形；选择"效果"→"降噪/恢复"→"降噪"命令，弹出"效果-降噪"对话框；单击"捕捉噪声样本"按钮，获取噪声样本。②选择降噪的音频区间。双击音轨，全选音轨中的音频波形。③单击"应用"按钮进行降噪。

步骤 4：应用"图示均衡器（20 段）"美化音频。全选音轨波形；选择"效果"→"滤波与均衡"→"图示均衡器（20 段）"命令，弹出"图示均衡器"对话框；"预设"选项选择"变形高音提升"；单击"播放"按钮试听，单击"确定"按钮。

步骤 5：声音压限。全选音轨波形；选择"效果"→"振幅和压限"→"单段压限器"命令，弹出"单段压限器"对话框；"预设"选项中选择"Blissful Bass"；单击"播放"按钮试听，单击"确定"按钮。

步骤6：音频速率提高到130%。选择"效果"→"伸缩与变调"→"伸缩与变调"命令，弹出"伸缩与变调"对话框；将"伸缩"项参数设为130%；单击"播放"按钮试听，单击"确定"按钮。

步骤7：文件存盘。选择"文件"→"另存为"命令，弹出"存储为"对话框；"文件名"文本框中输入"lx3306"，"位置"选择"文档"文件夹，"格式"选择"mp3音频（.mp3）"；单击"确定"按钮。

（5）延迟

延时是指将音频输出信号的一部分反馈回输入端，使之延时播放，产生重复的回声效果。延时将输入信号录制到数字化内存，经过一段短暂的时间后再读出，产生回旋、回声、合唱、立体声模拟等效果。设置延时效果的具体操作方法是：选择音频波形区间；选择"效果"→"延迟与回声"→"延迟"命令，弹出"延迟"对话框；手动调整或选择预设参数设置延时效果；单击"播放"按钮试听；单击"确定"按钮完成操作，如图3-3-27所示。其中"预设"选项包含"山谷回声""超时"等多项内容，如图3-3-28所示。

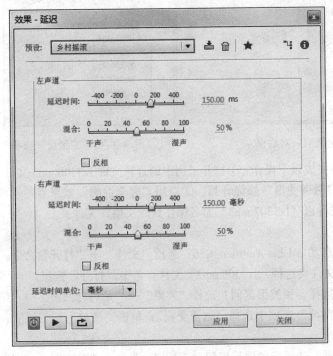

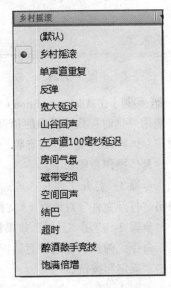

图3-3-27 "效果-延时"对话框　　　　　图3-3-28 "预设"下拉列表

（6）混响

混响是指模拟声音在声学空间（如大房间或礼堂等）反射的过程。混响效果器通过某种算法，用滤波器建立一系列延时，模仿真实空间中声波遇到反射物后发生反射的音效。Adobe Audition CS6包含"完全混响""混响""卷积混响"等多种混响效果器，本案以"完全混响"为例学习设置混响的方法。具体操作方法是：选择音频波形区间；选择"效果"→"混响"→"完全混响"命令，弹出"完全混响"对话框；手动调整或选择预设参数设置完全混响效果；单击"播放"按钮试听；单击"确定"按钮完成操作，如图3-3-29所示。其中"预设"选项包含"中型音乐厅""体育馆"等多项内容，如图3-3-30所示。

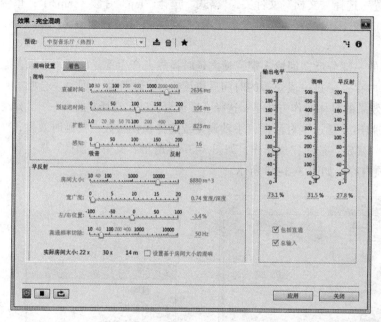

图 3-3-29　"效果-完全混响"对话框　　　　　图 3-3-30　"预设"选项

【实例】在 Adobe Audition CS6 中完成以下操作：①打开实例中的音频文件 lx3306.mp3 文件。②应用"延时"效果器中的预设项"磁带受损"修饰音频。③应用"完全混响"效果器的预设项"立体声反射板"修饰音频。④文件以"lx3307.mp3"为名保存到"文档"文件夹。

具体操作步骤如下。

步骤 1：打开文件 lx3306.mp3。启动 Adobe Audition CS6；选择"文件"→"打开"命令；弹出"打开文件"对话框，"文档"文件夹选择"lx3306.mp3"文件；单击"打开"按钮。

步骤 2：应用"延时"效果器。选择音频波形区间；选择"效果"→"延迟与回声"→"延迟"命令，弹出"延迟"对话框；"预设"选项中选择"磁带受损"；单击"播放"按钮试听；单击"确定"按钮。

步骤 3：应用"完全混响"效果器。选择音频波形区间；选择"效果"→"混响"→"完全混响"命令，弹出"效果-完全混响"对话框；"预设"选项中选择"立体声反射板"；单击"播放"按钮试听；单击"确定"按钮。

步骤 4：文件存盘。选择"文件"→"另存为"命令，弹出"存储为"对话框；"文件名"文本框中输入"lx3307"，"位置"选择"文档"文件夹，"格式"选择"mp3 音频（.mp3）；单击"确定"按钮。

3.3.7　消除人声

消除人声是指消除音频文件中的人声，仅保留伴奏音乐。利用 Adobe Audition CS6 消除音频文件中的人声，需要根据音频文件的具体情况确定。通常人声与伴奏音乐的合成有两种情况：一是人声与伴奏音乐分左右声道独立存放；二是人声与伴奏音乐混合在一起，即左右声道中的声音完全一样。

1. 消除伴奏和人声独立存放于左右声道的人声

伴奏和人声独立存储于左右声道音频文件的人声消除，通过播放音频文件测试左、右声道中哪个声道存放人声；选择存放人声的声道，删除其中的音频波形。判断伴音声道时，不同编辑模式下可选用不同的方法。多轨混音模式下，可向上或向下拖动"声相线"（左、右声道间蓝色线），改变声音输出声道，确定人声所处的声道。波形编辑模式下，可按空格键播放音频文件；选择"编辑"→"编辑声道"命令，弹出"编辑声道"子菜单；分别选择左、右声道试听，确定人声所处的声道。

【实例】从网络下载"两只蝴蝶.mp3"文件，并在 Adobe Audition CS6 中完成以下操作：①通过麦克风朗读本小节第 1 自然段"伴奏和人声独立存储于……"文字并录音。②对录制的音频降噪。③消除"两只蝴蝶.mp3"文件中的人声。④将人声录音与"两只蝴蝶.mp3"文件的伴音分左、右声道存放。⑤文件以"lx3308.mp3"为名保存到"文档"文件夹。

具体操作步骤如下。

步骤 1：进入录音状态。启动 Adobe Audition CS6；选择"文件"→"新建"→"音频文件"命令；弹出"新建音频文件"对话框，"声道"选项中选择"立体声"；单击"确定"按钮。

步骤 2：录音。单击红色"录音"按钮开始录音，通过麦克风朗读本小节第 1 自然段"伴奏和人声独立存储于……"文字；录音结束，单击"停止"按钮。

步骤 3：降噪。①噪声采样。选择音轨中没有人声的部分音频波形；选择"效果"→"降噪/恢复"→"降噪"命令，弹出"效果–降噪"对话框；单击"捕捉噪声样本"按钮，获取噪声样本。②选择降噪的音频区间。双击音轨，全选音轨中的音频波形。③单击"应用"按钮进行降噪。

步骤 4：保存录音文件。选择"文件"→"另存为"命令，弹出"存储为"对话框；"文件名"文本框中输入"lx3308"，"位置"选择"文档"文件夹，"格式"选择"mp3 音频（.mp3）"；单击"确定"按钮。同时在"文件"素材库中保存该文件。

步骤 5：打开"两只蝴蝶.mp3"文件。选择"文件"→"打开"命令，弹出"打开文件"对话框，选择"两只蝴蝶.mp3"文件；单击"打开"按钮。

步骤 6：判断人声声道。按空格键播放音频文件；选择"编辑"→"编辑声道"命令，弹出"编辑声道"子菜单；分别选择左、右声道试听，确定右声道为人声、右声道为伴奏。

步骤 7：消除人声。全选音轨中的音频波形；选择"编辑"→"编辑声道"→"右声道"命令，选择右声道音频波形；按 Delete 键删除右声道的音频波形。

步骤 8：复制左声道音频。全选音轨中的音频波形；选择"编辑"→"编辑声道"→"左声道"命令，选择左声道音频波形；按 Ctrl+C 组合键复制左声道中的音频波形。

步骤 9：将"两只蝴蝶.mp3"文件伴音放在"lx3308.mp3"文件的右声道。双击"文件"素材库中的"lx3308.mp3"文件打开；全选音轨中的音频波形；选择"编辑"→"编辑声道"→"右声道"命令，选择右声道音频波形；按 Ctrl+V 组合键粘贴音频波形。

步骤 10：文件存盘。选择"文件"→"存储"命令。

2. 消除混合音频中的人声

对于声道混合型音频文件（左、右声道声音相同），则需要利用效果器进行修饰，衰减或清除人声频率比较集中范围的信号。通常人声的频率范围以中频为主，气声和齿音主要在 6 000～18 000Hz，甚至更高。消除混合音频中人声的具体操作方法是：选择音频区间；选择"效果"→"立体声声相"→"中置声道提取"命令，弹出"效果-中置声道提取"对话框；手动调整频率参数或从预置选项中选择"人声移除"选项；单击"确定"按钮，如图 3-3-31 所示。其中"预设"包含"人声移除""扩大人声""默认"等多个选项，如图 3-3-32 所示。这种方法虽然能消除大部分人声，但效果不理想，消除人声的效果与原音频文件有关系。

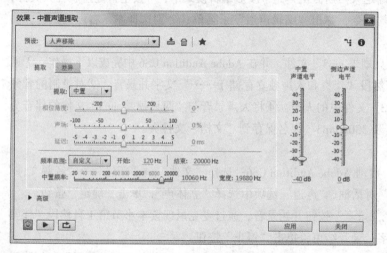

图 3-3-31   "效果-中置声道提取"对话框   图 3-3-32   "预设"选项

【实例】从网络下载"拔萝卜.mp3"音频文件，并在 Adobe Audition CS6 中完成以下操作：①消除"拔萝卜.mp3"中的人声。②进行低频补偿。③文件以"lx3309.mp3"为名存盘。

步骤 1：打开"拔萝卜.mp3"文件。选择"文件"→"打开"命令，弹出"打开文件"对话框，选择"拔萝卜.mp3"文件，单击"打开"按钮。

步骤 2：消除人声，选择"效果"→"立体声声相"→"中置声道提取"命令，打开"效果-中置声道提取"对话框；"预置"选项中选择"人声移除"；单击"确定"按钮。将文件保存为"拔萝卜 1.mp3"。

步骤 3：低频补偿。经过消除人声后，伴奏的低频部分音频产生衰减，需要补偿，使用均衡器获取原声中的低频部分作为伴奏补偿。再次打开"拔萝卜.mp3"文件；选择"效果"→"滤波与均衡"→"参数均衡器"命令，弹出"参数均衡器"对话框；"预设"选项中选择"重金属吉他（Acoustic Guitar）"项并将高频音曲线下调；单击"确定"按钮，将获取的低频部分文件保存为"拔萝卜 2.mp3"。

步骤 4：多轨合成。切换到多轨混音模式；插入"拔萝卜 1.mp3"到第 1 轨；插入"拔萝卜 2.mp3"到第 2 轨，对齐位置。

步骤 5：文件存盘。选择"文件"→"导出"→"多轨混缩"→"完整混音"命令，弹出"导出多轨混缩"对话框；"文件名"文本框中输入"lx3309"，"位置"选择"文档"文件夹，"格式"选择"mp3 音频（.mp3）"；单击"确定"按钮。

3.3.8 制作 5.1 声道音频文件

Adobe Audition CS6 可编辑单声道、立体声、5.1 声道的音频，其中 5.1 声道是指同时通过左（L）、右（R）、中心（C）、低频（LFE）、左环绕（LS）、右环绕（RS）6 个声道播放音频的模式，如图 3-3-33 所示。

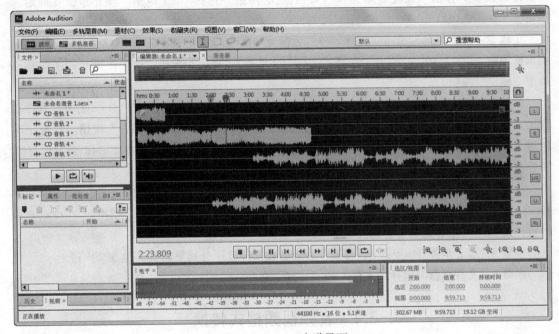

图 3-3-33　5.1 声道界面

Adobe Audition CS6 中编辑 5.1 声道，具体操作方法是：首先建立 5.1 声道的项目或音频文件，选择"文件"→"新建"→"多轨混音项目"或"音频文件"命令，声道选择"5.1 声道"，单击"确定"按钮；其次选择某声道，选择"编辑"→"编辑声道"命令，弹出"编辑声道"子菜单，选择某声道，如图 3-3-34 所示。最后编辑其中的音频文件，保存文件。

✓	所有声道(A)	Ctrl+Shift+B
✓	L: 左声道(L)	Ctrl+Shift+L
✓	R: 右声道(R)	Ctrl+Shift+R
✓	C: 中心(C)	Ctrl+Shift+C
✓	LFE: 低频效果(Q)	Ctrl+Shift+F
✓	Ls: 左环绕声道(E)	Shift+Alt+L
✓	Rs: 右环绕声道(G)	Shift+Alt+R

图 3-3-34　"编辑声道"子菜单

需要说明的是，5.1 声道的音频文件的播放，需要 5.1 声道的声卡与相对应的音箱支持才能听到 5.1 声道的音效。若用立体声设备播放通常只能听到其中左右声道的音频声音。

【实例】从网络下载"让我们荡起双桨.mp3"与"战争音效"文件，并在 Adobe Audition CS6

中完成以下操作：①新建 5.1 声道音频文件。②将"让我们荡起双桨.mp3"文件左声道的音频复制到所建音频文件的"中心（C）"声道。③将战争音效文件复制到其他 5 个声道，每声道不少于 3 个音频文件，位置自定。④文件以"lx3310.mp3"为名保存到"文档"文件夹。

具体操作步骤如下。

步骤 1：新建 5.1 声道音频文件。启动 Adobe Audition CS6，选择"文件"→"新建"→"音频文件"命令；弹出"新建音频文件"对话框，"声道"选择"5.1 声道"项，单击"确定"按钮。

步骤 2：文件存盘。选择"文件"→"另存为"命令，弹出"存储为"对话框；"文件名"文本框中输入"lx3310"，"位置"选择"文档"文件夹，"格式"选择"mp3 音频（.mp3）"项；单击"确定"按钮。

步骤 3：复制"让我们荡起双桨.mp3"文件左声道的音频。选择"文件"→"打开"命令，弹出"打开文件"对话框，选择"让我们荡起双桨.mp3"文件；单击"打开"按钮。双击音频轨道，全选音频波形；选择"编辑"→"编辑声道"→"左声道"命令；按 Ctrl+C 组合键复制所选左声道音频。

步骤 4：粘贴音频波形到所建音频文件的"中心（C）"声道。双击"文件"素材库中的"lx3310.mp3"文件打开；选择"编辑"→"编辑声道"→"中心（C）"命令，切换到"中心（C）"声道；按 Ctrl+V 组合键粘贴音频波形到当前声道。

步骤 5：重复步骤 3～步骤 4，将战争音效音频文件波形分别复制到其他 5 个声道。

步骤 6：文件存盘。选择"文件"→"存储"命令。

3.4 音频视频格式转换

3.4.1 狸窝 4.2 概述

狸窝全能视频转换器是一款音/视频转换及编辑工具，可实现音/视频格式之间的相互转换。同时，可对音/视频文件进行简单编辑，如音频/视频转换、截取、合并等。还可设置参数如视频质量、尺寸、分辨率等，支持批量转换多个文件。

1. 狸窝 4.2 的操作界面

狸窝 4.2 的界面顶部为菜单栏，主要包括"添加视频""视频编辑""3D 效果"等功能按钮。"添加视频"按钮用于打开视频与音频文件；"视频编辑"按钮用于视频与音频的截取、剪切、添加水印等操作；"3D 效果"按钮用于将 2D 视频转换为 3D 视频。

界面中部为"使用与操作向导"区与"预览"区。"使用与操作向导"区初始显示为完成转换的 4 步操作流程；当添加音频视频文件后此处成为文件列表区，显示待处理的文件。"预览"区用于预览文件列表中的文件内容，可试听或观看列表中的音频或视频。

界面下部主要有"预置方案""视频质量""音频质量""高级设置""输出目录""打开目录""应用到所有""合并成一个文件""执行（ ◉ ）"按钮等项目。"预置方案"用于设置即将转换输出的文件格式。"视频质量""音频质量"用于设置即将转换输出的音频、视频质量；"高级设置"用于自定义即将转换输出的音频、视频质量。"输出目录"用于设置转换后的文件存放目录；"打开目录"用于打开转换后文件的存放目录；"应用到所有"用于将文件列表中所有的文件都应用前面的设置；"合并成一个文件"用于将文件列表中所有的文件合并为一个文件转换输出；"执行（）"按钮用于开始执行格式转换，如图 3-4-1 所示。

图 3-4-1　狸窝 4.2 操作界面

2．添加文件

（1）添加文件

添加文件是指将文件或文件夹添加到狸窝软件的文件列表窗口。狸窝中添加文件有 3 种方法：①单击"添加视频"按钮，弹出"打开"对话框；选择音频、视频文件；单击"打开"按钮。②双击"使用与操作向导"区，弹出"打开"对话框；选择音频、视频文件；单击"打开"按钮。③选择"菜单（▤）"→"文件"→"添加文件"或"添加文件夹"命令，弹出"打开"对话框；选择音频、视频文件；单击"打开"按钮。

（2）调整文件在列表中的位置

调整文件在列表中的位置即重新排列文件列表中音频、视频文件的先后次序，有"上移"与"下移"两种选择。具体操作方法是：在文件列表中选择需移动的文件；单击文件列表窗口下方的"上移（⬆）""下移（⬇）"按钮，如图 3-4-2 所示。

（3）删除或清空文件

删除是指删除文件列表中的某个文件。具体操作方法是：选择文件列表中的某个文件；单击文件列表下方的"删除（✖）"按钮。清空是指删除文件列表中所有的文件。具体操作方法是：单击文件列表下方的"清除（▦）"按钮。

（4）设置输出目录

设置输出目录是指设置格式转换后输出文件存放的文件夹。设置输出目录的具体操作方法是：单击"输出目录"选项中的"浏览（▦）"按钮，弹出"选择文件夹"对话框；选择或新建文件夹；单击"选择文件夹"按钮。

图 3-4-2　调整文件在列表中的位置

3.4.2　使用狸窝编辑音频

狸窝 4.2 编辑音频主要是指进行音频格式转换、截取、合并等操作。文件输出时，输出路径默认为"我的文档\LeawoVideo_Converter"文件夹；文件名默认为原文件名或第 1 个文件名（合并时）。

1. 音频格式转换

音频格式转换是指将音频文件由一种存储格式转换为另一种存储格式的过程。狸窝全能格式转换器支持的音频格式包括 aac、cda、mp3、mp2、wav、wma、ra、rm、ogg、amr、ac3、au、flac 等。具体操作方法是：将音频文件添加到狸窝的文件列表；单击"预置方案"按钮，弹出"预置方案"选项菜单；选择目标音频文件格式；单击"执行（ ⓒ ）"按钮。

【实例】从网络下载音频文件"让我们荡起双桨.mp3""拔萝卜.mp3""两只蝴蝶.mp3"，并在狸窝 4.2 中完成以下操作：①将 3 个文件格式转换为".wav"。②文件以原名保存到"文档"文件夹。

具体操作步骤如下：

步骤 1：添加文件。启动狸窝 4.2；单击"添加视频"按钮，弹出"打开"对话框；选择"让我们荡起双桨.mp3""拔萝卜.mp3""两只蝴蝶.mp3"；单击"打开"按钮。

步骤 2：选择文件。在文件列表中单击每个文件前的复选框，选择 3 个目标文件。

步骤 3：设置转换格式。选择"预置方案"→"常用音频"命令，弹出格式列表；选择".wav"格式，如图 3-4-3 所示。

步骤 4：设置转换参数。屏幕下方，"音频质量"选择"高等质量"选项；选择"应用到所有"复选框。

步骤 5：设置"输出目录"。单击"输出目录"中的"浏览（ ▦ ）"按钮，弹出"浏览文件夹"对话框；选择"文档"文件夹；单击"选择文件夹"按钮。

步骤 6：执行转换。单击"执行（ ⓒ ）"按钮。

图 3-4-3　"预置方案"常用音频选项列表

2. 截取音频

　　截取音频是指截取音频中的某部分，即从打开的音频文件中任意截取一段转换为需要的音频格式。具体操作方法是：选择目标音频文件；单击"视频编辑"按钮，进入视频编辑界面；设置截取音频区间；单击"确定"按钮返回转换操作界面，单击"执行（⊙）"按钮，开始进行截取与格式转换。

　　选择截取音频区间有 3 种方法：①拖动截取。通过拖动左区间、右区间标记设置截取区间。②设置开始时间与结束时间截取；"开始时间"格式为 00:00:00.000（时:分:秒:毫秒），开始时间前面的片段将被截掉；"结束时间"格式为 00:00:00.000（时:分:秒:毫秒），结束时间后面的片段将被截掉，如图 3-4-4 所示。③试听过程中，单击"左区间（【）""右区间（】）"按钮设置左右区间的位置。

图 3-4-4　设置截取音频区间

3. 合并音频文件

合并音频文件是指将文件列表中选定的若干单个文件合并为一个文件转换输出的操作。其中的文件可做截取设置，若不做截取设置，则默认为文件的全部。具体操作方法是：添加音频视频文件到狸窝的文件列表中；选择目标音频文件；单击"视频编辑"按钮，进入视频编辑窗口，设置截取音频区间；单击"确定"按钮返回转换操作窗口；单击"预设方案"选择目标文件格式；单击"执行（◎）"按钮，进行截取与合并。

【实例】从网络下载音频文件"让我们荡起双桨.mp3""拔萝卜.mp3""两只蝴蝶.mp3"，并在狸窝完成以下操作：①将下载的 3 个音频文件添加到狸窝文件列表。②截取"让我们荡起双桨.mp3"唱词第 1 段音频。③将 3 个文件合并输出，制作一个歌曲联唱音频文件。④文件以"lx3401.mp3"为名保存到"文档"文件夹。

具体操作步骤如下。

步骤 1：添加文件。启动狸窝 4.2；单击"添加视频"按钮，弹出"打开"对话框；选择"让我们荡起双桨.mp3""拔萝卜.mp3""两只蝴蝶.mp3"；单击"打开"按钮。

步骤 2：截取"让我们荡起双桨.mp3"唱词第 1 段音频。选择文件列表的"让我们荡起双桨.mp3"音频文件；单击"视频编辑"按钮，进入视频编辑窗口；设置截取音频区间，试听并选择唱词的第 1 段音频；单击"确定"按钮返回。

步骤 3：选择文件。在文件列表中单击每个文件前的复选框，选择"让我们荡起双桨.mp3""拔萝卜.mp3""两只蝴蝶.mp3"3 个目标文件。

步骤 4：设置转换格式。选择"预置方案"→"常用音频"命令，弹出格式列表菜单；选择".mp3"格式。

步骤 5：设置转换参数。屏幕下方"音频质量"选项中选择"高等质量"；勾选"应用到所有"复选框；勾选"合并成一个文件"复选框。

步骤 6：设置"输出目录"。单击"输出目录"中的"浏览（📁）"按钮，弹出"浏览文件夹"对话框；选择"文档"文件夹；单击"选择文件夹"按钮。

步骤 7：执行转换。单击"执行（◎）"按钮。

步骤 8：更改文件名。选择选择"文档"文件夹中输出的音频文件，更名为"lx3401.mp3"。

4. 获取视频伴音

获取视频伴音是指获取视频文件的音频使其成为一个独立存储的音频文件。具体操作方法是：打开视频文件；选择"预置方案"→"常用音频"命令，弹出格式列表菜单；选择音频格式如".mp3"等；单击"执行（◎）"按钮。

【实例】从网络下载视频文件"美好记忆.mpg"，并在狸窝中完成以下操作：①请将视频"美好记忆.mpg"添加到狸窝的文件列表。②获取视频"美好记忆.mpg"的伴音。③文档以"lx3402.mp3"为名保存到"文档"文件夹。

具体操作步骤如下。

步骤 1：添加文件。启动狸窝 4.2；单击"添加视频"按钮，弹出"打开"对话框；选择"美好记忆.mpg"；单击"打开"按钮。

步骤 2：选择文件。文件列表中单击"美好记忆.mpg"文件前的复选框，选择目标文件"美好记忆.mpg"。

步骤 3：设置转换格式。选择"预置方案"→"常用音频"命令，弹出格式列表菜单；选择".mp3"格式。

步骤 4：设置转换参数。屏幕下方"音频质量"选项中选择"高等质量"。

步骤 5：设置"输出目录"。单击"输出目录"中的"浏览（ ）"按钮，弹出"浏览文件夹"对话框；选择"文档"文件夹；单击"选择文件夹"按钮。

步骤 6：执行转换。单击"执行（ ）"按钮。

步骤 7：更改文件名。选择选择"文档"文件夹中输出的"美好记忆.mp3"音频文件，更名为"lx3402.mp3"。

3.4.3 使用狸窝编辑视频

使用狸窝 4.2 编辑视频主要用于视频的格式转换、截取、合并、旋转等操作。文件输出时，文件名默认为原文件名或第一个文件名（合并时）；输出路径默认为"我的文档\LeawoVideo_Converter"文件夹。

1．视频格式转换

视频格式转换是指将视频文件由一种存储格式转换为另一种存储格式的过程。具体操作方法是：将视频文件添加到狸窝的文件列表；单击"预置方案"按钮，弹出"预置方案"选项菜单，选择目标视频文件格式；单击"执行（ ）"按钮。狸窝全能视频转换器支持的文件视频格式包括 rm、rmvb、avi、mpeg、mpg、dat、asf、wmv、mov、mp4、ogg、ogm 等，如图 3-4-5 所示。

图 3-4-5 "预置方案"常用视频选项列表

2．视频编辑

视频编辑主要包括视频的截取、剪切、效果、水印 4 项功能。

（1）截取

截取视频是指截取视频文件中的某部分视频片段，即从打开的视频文件中任意截取一段视频转换为需要的格式。具体操作方法是：选择目标视频文件；单击"视频编辑"按钮，进入视频编辑界面；设置截取视频区间；单击"确定"按钮返回；单击"执行（ ● ）"按钮，开始进行截取与格式转换。

选择截取视频区间有 3 种方法：①拖动截取。通过拖动左区间、右区间标记设置截取区间。②设置开始时间与结束时间截取；"开始时间"格式为 00:00:00.000（时:分:秒:毫秒），开始时间前面的片段将被截掉；"结束时间"格式为 00:00:00.000（时:分:秒:毫秒），结束时间后面的片段将被截掉。③试听过程中，单击"左区间（ 【 ）"、"右区间（ 】 ）"按钮设置左右区间的位置。

（2）剪切

剪切是指截取视频画面，保留部分区域视频画面。狸窝的剪切功能可将视频画面的某区域画面裁剪出来，删除画面其他部分。利用此项功能，可实现局部放大画面、制作遮幅式画面等效果。具体操作方法是：选择目标视频文件；单击"视频编辑"按钮，进入视频编辑界面；单击"剪切"标签切换到"剪切"选项卡；设置剪切视频画面，在"缩放"选项中设置各项参数或调节"原始视图"选区控制框，确定保留画面区域；单击"确定"按钮返回；单击"执行（ ● ）"按钮，如图 3-4-6 所示。

图 3-4-6　"剪切"选项卡

（3）效果

效果是指调节视频画面的亮度、对比度、饱和度、音量等。应用效果的具体操作方法是：选择目标视频文件；单击"视频编辑"按钮，进入视频编辑界面；单击"效果"标签切换到"效果"选项卡；分别调节"亮度""对比度""饱和度""音量"等参数；单击"确定"按钮返回；单击"执行（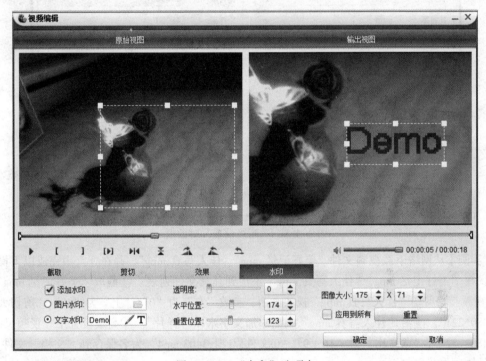）"按钮。

（4）水印

水印是指给出视频画面添加文字或图片水印。添加水印的具体操作方法是：选择目标视频文件；单击"视频编辑"按钮，进入视频编辑界面；单击"水印"标签切换到"水印"选项卡；勾选"添加水印"复选框，选择"文字水印"或"图片水印"项；添加文字或图片；单击"确定"按钮返回；单击"执行（●）"按钮，如图 3-4-7 所示。

图 3-4-7　"水印"选项卡

3. 合并视频文件

合并视频文件是指将多个视频文件连接合并为一个视频文件转换输出。其中每个文件可做截取、剪切、效果、水印等设置，如果不做设置，则默认文件的原始内容。利用此项功能可进行简单视频剪辑，具体操作方法是：添加视频文件到狸窝的文件列表；选择目标频文件；单击"视频编辑"按钮，进入视频编辑窗口，设置截取音频区间，单击"确定"按钮返回转换操作窗口；单击"预设方案"选择目标文件格式；勾选"合并成一个文件"复选框；单击"执行（●）"按钮，进行截取、剪切与合并。

4. 高级设置

高级设置是指设置音频、视频输出转换参数，如编码器、比特率、宽高比、声道参数等，使转换的音频、视频符合特定要求。高级设置的具体操作方法是：添加视频文件到狸窝的文件列表；选择目标频文件；单击"预设方案"选择目标文件格式；单击"高级设置（✂）"按钮，弹出"高级设置"对话框；设置音频、视频输出参数（编码器、比特率、宽高比、视频参数、声道参数等）；单击"确定"按钮返回；单击"执行（●）"按钮，如图 3-4-8 所示。

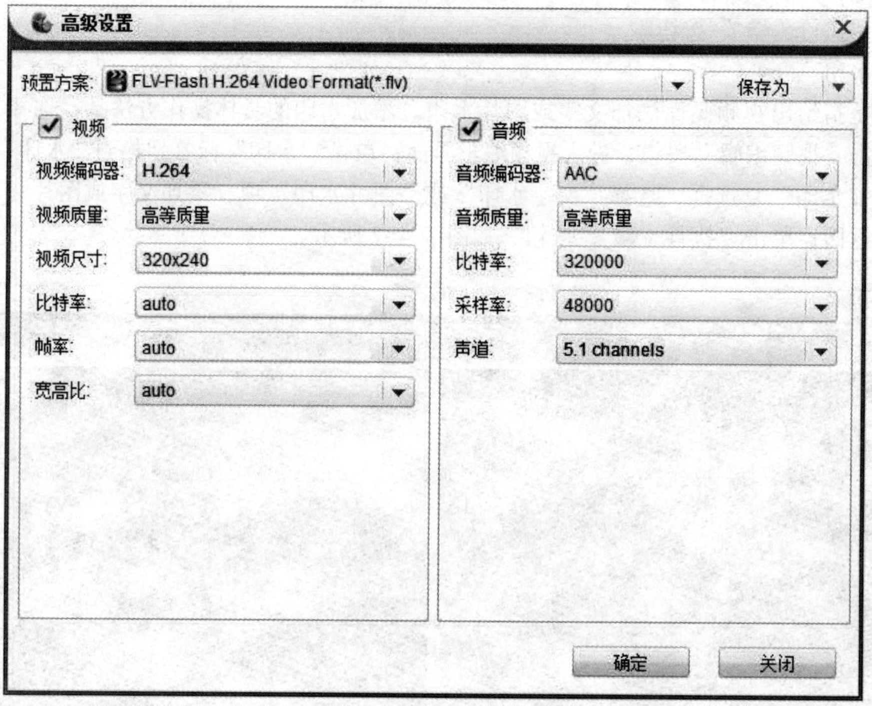

图 3-4-8　"高级设置"对话框

【实例】从网络下载视频文件"美好记忆.mpg""佳人写真.mpg"，并在狸窝中完成以下操作：①将视频"美好记忆.mpg""佳人写真.mpg"添加到狸窝文件列表。②截取"美好记忆.mpg"前10秒视频。③剪切"佳人写真.mpg"视频画面，参数"左"为"0"、"上"为"40"、"剪切大小"为"380*221"。④给"佳人写真.mpg"画面添加文字水印"样片"。⑤高级设置中"视频尺寸"为"480×320"，"宽高比"为"16：9"。⑥文件以"lx3403.mp4"为名保存到"文档"文件夹。

具体操作步骤如下。

步骤 1：添加文件。启动狸窝 4.2；单击"添加视频"按钮，弹出"打开"对话框；选择"美好记忆.mpg""佳人写真.mpg"；单击"打开"按钮。

步骤 2：截取视频。在文件列表中选择"美好记忆.mpg"；单击"视频编辑"按钮，进入视频编辑界面；设置截取视频区间"开始时间"为 00:00:00.000、"结束时间"为 00:00:10.000；单击"确定"按钮。

步骤 3：设置转换格式。选择"预置方案"→"常用视频"命令，弹出格式列表，选择".mp4"格式。

步骤 4：剪切视频。在文件列表中选择"佳人写真.mpg"；单击"视频编辑"按钮，进入视频编辑界面；单击"剪切"标签切换到"剪切"选项卡，画面参数设置"左"为"0"、"上"为"40"、"剪切大小"为"380*221"；单击"确定"按钮。

步骤 5：添加水印。单击"水印"标签切换到"水印"选项卡；勾选"添加水印"复选框，选择"文字水印"；输入文字"样片"；单击"确定"按钮

步骤 6：高级设置。单击"高级设置（✂）"按钮，弹出"高级设置"对话框；设置"视频尺寸"为"480×320"、"宽高比"为"16：9"；单击"确定"按钮。

步骤 7：设置"输出目录"。单击"输出目录"中的"浏览（ ）"按钮，弹出"浏览文件夹"对话框；选择"文档"文件夹；单击"选择文件夹"按钮。

步骤 8：执行转换并更改文件名。单击"执行（ ）"按钮。选择"文档"文件夹中输出的.mp4 视频文件，更名为"lx3403.mp4"。

习 题 3

一、单项选择题

1. 以下（　　）软件不属于声音编软件。

A. Adobe Audition　　　B. GoldWave　　　C. CoolEdit pro　　　D. PowerPoint

2. 采样频率是指 1 秒时间内采样的次数。在计算机多媒体音频编辑中，采样频率通常采用 3 种：11.025 kHz（语音效果）、22.05 kHz（音乐效果）、（　　）。

A. 40.0 kHz（高保真效果）　　　　　　　B. 44.1 kHz（高保真效果）

C. 34.1 kHz（高保真效果）　　　　　　　D. 24.1 kHz（高保真效果）

3. 在 Adobe Audition 3.0 中，各个轨道的左侧的按钮中，有 3 个按钮 R、S、M，分别代表该轨道的不同状态，其中录音状态是（　　）按钮。

A. R　　　　　　B. S　　　　　　C. M　　　　　　D. S、M

4. 在 Adobe Audition 中，界面分为波形编辑模式、（　　）、CD 模式 3 种。

A. 视图模式　　　B. 多轨混音　　　C. 单轨模式　　　D. 预览模式

5. 狸窝全能视频转换器是一款全能型（　　）。

A. 视频转换　　　B. 音、视频转换　　　C. 音频转换　　　D. 视频截取

6. 以下文件类型中，（　　）是音频格式。

A. WAV　　　　　　B. GIF　　　　　　C. BMP　　　　　　D. JPG

7. 下列采集的波形声音，（　　）的质量最好。

A. 单声道、8 位量化、22.05 kHz 采样频率

B. 双声道、8 位量化、44.1 kHz 采样频率

C. 单声道、16 位量化、22.05 kHz 采样频率

D. 双声道、16 位量化、44.1 kHz 采样频率

8. 以下（　　）是 Windows 的通用声音格式。

A. WAV　　　　　　B. MP3　　　　　　C. M4A　　　　　　D. MP2

9. 小明用计算机录制了自己演唱的一首歌，这首歌播放时间 5 分钟、采样频率为 44.1 kHz、量化位数为 16 位、立体声，那么小明演唱的这首歌的数据量大约为（　　）。

A. 10 MB　　　　　B. 20 MB　　　　　C. 30 MB　　　　　D. 50 MB

10. MP3 是（　　）格式。

A. 音频数字化　　　B. 图形数字化　　　C. 字符数字化　　　D. 动画数字化

11. 数字音频采样和量化过程所用的主要硬件是（　　）。

A. 数字编码器　　　　　　　　　　　B. 模拟到数字的转换器（A/D 转换器）

C. 数字解码器　　　　　　　　　　　D. 数字到模拟的转换器（D/A 转换器）

12. MIDI 音频文件是（   ）。

A. 一种 MP3 格式

B. 一种采用 PCM 压缩的波形文件

C. 一种波形文件

D. 是一种符号化的音频信号，记录的是一种指令序列

13. 下列用于编辑声音的软件是（   ）。

A. Flash   B. premirer   C. Audition   D. wiNamp

14. 想制作一首大约 90 秒的个人单曲，具体步骤是（   ）。①设置计算机的麦克风录音。②在 Audition 软件中录制人声。③网络搜索伴奏音乐。④在 Audition 软件中合成人声与伴奏。⑤在"附件"的"录音机"中录制人声。

A. ①②③④   B. ③①②④   C. ①⑤③④   D. ③①⑤④

15. 从一部电影视频中剪取一段，可用的软件是（   ）。

A. Goldwave   B. Real player   C. 狸窝全能转换器   D. authorware

16. 在 Audition CS6 中，可完成从 CD 上获取音频文件的操作，其生成文件不能是（   ）格式。

A. WAV   B. MP3   C. MPG   D. MP2

17. 李明买一个 MP3 播放器，在网络下载了一些非常喜欢的歌曲，有 RM、MP3、WAV 等格式。结果有些歌曲在计算中可以播放，但添加到 MP3 播放器中不能播放，你认为可能的原因是（   ）。

A. MP3 播放器已损坏   B. MP3 播放器不支持某些音频文件格式

C. 这些音频文件已损坏   D. MP3 播放器不支持除 MP3 格式外的音频格式

18. 把时间连续的模拟信号转换为在时间上离散、幅度上连续的数字信号的过程称为（   ）。

A. 数模转换   B. 信号采样   C. 量化   D. 编码

19. 影响音频质量的因素不包括（   ）。

A. 声道数目   B. 采样频率   C. 量化位数   D. 存储介质

20. 音频卡不出声，可能的原因是（   ）。①音频卡没插好。②I/O 地址、IRQ、DMA 冲突。③静音。④噪声干扰。

A. ①   B. ①②   C. ①②③   D. ①②③④

21. 关于 MIDI，下列叙述不正确的是（   ）。

A. MIDI 是合成声音   B. MIDI 的回放依赖设备

C. MIDI 文件是一系列指令的集合   D. 制作 MIDI，不需要知道乐理知识

22. 新建 Audition CS6 音频文件时，不能选择的音频声道是（   ）。

A. 5.1 声道   B. 立体声   C. 单声道   D. 2.1 声道

23. 在 Audition CS6 对现场人声录音进行降噪时，正确的操作顺序是（   ）。

A. 录制人声、降噪   B. 采集噪声样本、录制人声、降噪

C. 降噪、录制人声   D. 采集噪声样本、降噪、录制人声

24. Audition CS6 的项目文件的文件类型是（   ）。

A. .ses 或.sesx   B. .mp3   C. .wav   D. .mpeg

25. 目前音频卡具备以下（　　）功能。

①录制和回放数字音频文件；②混音；③语音特征识别；④实时解/压缩数字单频文件。

A. ①③④　　　　　　B. ①②④　　　　　　C. ②③④　　　　　　D. ①②③④

26. Audition CS6 中将音频的音量放大，操作是选择（　　）命令。

A. 效果→振幅与压限→标准化　　　　　B. 编辑→振幅与压限→标准化

C. 效果→编辑声道→标准化　　　　　　D. 素材→振幅与压限→标准化

27. AC-3 数字音频编码提供了 5 个声道的频率范围是（　　）。

A. 20 Hz 到 2 kHz　　　　　　　　　B. 100 Hz 到 1 kHz

C. 20 Hz 到 20 kHz　　　　　　　　　D. 20 Hz 到 200 kHz

28. 通常音频卡是按（　　）分类的。

A. 采样频率　　　　　　　　　　　　B. 声道数

C. 采样量化位数　　　　　　　　　　D. 压缩方式

29. MIDI 文件中记录的是（　　）。

①乐谱；②MIDI 消息和数据；③波形采样；④声道。

A. ①　　　　　　B. ①②　　　　　　C. ①②③　　　　　　D. ①②③④

30. 使用计算机进行录音，必须使用下列（　　）设备。

A. 声卡　　　　　　B. 网卡　　　　　　C. 显卡　　　　　　D. 光驱

二、操作题

1. 从网络下载一首独唱歌曲，请使用 Adobe Audition CS6 消除其中的人声，并以".mp3"格式存盘，以"lx3501.mp3"为名存盘。

2. 从网络下载一首歌曲与"战争音效"音频文件，使用 Adobe Audition CS6 为歌曲添加"战争音效"（如枪炮声），以"lx3502.mp3"为名存盘。

3. 从网络下载动画片《三个和尚》，请使用音频视频格式转换软件狸窝，截取视频文件的前 3 分钟伴音，以"lx3503.mp3"为名存盘。

4. 从网络下载 3 首歌曲,制作一个由 3 首歌曲拼接而成的歌曲联唱音频文件,以"lx3504.mp3"为名存盘。

5. 请使用 Adobe Audition CS6,朗读下面一段文字并录音,对录制的人声降噪,以"lx3505.mp3"为名存盘。

背景音乐（Background music，BGM）也称配乐，通常是指在电视剧、电影、动画、电子游戏、网站中用于调节气氛的一种音乐。背景音乐插入对话中，能够增强情感的表达，达到一种让观众身临其境的感受。另外，在一些公共场合（如酒吧、咖啡厅、商场）播放的音乐也称背景音乐。

6. 请使用 Adobe Audition CS6，以某散文为题，自选背景音乐，录音并制作 1 分钟的配乐散文，以"lx3506.mp3"为名存盘。

7. 从网络下载歌曲"拔萝卜"，并在 Adobe Audition CS6 中为其添加回声音效，其中左声道"延迟时间"为 600ms、右声道"延迟时间"为 300ms；以"lx3507.mp3"为名存盘。

8. 从网络下载音频文件"少女的祈祷"，并在 Adobe Audition CS6 中将其音量提高到 150%，以"lx3508.mp3"为名存盘。

9. 朗读下面一段文字，并在 Adobe Audition CS6 录音人声，将录制的人声降噪、"伸缩"设置为"80%"，以"lx3509.mp3"为名存盘。

　　轻轻的我走了，正如我轻轻的来；我轻轻的招手，作别西天的云彩。那河畔的金柳，是夕阳中的新娘，波光里的艳影，在我的心头荡漾。软泥上的青荇，油油的在水底招摇； 在康河的柔波里，我甘心做一条水草！那榆荫下的一潭，不是清泉，是天上虹；揉碎在浮藻间，沉淀着彩虹似的梦。寻梦？撑一支长篙，向青草更青处漫溯，满载一船星辉，在星辉斑斓里放歌。但我不能放歌，悄悄是别离的笙箫；夏虫也为我沉默，沉默是今晚的康桥！悄悄的我走了，正如我悄悄的来；我挥一挥衣袖，不带走一片云彩。

10. 从网络下载音频文件"少女的祈祷"，删除其左声道的音频，将"lx3509.mp3"音频文件左声道的音频复制到其左声道，以"lx3510.mp3"为名存盘。

第**4**章

数字视频编辑

内容概要

非线性编辑的概念与镜头组接原理是数字视频编辑的基础。数字视频编辑包括数字视频素材的输入、编辑、输出 3 个步骤。本章通过介绍视频编辑软件会声会影 X7 的具体应用，学习非线性视频编辑的基本方法与操作技巧，掌握非线性编辑中视频、图像、音频、文字字幕的使用技巧。通过学习，达到初步掌握非线性数字视频编辑技能的目的。

4.1 非线性编辑基础

4.1.1 非线性编辑的概念

线性编辑是指传统的、以时间顺序进行的视频剪辑方法。非线性编辑是指运用信息技术进行数字视频编辑的过程中，突破单一时间顺序限制，使素材调用编辑与其存储顺序、存储位置无直接关联的视频剪辑方法。非线性编辑借助信息技术进行数字化制作，素材存储可不按时间顺序排列；在编辑过程中可反复调用素材，其信号质量保持不变。非线性编辑需要专用的编辑软件支持，与计算机系统一起构成一个非线性编辑系统。非线性编辑系统中，所有素材都以文件的形式存储于记录媒体（如硬盘、光盘、移动存储器），并以树状目录结构管理。

4.1.2 非线性编辑流程

非线性编辑的工作流程可归纳输入、编辑、输出 3 个步骤。

1. 输入

输入是指将视频、音频、图形图像等存储到计算机，成为非线性编辑系统可使用的视频素材的操作过程。数字化外围设备（如 DC、DV 等）中的数据信息可通过 USB 端口复制输入到计算机。非数字化设备（如录像带等）中的数据（模拟信号）输入计算机，则需要在计算机中添加采集设备如图像需要扫描仪或 DC、音频需要麦克风、视频需要视频采集卡等，通过这些采集设备将模拟信号转换为非线性编辑系统可使用的数字信号，输入计算机。

2．编辑

编辑是指在非线性编辑系统中对多媒体素材进行导入、剪辑、布局、特技等的操作过程。

素材剪辑是指设置素材的起始点与终止点，以选择最合适的部分，按时间顺序组接素材的过程。素材剪辑主要包括素材浏览、裁剪、复制、删除、镜头组接等操作。

特技处理是指给视频素材添加炫丽的动态效果或音效，达到突出主题，强调人物事件、吸引观众的目的。视频素材的特技处理包括转场、特效、合成叠加等；音频素材的特技处理包括转场、特效等。

字幕添加是指给视频画面添加标题、字幕的操作。字幕是视频画面重要的组成部分，通过字幕可帮助观众理解视频内容，突现视频主题。

音频添加是指给视频添加背景音乐、旁白解说等操作。

3．输出

输出是指将编辑完成的项目文件，通过渲染输出为可播放视频文件的过程。视频编辑完成后，需要渲染输出为视频文件如 MP4 格式，才能形成完整的影视作品。这个过程由非线性编辑系统完成，需要较长时间。

4.1.3　镜头组接原则

镜头是指连续摄录的视频画面，或两个剪接点之间的连续视频画面。镜头组接是指不同镜头画面的连接与组合。镜头组接的目的是使情节更加自然顺畅。镜头组接原则是指组成影视作品的镜头需要遵循的原则与规律。影视作品是指由一系列镜头经过有机组合形成的逻辑连贯、富于节奏、含义完整的视频文件。这些镜头需要依据一个主题、按照一定的次序组接、遵循一定的发展变化规律，具体包括以下原则与规律。

1．围绕主题选择镜头

主题是一部影视作品灵魂，镜头选择与组接必须以主题为中心、为主题服务。通过一系列与主题相关镜头组接，表达出作者的诉求主题，推进主题的发展与升华，使影视作品主题突出、意义完整。

2．符合观众思维逻辑

观众是影视作品的使用者，观众对事物的发展变化具有一定的认知和逻辑判断力。因此影视作品的镜头组接，需要符合观众的认知、符合生活实际、符合事物的发展规律。根据观众的思维逻辑选用镜头，这样的影视作品才会逻辑连贯、为观众所接收。

3．景别变化循序渐进

景别是指主体在视频画面所呈现的范围区别。景别分为 5 种，由近至远分别为特写（人体肩部以上）、近景（人体胸部以上）、中景（人体膝部以上）、全景（人体的全部和周围背景）、远景（被摄体所处环境）。镜头组接中，景别的发展变化需要采取循序渐进的方法，以便形成顺畅的各种蒙太奇句型。常见的景别变化有前进式句型、后退式句型、环行句型、穿插式句型等。

前进式句型是指景物由远到近过渡的句型，即按"远景→全景→中景→近景→特写"顺序组接镜头的句型。主要用于表现由低沉到高昂向上的情绪和剧情，也可表现局部与整体的关系。

后退式句型是指由近到远过渡的句型，即按"特写→近景→中景→全景→远景"顺序组接镜头的句型。主要用于表现从高昂到低沉压抑的情绪和剧情，也可表现局部与整体的关系。

环行句型是指将前进式和后退式句型结合起来使用的句型，即按"远景→全景→中景→近景→特写"及"特写→近景→中景→全景→远景"顺序组接镜头的句型，或反过来运用。主要用于表现情绪由低沉到高昂，再由高昂转向低沉的情绪和剧情。

穿插式句型是指景别变化采用远近交替的方式组接的句型。主要用于表现纷繁复杂的情绪和剧情。

4．遵循轴线规律

轴线是指视频画面主体的视线方向或运动方向与其他对象间形成的一条逻辑关系线。轴线规律是指视频画面视角的位置始终在主体轴线的同侧。否则就称为"跳轴"。因此，在剪辑视频时，确保选用的镜头遵循轴线规律，使画面视角始终处于主体轴线的同一侧。

5．动接动、静接静

动接动是指视频画面动态变化的镜头组接画面同样变化的镜头。静接静是指视频画面静止的镜头组接画面同样静止的镜头。使用动接动、静接静镜头组接方法可达到镜头间过渡自然顺畅的目的。为了特殊效果，也有静接动、动接静的镜头。通常，镜头运动前静止的片刻叫做"起幅"，镜头结尾处停止的片刻叫"落幅"，起幅与落幅保持时间大约为 1～3 秒。若使用静接静的方法组接运动镜头，必须在前一个画面主体的完整动作停下来后，再接从静止到开始运动的镜头。

6．镜头长度选择符合情节

影视作品每个镜头时间的长度，需要根据表达内容的难易程度、观众的接受能力、景别等来决定。如远景、中景等镜头画面包含的内容多，所需时间相对较长，而近景、特写等镜头包含的内容少，所需时间相对较短。另外，同样画面的镜头长度：若画面明亮可短些，画面昏暗可长些；若动态画面可短些，静态画面可长些。通常，若非特别的需要，一个镜头长度为 5～8 秒较合适。

7．影调色彩统一协调

影调是指画面基调，包括画面的明暗层次、虚实对比、色彩色相等。影调用颜色深浅来表现的，表示画面上占主要优势的基本格调。视频画面组接时，相邻画面的影调色彩须保持一致，如明亮画面组接明亮画面等。

8．编排节奏符合主题情节

节奏是指组接镜头画面形成的述事速度的快慢变化。影视作品的节奏除了通过演员表演、镜头运动、音乐、场景、时间、空间变化等因素体现外，还可运用镜头组接来表现，通过控制镜头的数量与时长形成一种节奏。如用快节奏的镜头转换表现惊险激烈的情节；用慢节奏的镜头转换表现宁静祥和的情节。

4.1.4 镜头组接方法

镜头组接方法是指镜头编排连接方法。镜头的组接方法多种多样，没有具体的规定和限制，可根据主题、情节、内容来创新。常见的镜头组接方法主要有以下几种。

（1）连接组接：用相连的两个或两个以上的系列镜头表现同一主体的动作。

（2）队列组接：指不同主体的相连镜头组接。由于主体的变化，下一镜头主体的出现，使观众联想到上下画面的关系，以揭示一种新含义。

（3）黑白格组接：指组接镜头时，将闪亮画面部分用白色画格代替或将暗色画面部分用黑色画格代替。如车辆相接瞬间的画面后组接若干黑色画格。

（4）两级镜头组接：指镜头的景别隔级跳切组接。如特写镜头直接跳切到全景镜头或从全景镜头直接切换到特写镜头。

（5）闪回镜头组接：指顺序播放的镜头中插入前面的镜头组接。如插入人物的往事镜头，可用于揭示人物的内心世界。

（6）同镜头分析：指将一个镜头分别在多个位置使用的组接。

（7）插入镜头组接：指在一个镜头中间插入表现另一个主体的镜头组接。如一个人正在马路行走的画面插入一个主观镜头，表现该人物看到的景物。

（8）动作组接：指借助于人物、动物、交通工具等动作进行镜头组接。

（9）特写镜头组接：指通过特写镜头切换不同场景的组接。即前一个镜头以特写画面结束，后一个镜头以特写画面开始，逐渐扩大视野，展示另一场景。

（10）景物镜头的组接：指通过画面景物镜头切换不同场景的组接。如前一镜头体育馆中飞向空中的篮球，落下时进入乡村篮球场。

（11）声音转场：指利用声音转场的组接。如前一镜头中出现后一镜头中的声音，从而引导切换到后一镜头。

（12）多屏画面转场：指将视频画面分隔为多个小视窗，以此进行视频画面组接。如打电话场景，打电话时两边的人同时出现在画面中，打完电话，打电话人的画面退出，接电话人的画面切入。

4.2　常用的非线性视频编辑软件

4.2.1　Adobe Premiere

Adobe Premiere 是 Adobe 公司 1993 年推出的基于非线性编辑设备的视音频编辑软件，Premiere 最早版本为 Premiere for Windows，到 2014 年已发展到 Premiere Pro CC。Premiere 凭借其强大的功能以及相对低廉的价格，已成为 PC 和 Macintosh 平台上的主流视频非线性编辑软件。Premiere 提供采集、剪辑、调色、美化音频、字幕添加、输出、DVD 刻录的一整套流程。可对视频、声音、动画、图片、文本进行编辑加工；另外加入关键帧的概念，可在轨道中添加、移动、删除和编辑关键帧。Premiere 同时可以与其他 Adobe 软件如 Affter Effects 紧密集成，组成完整的视频设计解决方案。Premiere 现被广泛的应用于电视台、广告制作、电影剪辑等领域。

4.2.2　Edius

Edius 是日本 Canopus 公司 1998 年推出的优秀非线性编辑软件，到 2014 年已发展到 Edius V8。Edius 拥有完善的基于文件工作流程，提供实时、多轨道、多格式混编、合成、色键、字幕和时间线输出功能。除了标准的 Edius 系列格式，还支持 Infinity™ JPEG 2000、DVCPRO、P2、VariCam、Ikegami GigaFlash、MXF、XDCAM 和 XDCAM EX 视频素材；同时支持所有 DV、HDV 摄像机和录像机。Edius 可实时地在不同 HD 和 SD 清晰度、长宽比和帧速率间执行转换；原码编辑支持包括 DV、HDV、AVCHD、无压缩等。

4.2.3　Corel Video Studio Pro

会声会影是台湾友立资讯股份有限公司于 1993 年 9 月推出的一款非线性视频编辑软件

（Ulead Video Studio），2005 年 4 月被美商英特维公司收购，2006 年 8 月被加拿大 Corel 公司以现金 1.96 亿美金收购，软件更名为 Corel Video Studio。会声会影具有图像获取和编辑功能，可获取与转换 MV、DV、V8、TV 和实时视频等，提供超过 100 种的编制功能与效果；可输出多种视频格式及制作 DVD 和 VCD。支持各类编码包括音频和视频编码。支持杜比 AC-3 音频，使视频作品配乐更精准立体。拥有 128 组影片转场、37 组视频滤镜、76 种标题动画等丰富效果，让视频作品更加精彩。会声会影是一款简单好用的非线性视频剪辑软件。

4.3 使用会声会影 X7 编辑视频

4.3.1 会声会影 X7 概述

会声会影 X7（Corel VideoStudio Pro X7）是 Corel 公司于 2014 年推出的一款 32 bit/64 bit 的非线性编辑软件，可通过捕获、编辑、分享视频 3 步完成视频编辑输出，具有 4K 和多轨道渲染功能。

会声会影 X7 的文件包括视频项目文件与视频文件。其中视频项目文件记录视频编辑信息，包括素材位置、剪切、"素材库"、项目参数、输出视频格式等信息，文件格式为.vsp。视频文件记录视频画面信息，文件格式为通用视频文件格式如.mp4 等。

1. 系统安装要求

安装会声会影 X7 的系统要求：Intel Core2 Duo 2.4 GHz 或更快的处理器；Windows 7（32 bit/64 bit）、Windows 8.1（32 bit/64 bit）、Windows 10（32 bit/64 bit）操作系统；2 GB RAM 或更高；512 MB 的 VRAM 或更高；显示器分辨率不低于 1 024×768；声卡；DVD-R/RW 或 BD 刻录机；SATA 接口硬盘。

2. 会声会影 X7 的操作界面

会声会影 X7 的操作界面主要包括步骤面板、菜单栏、项目时间轴面板、播放器面板、素材库面板。其中，步骤面板包含捕获、编辑和输出按钮，分别对应视频编辑过程中的 3 个步骤；菜单栏包含文件、编辑、工具、设置和帮助菜单；播放器面板包含预览窗口和导览面板；素材库面板包含媒体库、媒体滤镜等选项面板；项目时间轴面板包含工具栏和项目时间轴，如图 4-3-1 所示。

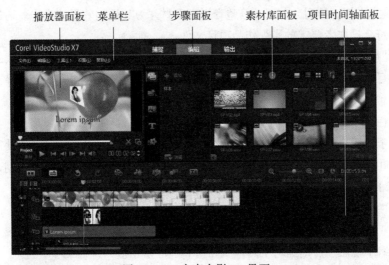

图 4-3-1 会声会影 X7 界面

面板操作主要有移动面板与停靠面板两种。双击各面板左上角，激活面板，可最小化、最大化、调整面板大小；对于双显示屏设置，可将面板拖动到第 2 个显示屏区域。单击面板左上角并按住活动面板，界面出现"停靠指南（ ⬆ 、⬇ 、⏩ 、⏭ ）"箭头，拖动到某"停靠指南"箭头处，松开鼠标左键，面板将停靠到相应位置，如图 4-3-2 所示。

图 4-3-2　停靠面板操作

（1）步骤面板

会声会影 X7 将视频制作过程简化为捕捉、编辑、输出 3 个步骤。单击步骤面板中相应的按钮，可在 3 个步骤之间切换。

"捕捉"是指从摄像机、摄像头、光盘、屏幕等外围设备中获取视频素材，并存储于计算机存储器的操作。通过捕捉可将视频素材存储于计算机的存储器以备使用。从外围设备需要先安装外部设备的驱动程序。

"编辑"是指添加、排列、剪切、修整音视频素材并为其添加效果的操作。通过编辑可将视频素材制作为符合操作者要求的影视作品项目文件。

"输出"是指将编辑的影视作品项目文件，渲染输出为常用视频播放器可播放的视频格式文件。通过输出可实现多种类型视频文件的渲染、输出，如创建 DVD、mp4 文件等，也可将视频发布到网络。

（2）菜单栏

菜单栏用于放置会声会影的各项操作命令，包括"文件""编辑""工具""设置""帮助"5 个菜单。提供用于项目属性设置、项目参数选择、项目文件打开和保存、绘图创建器、DV 转 DVD 向导、电子相册制作等各种操作命令。

（3）工具栏

工具栏用于放置常用的快捷操作命令按钮。通过工具栏可便捷使用操作命令，如切换项目视图、放大和缩小视图、启动编辑工具等，如图 4-3-3 所示。

1　　2　　3　　4　　5　　6　7　8　　9　　　　　　　　10　　11　　12

1. 故事板视图。按时间顺序显示媒体缩略图。

2. 时间轴视图。在轨道中对素材执行精确到帧的编辑操作，添加和定位标题、覆叠、语音和音乐等。

3. 撤销。撤销上一次的操作。

4. 重复。重复上一次撤销的操作。

5. 录制/捕捉选项。显示"录制/捕捉选项"对话框，执行捕获视频、录制摄像头、画外音、快照等操作。

6. 混音器。启动"环绕混音"和多音轨"音频时间轴"，可自定义音频设置。

7. 自动音乐。启动"自动音乐"对话框，为项目添加各种风格和基调的 Smartsound 背景音乐。

8. 运动跟踪。标记视频片段镜头运动轨迹。

9. 字幕编辑器。用于快速在画面下方添加字幕。

10. 缩放控件。通过使用缩放滑动条调整"项目时间轴"视图。

11. 将项目调到时间轴窗口大小。项目视图调到适合于整个"时间轴"显示状态。

12. 项目区间。显示项目区间时长。

图 4-3-3　工具栏

（4）项目时间轴

项目时间轴主要用于排列视频项目中的媒体素材位置，记录媒体素材的出场时间、位置、特效编排等信息。项目时间轴有两种视图显示类型：故事板视图和时间轴视图。单击"工具栏"左侧的视图按钮，可在两种视图间切换。

故事板视图是指采用缩略图形式显示素材及其排列顺序的视图模式。其中素材包括图像、色彩、视频和转场。缩略图下方显示每个素材的区间时长，可拖动缩略图调整其排列位置；可在素材间插入转场特效；可在"预览窗口"修整所选素材，如图 4-3-4 所示。

图 4-3-4　故事板视图

时间轴视图是指采用时间轴与多种轨道形式显示素材排列顺序及其相互位置关系的视图模式。其中素材包括视频、图像、色彩、转场、字幕、音频、滤镜特效等。轨道包括视频轨、覆叠轨、标题轨、声音轨和音乐轨。可拖动轨道中的素材调整其排列位置；可在素材间插入转场特效；可在"预览窗口"剪辑所选素材。时间轴视图为视频项目元素提供最全面的显示，如图 4-3-5 所示。

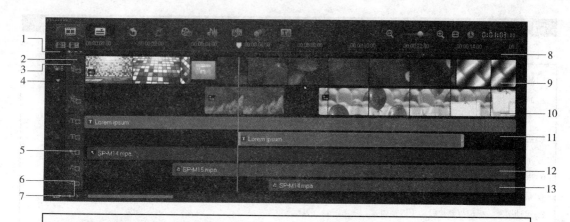

1. 显示全部可视化轨道，显示项目中的所有轨道。

2. 轨道管理器，可以管理"项目时间轴"中可见的轨道。

3. 添加/删除章结点，在视频中设置章节提示点。

4. 启用/禁用连续编辑，当插入素材时锁定或解除锁定任何移动的轨道。

5. 轨道按钮，禁用或启用当前轨道。

6. 自动滚动时间轴，预览的素材超出当前视图时，启用或禁用"项目时间轴"的滚动。

7. 滚动控制，可以通过使用左和右按钮或拖动"滚动栏"在项目中移动。

8. 时间轴标尺，通过以"时：分：秒：帧"的形式显示项目的时间码增量。

9. 视频轨，放置视频、图像、色彩、转场、滤镜等。

10. 覆叠轨，放置覆叠素材，包括视频、图像、色彩、转场、滤镜、音频、字幕等。

11. 标题轨，放置标题、字幕素材。

12. 声音轨，放置现场录音、音乐素材。

13. 音乐轨，放置音频文件如音乐等素材。

图 4-3-5　时间轴视图

时间轴视图通过轨道管理器管理轨道。轨道管理器可添加或隐藏轨道，具体操作方法是：选择"设置"→"轨道管理器"命令，弹出"轨道管理器"对话框；选择添加的轨道数，单击"确定"按钮。其中包含视频轨 1 个，覆叠轨 20 个，标题轨 2 个，音频轨 4 个（声音轨 1 个、音乐轨 3 个）。视频轨与覆叠轨用于放置视频、图像、色彩、滤镜、转场等；标题轨用于放置标题字幕；音频轨用于放置音频素材，如图 4-3-6 所示。

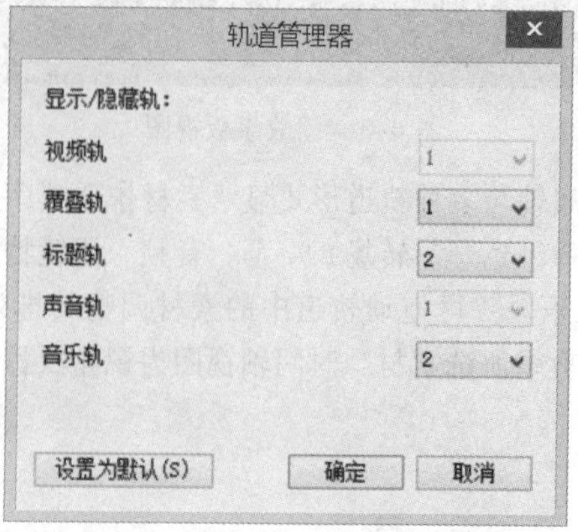

图 4-3-6　"轨道管理器"对话框

（5）素材库

素材库用于存储视频编辑所用的视频、音频、图像、转场、标题字幕、滤镜、色彩等素材，如图 4-3-7 所示。

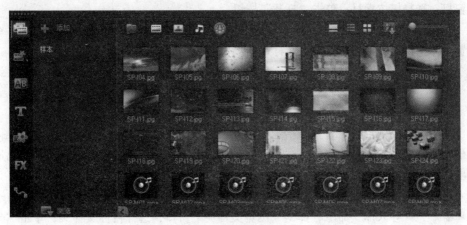

图 4-3-7　素材库

素材库中常用操作如下。

① 素材类型。素材库中包含视频、音频、图像、标题、色彩、滤镜等多种类型的媒体素材，且分类存放，选择媒体素材前，须先选择素材类型。通过单击素材库面板按钮，可选择类型素材，具体按钮功能如表 4-3-1 所示。

表 4-3-1　素材库面板操作按钮

按钮图标	名称	包含素材类型及功能
	媒体	存储视频、音频、图像素材
	实例项目	存储精彩视频片段模板。可替换其中的视频、图像等素材，效果不变
AB	转场	存储包括 3D、相册、取代、时钟、果皮等 128 组转场特效
T	标题	存储多达 76 种标题动画
	图形	存储色彩、对象、边框、Flash 动画等多种矢量素材
FX	滤镜	存储相机镜头、三维纹理映射、标题特效等 37 组视频滤镜
	路径	存储素材运动的多种路径

② 选择素材与查看属性。为选择一个素材，则单击素材库列表中的素材；若选择连续的多个素材，则用 Shift+左键依次单击素材库列表中的"素材"；若选择不连续的多个素材，则用 Ctrl+左键依次单击素材库列表中的素材。若查看素材属性，右击素材库素材，弹出快捷菜单，选择"属性"命令；弹出"属性"对话框，即可查看该素材的属性。

③ 调用素材库素材。调用素材库素材是指将素材库中的素材放入项目时间轴。具体方法是：选择素材库；选择素材；按鼠标左键将素材拖放到项目时间轴。

④ 素材库添加文件夹。素材库可添加新的文件夹，以便存放新的素材。添加文件夹具体操作方法是：单击素材库面板左上方的"添加"按钮，添加新文件夹并输入文件夹名。

⑤ 素材库添加素材。素材库添加素材是指将素材库外的素材添加到素材库列表。具体操作方法有 3 种。

a. 利用"导入媒体文件（■）"按钮。单击"导入媒体文件（■）" 按钮，弹出"浏览媒体文件"窗口；选择媒体素材；单击"打开"按钮。

b. 利用快捷菜单。在素材库面板中右击，弹出快捷菜单；选择"插入媒体文件"命令；弹出"浏览媒体文件"窗口，选择媒体素材；单击"打开"按钮。

c. 利用资源管理器。打开 Windows 资源管理器，选择媒体素材；将媒体素材拖放到"素材库"。

⑥ 素材库管理。素材库管理是指素材库素材及库信息的导出、导入和重置操作。

导出是将素材库中的素材备份到指定文件夹。即为防止信息丢失，将当前素材库媒体文件信息备份到指定文件夹。具体操作方法是：选择"设置"→"素材库管理器"→"导出库"命令；弹出"浏览文件夹"窗口，选择目标文件夹；单击"确定"按钮。

导入是将指定文件夹中的备份素材导入到素材库。具体操作方法是：选择"设置"→"素材库管理器"→"导入库"命令；弹出"浏览文件夹"窗口，选择目标文件夹；单击"确定"按钮。

重置是指将素材库恢复到默认状态。具体操作方法是：选择"设置"→"素材库管理器"→"重置库"命令；弹出"重置库"对话框，单击"确定"按钮。

⑦ 删除素材库素材。删除素材库素材是指将素材从素材库列表中删除。具体操作方法是：选择素材库素材；按 Delete 键，或右击，弹出快捷菜单，选择"删除"命令。

⑧ 标题保存到素材库。标题保存到素材库是指将轨道中编辑的标题或字幕添加到素材库列表。这样方便重复使用同一样式的标题或字幕。具体操作方法是：选择轨道中的标题或字幕，按鼠标左键将其拖放到素材库。

⑨ 更改媒体素材视图。素材库素材的排列显示，可采用缩略图视图、（缩略图）无标题视图，也可采用列表视图。其中列表视图可显示素材的文件名、类型、创建日期等信息，方便操作者查看。更改媒体素材视图的具体操作方法是：单击素材库左上方的按钮，单击"列表视图（■）"按钮，将以列表形式显示媒体素材；单击"缩略图视图（■）"按钮，将以缩略图形式显示媒体素材；单击"无标题视图（■）"按钮，将隐藏素材缩略图标题。

⑩ 显示或隐藏指定类型素材。显示或隐藏指定类型素材是指视频、音频、图片"媒体"素材类型中，确定显示或隐藏哪种类型的素材。具体操作方法是：选择"媒体"素材类型；单击素材库左上方的媒体类型（■■■■）按钮。其中"视频（■）"按钮显示/隐藏视频，"图片（■）"按钮显示/隐藏照片，"音频（■）"按钮显示/隐藏音频文件。

⑪ 调整缩略图视图大小。调整素材库缩略图大小，目的是方便操作者查看素材库媒体素材。具体操作方法是：左右移动素材库左上方的滑动条（●———）来减小或增大缩略图。

⑫ 素材库素材排序。素材库素材排序是指素材库列表素材按名称、日期或类型排序。具体操作方法是：单击素材库上方的"排序（■）"按钮；弹出"排序"菜单，选择"按名称排序""按类型排序"或"按日期排序"命令。

4.3.2　新建、保存与打开项目

会声会影 X7 视频编辑中主要用到两种类型的文件：项目文件与视频文件。项目文件是指用于记录视频文件编辑状态和管理素材库信息的文件。该类文件只能被会声会影 X7 编辑软件打开，其文件类型通常为.vsp。视频文件是指存储视频数据信息的文件。视频文件是项目文件渲染输出的结果（视频作品），该类文件可用视频播放器打开，其文件类型通常为.mp4或.mpg 等。

1. 新建项目

新建项目将在会声会影 X7 新创建一个视频编辑环境，清除前面项目的所有信息，包括项目参数、项目属性、轨道中的各类素材等。新建项目的具体操作方法是：选择"文件"→"新建项目"命令或按 Ctrl+N 组合键。

2. 设置项目属性与参数选择

（1）设置项目属性

项目属性用于设置项目的外观和视频预览输出质量等。新建项目后，需要设置项目属性，确定视频编辑的基本环境和对视频文件的质量要求，然后再进行视频编辑。设置项目属性的具体操作方法是：选择"设置"→"项目属性"命令；弹出"项目属性"对话框，选择项目参数；单击"确定"按钮，如图 4-3-8 所示。若进一步细化设置，在"项目属性"对话框中单击"新建"或"编辑"按钮，进入属性设置窗口；其中"编辑"包含"常规"或"压缩"选项卡，选择"压缩"选项卡，将"压缩"→"质量"选项的参数，由 70%调整为 100%；单击"确定"按钮，如图 4-3-9 所示。

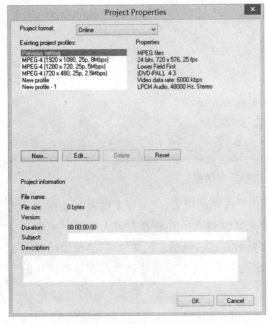

图 4-3-8　"项目属性"对话框

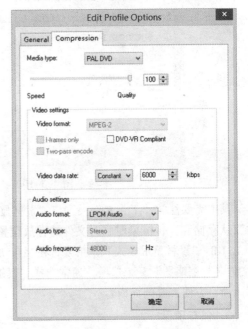

图 4-3-9　"压缩"选项卡

（2）设置参数选择

参数选择用于自定义工作环境，包括设置预览窗口背景色、撤销级数、素材显示模式、默认转场效果、界面布局、指定工作文件夹等。正确的参数选择，可充分发挥计算机系统的优势，降低操作者的工作强度。参数选择的具体操作方法是：选择"设置"→"参数选择"命令或按 F6 键；弹出"参数选择"对话框，选择"常规"选项卡；进行相应设置后单击"确定"按钮，如图 4-3-10 所示。

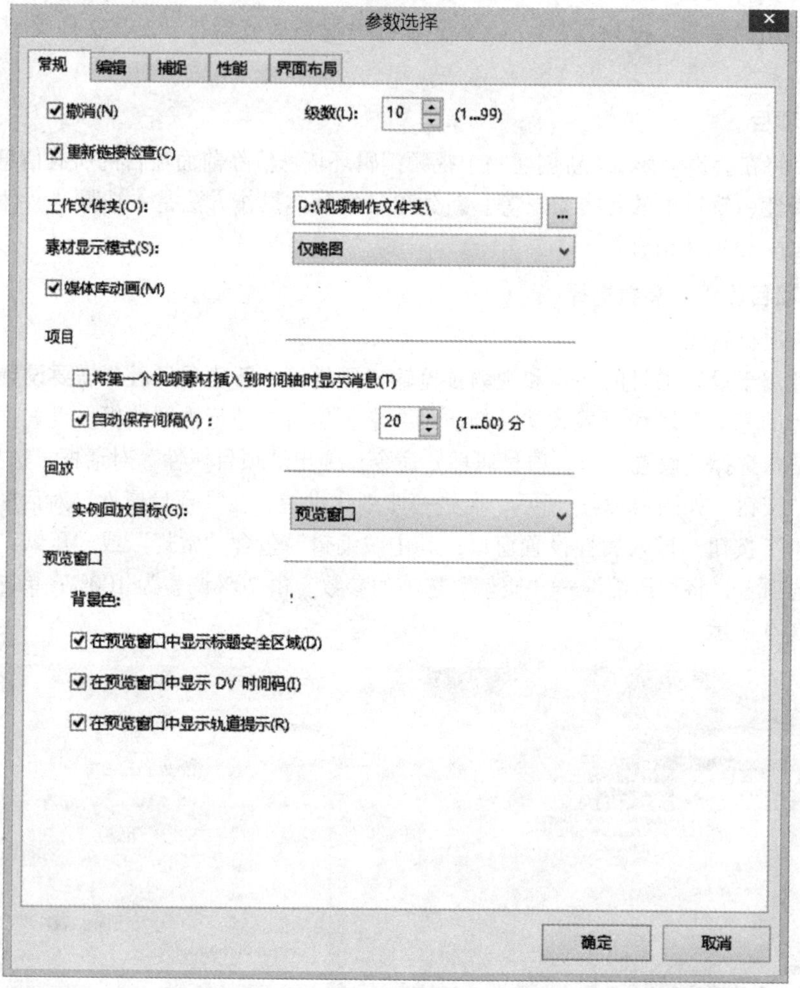

图 4-3-10 "参数选择"对话框

其中需要注意"工作文件夹"与"素材显示模式"选项的设置。"工作文件夹"是指项目文件默认存储和文件渲染时临时文件的存放位置，要求该文件夹所在磁盘有较大空间，一般不少于 15 GB。"素材显示模式"是指素材在视频轨道的显示方式，包括"仅文件名""仅缩略图"和"文件名与缩略图" 3 个选项，通常选择"仅缩略图"选项，可在视频轨道显示视频及图片的全部画面，方便查看画面内容。

3. 保存项目

保存项目将以项目文件的形式保存当前项目的所有信息，包括项目参数、项目属性、素材库信息、轨道中的各类素材等。具体操作方法是：选择"文件"→"另存为"命令；弹出"另存为"窗口，选择保存文件夹、保存类型，输入文件名；单击"保存"按钮。项目文件将以*.vsp文件格式保存。

自动保存用于设置项目文件自动存盘的时间间隔。具体设置方法是：选择"设置"→"参数选择"命令；弹出"参数选择"对话框，切换到"常规"选项卡；勾选"自动保存间隔"复选框，并指定保存时间间隔。默认情况下，每 20 分钟自动保存一次。

4．打开项目

打开项目用于打开已存盘的项目文件。需要注意的是，项目文件具有兼容性检测，若不兼容则不能打开，通常低版本软件不能打开高版本软件保存的项目文件。打开项目的具体操作方法是：选择"文件"→"打开项目"命令或按 Ctrl+O 组合键；弹出"打开"对话框，选择项目文件；单击"打开"按钮。

5．使用实例项目

实例项目是指具有完整编排方案、素材可替换的视频片段模板。借助实例项目可快速制作出特定效果的视频片段，实例项目可由系统提供，也可自主创建。应用实例项目的具体操作方法是：单击素材库面板中的"实例项目（ ▧ ）"按钮，切换到该选项面板；选择模板，并将其拖放到轨道；选择轨道中的素材，右击，弹出快捷菜单，选择"替换素材"→"视频"或"照片"命令；弹出"替换"对话框，选择视频或图像素材（其中图像与视频可相互替换）；单击"打开"按钮，如图 4-3-11 所示。

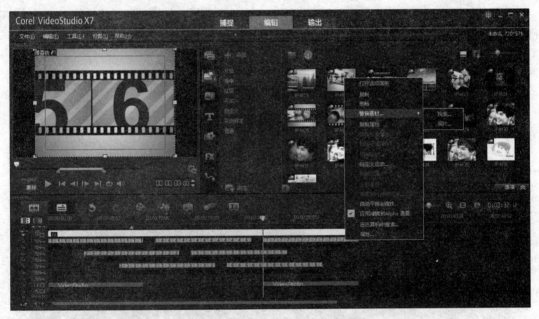

图 4-3-11 "实例项目"选项面板

【实例】通过网络搜索"美好记忆.mpg"与两张 jpg 格式的风景图，并在会声会影 X7 中完成下列操作：①将"实例项目"→"完成"→"IP C15"模板拖放到项目时间轴轨道。②用"美好记忆.mpg"替换模板中的素材 1。③用两张 jpg 格式的风景图分别替换素材 2、素材 3。④文件以"lx4301.vsp"为名保存到"文档"文件夹。⑤渲染输出项目文件，输出文件格式为.mp4。

具体操作步骤如下。

步骤 1：通过网络搜索"美好记忆.mpg"与两张 jpg 格式的风景图，下载保存到"下载"文件夹。

步骤 2：启动会声会影 X7，设置项目属性与参数。选择"设置"→"项目属性"命令；弹出"项目属性"对话框，单击"编辑"按钮；弹出"编辑属性"对话框；选择"压缩"选项卡；"质量"选项参数由 70% 调整为 100%；单击"确定"按钮。选择"设置"→"参数选择"命令，弹出"参数选择"对话框;"素材显示模式"选项中选择"仅缩略图";"工作文件夹"选项中选择"文档"文件夹;单击"确定"按钮。

步骤 3:添加"实例项目"模板到轨道。单击素材库面板中的"实例项目(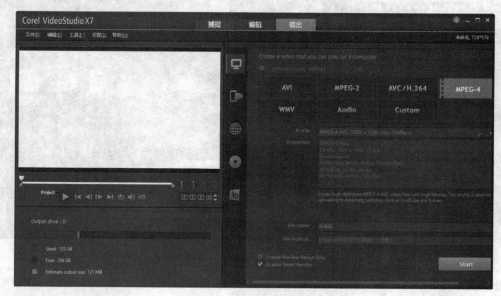)"按钮,切换到该选项面板;选择"完成"→"IP C15"模板,并将其拖放到轨道。

步骤 4:用"美好记忆.mpg"替换素材 1。选择轨道中的素材 1,右击,弹出快捷菜单;选择"替换素材"→"视频"命令;弹出"替换"对话框,选择"下载"文件中的视频文件"美好记忆.mpg";单击"打开"按钮。

步骤 5:用风景图替换素材 2、素材 3。选择轨道中的素材 2;右击,弹出快捷菜单;选择"替换素材"→"照片"命令;弹出"替换"对话框,选择"下载"文件中的风景图之一;单击"打开"按钮。同样的方法替换素材 3 为第 2 张风景图。

步骤 6:保存文件。选择"文件"→"另存为"命令,弹出"另存为"对话框,"位置"选项中选择"文档"文件夹,"文件名"文本框中输入"lx4301","格式"采用默认值;单击"确定"按钮。

步骤 7:输出视频文件。单击步骤菜单中的"输出"按钮,切换到"输出"选项卡,"视频格式"选择"MPEG-4","文件名"文本框中输入"lx4301";单击"开始(start)"按钮,进行渲染输出,如图 4-3-12 所示。

图 4-3-12　输出视频文件

对于编辑较好的视频方案,可保存为"实例项目"进行共享。创建"实例项目"模板的具体操作方法是:打开视频项目;选择"文件"→"导出为模板"命令,弹出提示保存项目的对话框,单击"是"按钮;弹出"另存为"对话框,输入文件名、主题和描述;选择保存文件夹;单击"保存"按钮。

4.3.3　编辑视频、图像和色彩素材

1. 项目时间轴素材添加

将素材添加到项目时间轴是指将素材库或计算机存储器中的视频、图像、音频等素材添加

到轨道。各种素材的添加方法基本相同，可归纳为素材库素材、存储器素材添加两种情况。

（1）素材库素材

素材库素材添加到项目时间轴，可采用两种方法：①鼠标拖动。将素材从素材库中拖放到轨道。②快捷菜单。右击素材库素材，弹出快捷菜单，选择"插入到"命令；弹出子菜单，选择插入轨道。

素材库素材包括："媒体"库中的视频、音频、图像素材；"实例项目"库中的实例项目素材；"标题"库中的标题字幕模板素材；"转场"库中的转场特效；"图形"库中的色彩、对象、边框和 Flash 动画等素材；"滤镜"库中的滤镜特效；"路径"库中的各种路径。

（2）存储器素材

将存放于计算机存储器的素材添加到项目时间轴，可先将素材导入素材库再添加到轨道，也可采用两种方法：①鼠标拖动。从"文件浏览器"将素材文件拖放到轨道。②快捷菜单。右击时间轴轨道，弹出快捷菜单，选择"插入视频"或"插入照片"或"插入音频"或"插入字幕"等命令；弹出"打开"对话框，选择文件；单击"打开"按钮，如图 4-3-13 所示。

图 4-3-13　从时间轴轨道插入素材

通过捕捉的视频素材，将插入到视频轨。视频素材可插入的轨道类型有视频轨、覆叠轨。若将视频素材拖放到音频轨，则只保留音频部分。音频素材可插入的轨道类型有音频轨、声音轨。图像、色彩素材可插入的轨道类型有视频轨、覆叠轨。标题字幕可插入的轨道类型有视频轨、覆叠轨、标题轨。

2．素材选项设置

素材选项用于显示轨道中的素材参数、修饰素材显示效果。选择轨道中的素材，则在素材库面板处显示素材选项面板。选项面板包括"属性"与"视频"（或"照片""色彩"）两个选项卡。若选择图像素材则显示"属性"与"照片"选项卡；若选择色彩素材则显示"属性"与"色彩"选项卡；若选择视频素材则显示"属性"与"视频"选项卡，如图 4-3-14 所示。

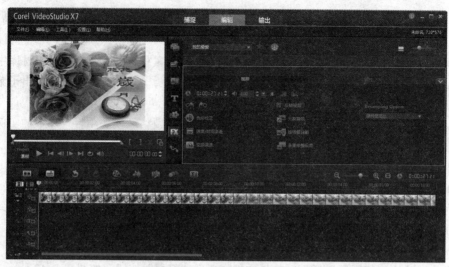

图 4-3-14　素材"选项"面板

（1）"视频"选项卡

选择轨道中的视频素材，选项面板中出现"视频"选项卡，其中包含如下内容。

视频区间：以"时：分：秒：帧"形式显示素材时间长度区间。

素材音量：可调整的音量。

静音：禁止视频伴音声响，但不删除。

淡入/淡出：逐渐增大/减小视频伴音音量，实现平滑转场。选择"设置"→"参数选择"→"编辑"命令，设置淡入/淡出区间（时间长度）。

旋转：旋转视频素材画面，每次旋转 90° 角。

色彩校正：调整视频素材的色调、饱和度、亮度、对比度、Gamma（伽马）或白平衡值，如图 4-3-15 所示。

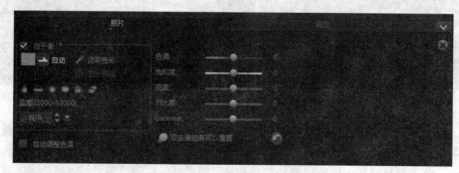

图 4-3-15　"色彩校正"设置

速度/时间流逝：调整素材的回放速度和应用"时间流逝"和"频闪"效果。

反转视频：从后向前播放视频。

抓拍快照：将当前帧保存为新图像文件，并放入照片素材库。

分割音频：分离视频文件伴音为独立的音频文件，并放置到声音轨。

按场景分割：根据拍摄日期和时间，或视频内容变化（画面变化、镜头转换、亮度变化等），对捕捉的视频文件进行分割。

多重修整视频：从视频文件中选择并截取视频片段。

（2）"照片"选项卡

通过"照片"选项卡可对图片进行各种特效设置与优化。选择轨道中的图像素材，"选项"面板中出现"照片"选项卡，其中包含如下内容。

照片区间：设置图像素材的时间长度区间。

旋转：旋转图像素材，每次旋转 90° 角。

色彩校正：调整图像的色调、饱和度、亮度、对比度和（伽马）或白平衡值。

调整图片大小：设置重新采样时是否修改照片宽高比。

摇动和缩放：图像应用"摇动和缩放"滤镜效果。

预设值：提供各种"摇动和缩放"预设值，在下拉列表中选择一个预设值。

自定义：自定义图像"摇动和缩放"滤镜效果。

（3）"色彩"选项卡

通过"色彩"选项卡可对色彩素材进行特效设置与优化。选择轨道中的色彩素材，选项面板弹出"色彩"选项卡，其中包含如下内容。

色彩区间：设置所选色彩素材的时间长度区间。

色彩选取器：单击"色彩选取器"按钮修改颜色。

（4）视频、图像、色彩的属性选项

选择轨道中的视频、图像或色彩素材，在选项面板中出现"属性"选项卡。可对视频、图像或色彩的显示效果进行特效设置与优化，如图 4-3-16 所示，其中主要包含如下内容。

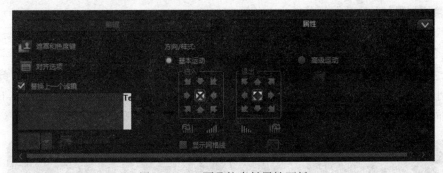

图 4-3-16 覆叠轨素材属性面板

遮罩和色度键：覆叠轨选项，可设置素材的遮罩、色度键和透明度特效等。

对齐选项：对齐预览窗口中对象的位置。单击"对齐选项"按钮，弹出选项菜单，选择某命令，如图 4-3-17 所示。

图 4-3-17 "对齐选项"菜单

替换上一个滤镜：新滤镜拖放到素材时，允许替换上一个应用于该素材的滤镜。不选此选项，可向素材添加多个滤镜。

已用滤镜：列出已应用于素材的滤镜。

预设值：提供各种滤镜预设值，可在下拉列表中选择一个预设值。

自定义滤镜：自定义添加于素材的滤镜特效。

方向/样式：设置素材进入/退出的方向和样式。方向可设置为静止、顶部/底部、左/右、左上方/右上方、左下方/右下方等。样式可设置素材进入退出的方向与动画效果，如旋转和淡入/淡出等。

变形素材：修改素材的大小和比例。

显示网格线：预览窗口显示网格线。单击"网格线选项（ ）"按钮；弹出"网格线选项"对话框，设置网格大小、线条类型、线条颜色。

3. 覆叠轨素材设置

覆叠轨是指重叠在视频轨之上的视频轨。通过覆叠轨可使视频画面中出现多个可视素材同时显示的效果。与视频轨不同的是，覆叠轨中的素材具有更多的属性设置，如"遮罩和色度键""方向/样式"等；其操作与视频轨相同。

（1）添加覆叠轨与素材

会声会影默认显示一条覆叠轨，添加更多的覆叠轨则需要通过"轨道管理器"。添加"覆叠轨"的具体操作方法是：选择"设置"→"轨道管理器"命令；弹出"轨道管理器"对话框，"覆叠轨"选项选择轨道数如3（添加3个覆叠轨）；单击"确定"按钮。

覆叠轨添加素材的方法与视频轨完全相同。

（2）覆叠轨素材变形与位置调整

素材插入覆叠轨，"预览窗口"中该素材浮于视频轨画面之上。选择覆叠轨素材，素材四周出现 8 个控制结点，拖动控制结点可改变素材的大小与形状。其中，拖动素材边上的黄色结点调整其大小时保持宽高比；拖动素材角上的绿色结点时，可使覆叠素材变形，如图 4-3-18 所示。当光标指向画面素材时，光标变为十字型，按住左键可拖动素材改变其位置。

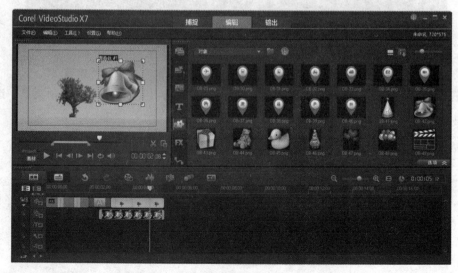

图 4-3-18　拖动控制结点使覆叠素材变形

（3）覆叠素材应用遮罩和色度键

在覆叠素材"属性"选项卡中单击"遮罩和色度键"按钮，切换到该选项面板，其中可进行遮罩、色度键、透明度、边框的设置。

① 覆叠素材应用遮罩。覆叠素材应用遮罩是指给覆叠素材应用一个形状，使素材以某种形状显示在视频画面。添加遮罩的具体操作方法是：选择覆叠轨素材；单击"选项"→"属性"→"遮罩和色度键"按钮，切换到该选项面板；勾选"应用覆叠选项"复选框；单击"类型"下拉列表，选择"遮罩帧"选项；系统显示各种遮罩样式，选择遮罩样式，如图 4-3-19 所示。

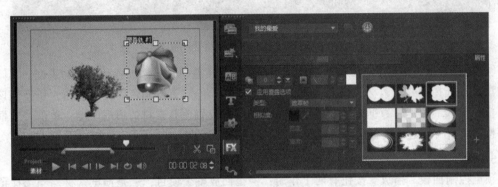

图 4-3-19 覆叠素材添加遮罩帧

可使用一般图像作为遮罩，将外部图像导入遮罩形状库的具体操作方法是：单击"添加遮罩项（＋）"按钮，弹出"浏览照片"窗口；选择图像文件，单击"打开"按钮。

② 覆叠素材应用色度键。色度键用于指定覆叠素材中的某种颜色为透明状态。使用色度键设置的具体操作方法是：选择覆叠轨素材；单击"选项"→"属性"→"遮罩和色度键"按钮，切换到该选项面板；勾选"应用覆叠选项"复选框；单击"类型"下拉列表，选择"色度键"项；"相似度"选项选择滴管工具（ ），选取"预览窗口"渲染为透明的颜色，如图 4-3-20 所示。可通过移动色彩相似度滑动条调整渲染为透明的色彩范围。

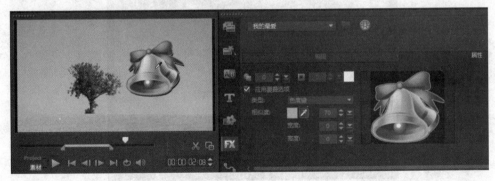

图 4-3-20 覆叠素材应用色度键

③ 覆叠素材应用透明度。覆叠素材应用透明度是指调整覆叠轨素材的整体透明度。具体操作方法是：选择覆叠轨素材；单击"选项"→"属性"→"遮罩和色度键"按钮，切换到该选项面板；输入"透明度"数据或拖动"透明度"滑动条，设置覆叠素材的阻光度，如图 4-3-21 所示。

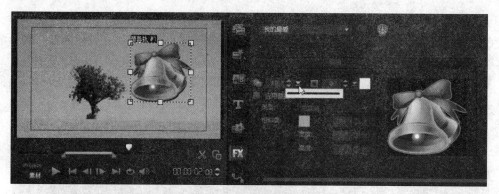

图 4-3-21　覆叠素材应用透明度

④ 覆叠素材添加边框。覆叠素材添加边框是指为覆叠轨素材添加各种色彩的边框。具体操作方法是：选择覆叠轨素材；单击"选项"→"属性"→"遮罩和色度键"按钮，切换到该选项面板；输入"边框"数据或拖动"边框"滑动条，设置覆叠素材的边框厚度；单击"边框色彩"按钮，打开该选项面板设置边框颜色。

4．视频预览

预览控制面板"播放"按钮有两个作用：一是回放整个项目，二是预览素材。当选择预览控制面板前端的"项目（project）"选项时，单击"播放"按钮为回放整个项目；当选择预览控制面板前端的"素材"选项时，单击"播放"按钮为预览素材。

视频可设置预览范围，预览范围即指定项目预览的帧范围。设置预览范围需要在"项目"预览模式下，用鼠标左键拖动位于预览窗口下方的"修正标记"，选择播放项目的区间。在"标尺面板"中预览范围标记显示为彩色栏，如图 4-3-22 所示。

图 4-3-22　预览窗口

5．素材属性复制粘贴

复制粘贴素材属性是指复制一个素材设置的滤镜、路径等特效属性，粘贴到另一个素材，使其具有同样的特效。复制粘贴素材属性，可将设置的一个素材属性，应用到项目文件的不同素材。具体操作方法是：右击源素材，弹出快捷菜单，选择"复制属性"命令；右击目标素材，弹出快捷菜单，选择"粘贴属性"命令。

6. 视频素材裁剪

裁剪是指切割分离并删除视频素材中不需要的视频片段，保留所需视频片段的操作。通过非线性编辑软件编辑视频，可对素材进行精确到帧的裁剪。会声会影裁剪视频素材的方法有以下 6 种。

（1）通过剪切工具裁剪

剪切工具位于预览面板右下角，作用是分割轨道中已选择的素材对象，使其分离中两部分。剪切工具分割素材仅限于轨道中的逻辑分割，不会实际分割存储于计算机存储器中的素材文件。通过剪切工具裁剪视频素材的具体操作方法是：选择轨道中的素材；移动播放指针到分割素材的位置；单击预览面板中的■按钮。选择不需要的素材片段，按 Delete 键，如图 4-3-23 所示。

单击预览面板"上一帧（◀▮）"按钮或"下一帧（▮▶）"按钮，可精确设置分割点。

（2）拖动修整标记裁剪

时间轴轨道上选择某个素材，将出现黄色线框标记所选素材。拖动该素材某侧黄色修整标记可裁剪其长度，如图 4-3-23 所示。

图 4-3-23　预览控制面板

即时时间码作用是标示编辑素材在轨道上的当前时间情况。即时时间码显示格式为 00:00:00.00（05 - 04），其中 00:00:00.00 表示所选素材在轨道上的当前时间码，（05 - 04）中 05 表示当前素材与前一个素材的重叠区间，04 代表当前素材与后一个素材的重叠区间。可根据即时时间码提示裁剪视频。

（3）通过"区间"裁剪

通过"区间"裁剪是指通过选项面板的区间框确定截取视频的长度。通过"区间"框截取的视频片段为视频前端部分。具体操作方法是：选择轨道中的素材；选择选项面板中的"视频"选项卡，单击时间码，输入时间长度。视频区间框中所做的更改只影响结束标记点，开始标记点保持不变，如图 4-3-24 所示。

图 4-3-24　"选项"面板的时间区间

（4）按场景分割

按场景分割是指系统根据画面场景的变化自动分割视频。会声会影可检测到视频画面的不同场景，并依据场景不同将视频文件在轨道上分割为多个视频片段。具体操作方法是：选择轨道中的素材；单击"视频"选项卡中的"按场景分割（　）"按钮，弹出"场景"对话框；选择扫描方法；单击"选项（Options）"按钮，弹出"场景扫描敏感度"对话框，拖动滑动条设置敏感度级别（值越高，场景检测越精确）；单击"扫描"按钮，扫描视频画面并列出检测到的场景；单击"确定"按钮分割视频，如图 4-3-25 所示。

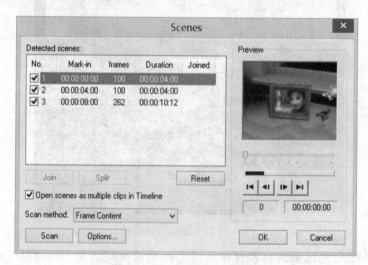

图 4-3-25　按场景分割视频

将检测到的部分场景合并到单个素材，具体操作方法是：选择多个场景，单击"连接（join）"按钮。其中加号（+）和数字表示该特定素材所合并的场景数。若单击"分割（split）"按钮，可撤销已完成的所有"连接"操作。

（5）多重修整视频

多重修整视频是指将一个视频文件在轨道上分割成多个片段的过程。使用"多重修整视频"则可控制截取素材区间，具体操作方法是：选择轨道中的素材；单击"视频"选项卡中的"多重修整视频"按钮，弹出"多重修整视频"对话框；单击"播放"按钮，查看标记视频片段，单击"开始标记（$\blacksquare$）"按钮设置起始标记；单击"结束标记（$\blacksquare$）"按钮设置结束标记；重复执行选择多段；单击"确定"按钮，如图 4-3-26 所示。

图 4-3-26　多重修整视频

通过拖动"时间轴缩放"按钮，可选择显示的帧数。标记开始和结束片段可在播放视频时按 F3 键和 F4 键来标记。单击"反转选取（$\blacksquare$）"按钮或按 Alt+I 组合键可在标记保留素材片段和标记剔除素材片段之间进行切换。"快速搜索间隔"用于设置帧之间的固定间隔，并以设置值浏览影片。

（6）"单素材修整器"修整带有"修整标记"的素材

对于素材库素材，可使用"单素材修整器"裁剪。"单素材修整器"1 次可以裁剪 1 个视频片段。具体操作方法是：双击"素材库"视频素材，弹出"单素材修整"对话框；通过移动，在素材上"修整标记"并设置开始标记与结束标记点；单击"确定"按钮。

预览修整后的素材，可按 Shift + Space 组合键或按住 Shift 键并单击播放按钮。

7．素材变形

变形素材是指将轨道中的可视化素材进行形状与大小的改变。利用会声会影"属性"选项卡中的"变形素材"功能，可调整素材大小与形状，具体操作方法是：选择"视频轨"素材并勾选"属性"选项卡中的"变形素材"复选框，或选择"覆叠轨"素材；预览窗口出现黄色控制点；拖动控制点改变素材形状与大小，如图 4-3-27 所示。

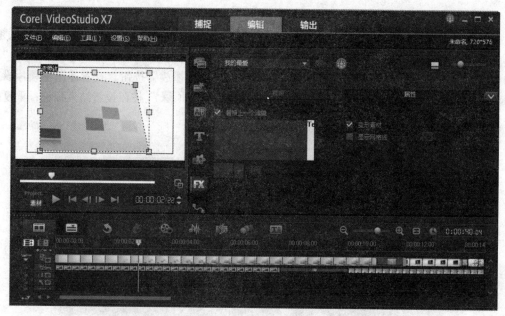

图 4-3-27　素材变形

预览窗口出现黄色拖柄，可执行以下操作：拖动角上的黄色拖柄，可按比例调整素材大小。拖动边上的黄色拖柄，可调整大小但不保持比例。拖动角上的绿色拖柄，可倾斜素材。

【实例】通过网络搜索"美好记忆.mpg"，并在会声会影 X7 中完成下列操作：①将素材库"媒体"→"视频"→"SP-V14.wmv"文件拖放到视频轨。②用"素材变形"功能调整"SP-V14.wmv"文件画面以适合屏幕。③将"美好记忆.mpg"文件插入视频轨，并排列于"SP-V14.wmv"文件后，截取其前 15 秒视频画面。④将素材库"媒体"→"视频"→"SP-V13.wmv"文件拖放到覆叠轨，前端与"美好记忆.mpg"的前端对齐。⑤给"SP-V13.wmv"添加枫叶型遮罩样式，并移动屏幕左上角。⑥文件以"lx4302.vsp"为名保存到"文档"文件夹。⑦渲染输出项目文件，输出文件格式为.mp4。

具体操作步骤如下。

步骤 1：通过网络搜索"美好记忆.mpg"，下载保存到"下载"文件夹。

步骤 2：启动会声会影 X7，设置项目属性与参数。选择"设置"→"项目属性"命令，弹出"项目属性"对话框；单击"编辑"按钮，进入属性设置窗口，选择"压缩"选项卡，将"质量"选项参数由 70%调整为 100%，单击"确定"按钮。选择"设置"→"参数选择"命令，弹出"参数选择"对话框；"素材显示模式"选择"仅缩略图"项；"工作文件夹"选择"文档"文件夹；单击"确定"按钮。

步骤 3：添加"SP-V14.wmv"文件到视频轨。单击素材库面板中的"媒体"按钮，切换到该选项面板；选择"SP-V14.wmv"文件，将其拖放到视频轨。

步骤 4：素材变形。选择轨道中的素材"SP-V14.wmv"；勾选"属性"选项卡中的"变形素材"复选框，拖动控制结点将画面扩大到整个屏幕。

步骤 5：插入"美好记忆.mpg"文件到视频轨。"SP-V14.wmv"后方右击视频轨，弹出快捷菜单；选择"插入视频"命令，弹出"打开"对话框，选择"下载"文件夹中的"美好记忆.mpg"文件；单击"打开"按钮。

步骤 6：截取前 15 秒视频画面。选择轨道中的"美好记忆.mpg"文件；在"视频"选项卡的区间框中输入"0:00:15:00"。

步骤 7：添加"SP-V13.wmv"文件到覆叠轨。单击素材库面板中的"媒体"按钮，切换到该选项面板；选择"SP-V13.wmv"文件，将其拖放到覆叠轨，前端与"美好记忆.mpg"的前端对齐。

步骤 8：给"SP-V13.wmv"添加枫叶型遮罩并移到左上角。选择覆叠轨素材；单击"属性"选项卡中的"遮罩和色度键"按钮，切换到该选项面板；勾选"应用覆叠选项"复选框；单击"类型"下拉列表，选择"遮罩帧"选项；系统显示各种遮罩样式，选择枫叶型遮罩样式。在预窗口移动"SP-V13.wmv"文件到左上角。

步骤 9：保存文件。选择"文件"→"另存为"命令，弹出"另存为"对话框，"位置"选择"文档"文件夹、"文件名"为"lx4302"、"格式"采用默认值，单击"确定"按钮。

步骤 10：输出视频文件。单击"步骤"面板中的"输出"按钮，切换到"输出"窗口，"视频格式"选择"MPEG-4"项，"文件名"为"lx4302"；单击"开始（start）"按钮，进行渲染输出。

8. 视频回放速度调整

视频的回放速度是指视频素材在项目时间轴轨道中的播放速度。会声会影中可修改轨道中视频素材的播放速度，将视频设置为慢速或快速。根据时速选择的不同，还可形成时间流逝和频闪效果。调整视频素材"速度和时间流逝"属性的具体操作方法是：选择轨道中的素材；单击"选项"→"视频"→"速度/时间流逝"按钮，弹出"速度/时间流逝"对话框；"新素材区间"文本框中输入新时间区间，或"速度"文本框中输入速度比值，或调节"快慢"滑动条上的滑块，"速度"文本框中输入的值越大，素材回放速度越快（值范围为 10%～1000%）；单击"确定"按钮，如图 4-3-28 所示。

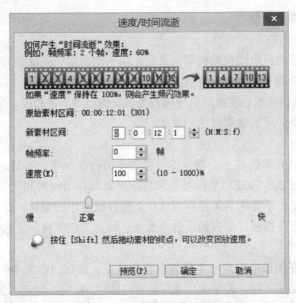

图 4-3-28　"速度/时间流逝"对话框

"速度/时间流逝"对话框中,帧频率是指定在视频回放过程中每隔一定时间要移除的帧数量。

"帧频率"文本框中输入的值越大，视频中的时间流逝效果越明显。默认值为 0 将保留视频素材所有帧。如果"帧频率"的值大于 1 且素材区间不变，则会产生频闪效果。若"帧频率"的值大于 1 且素材区间缩短，则会产生时间流逝效果。

按住 Shift 键，然后在"项目时间轴"轨道拖动素材终点标记，也可改变视频素材的回放速度。其中，黑色箭头表示正在修整或扩展素材；白色箭头表示正在更改回放速度。

9. 反转视频

反转视频是指将轨道的视频素材首尾对调，形成视频倒放效果。反转视频的具体操作方法是：选择轨道中的素材；勾选"视频"选项卡中的"反转视频"复选框。

10. 替换媒体素材

会声会影中，视频轨、覆叠轨、音频轨的媒体素材可用计算机存储器中的素材替换。替换素材时，原素材属性将应用到新素材。替换素材的区间必须等于或大于原始素材区间。

视频轨、覆叠轨替换素材的具体操作方法是：选择轨道中的素材；右击，弹出快捷菜单；若选择"替换素材"→"视频"命令，则弹出"替换/重新链接素材"窗口；选择视频素材，单击"打开"按钮。若选择"替换素材"→"照片"命令，则弹出"替换/重新链接素材"窗口；选择图像素材，单击"打开"按钮。

音频轨替换素材的具体操作方法是：选择轨道中的素材；右击，弹出快捷菜单；选择"替换素材"命令，弹出"替换/重新链接素材"窗口；选择音频素材，单击"打开"按钮。

会声会影可同时替换多个素材，按住 Shift 键并单击多个素材可选择轨道上的多个素材，右击，弹出快捷菜单；选择"替换素材"命令，弹出"替换/重新链接素材"窗口，可替换多个素材。替换多个素材时，替换数必须与轨道中所选素材数一致。

将视频素材从素材库拖动到时间轴轨道上，然后按住 Ctrl 键的同时释放鼠标左键，将自动替换原素材。

11. 素材色彩与亮度调整

（1）色彩校正

色彩校正是指调整轨道中图像或视频色彩的色调、饱和度、亮度、对比或 Gamma 等。具体操作方法是：选择轨道中的素材；单击"视频"或"照片"选项卡中的"色彩校正"按钮，切换到"色彩校正"选项面板；拖动滑块分别调整素材的色调、饱和度、亮度、对比度或 Gamma 值。双击相应的滑动条，可重置素材色彩设置。

（2）调整白平衡

白平衡是指在任何光源色差下，都保持白色物体的白色标准，并且以此白色标准还原其他色彩原色的色彩处理方法。通过白平衡可消除由冲突光源和错误的相机设置导致的色偏，恢复图像的自然色温。调整白平衡的具体操作方法是：选择轨道中的素材；单击"视频"或"照片"选项卡中的"色彩校正"按钮，切换到该选项面板；勾选"白平衡"复选框；设置白平衡参数，如图 4-3-29 所示。

白平衡平衡需要在图像中确定一个代表白色参考点。确定白色参考点的方法有自动、选取色彩、白平衡预设、温度 4 种。若单击"选取色彩（▇）"按钮（勾选"显示预览"复选框，在"选项"面板显示预览区域），用"选取色彩（▇）"工具在预览图像选择白色参考点。

勾选"自动调整色调"复选框，可调整"色调"级别：最暗、较暗、一般、较亮、最亮。

图 4-3-29 设置白平衡参数

会声会影 X7 提供了几种用于选择白色参考点的选项：

自动：自动选择与图像总体色彩相配的白色参考点。

选取色彩：用"色彩选取"工具在图像中手动选择白色参考点。

白平衡预设：通过匹配特定光条件或情景，自动选择白色参考点。包括钨光、荧光、日光、云彩、阴影、阴暗 6 种情景预设。

温度：用于指定光源的温度，以开氏温标（K）为单位。通常钨光、荧光和日光情景的温度值较低，云彩、阴影和阴暗的温度较高。

12．高级运动应用

高级运动适用于覆叠轨素材，主要作用是给覆叠轨素材添加摇动、缩放、变形、旋转、路径等动态效果。具体操作方法是：选择覆叠轨中的素材；单击"属性"选项卡中的"高级运动"单选按钮，弹出"高级运动"窗口；在"高级运动"窗口时间轴上设置关键帧，同时设置该关键帧素材（预览窗口）的摇动、缩放、变形、旋转、路径等状态，如图 4-3-30 所示。

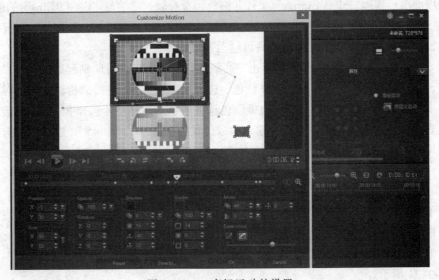

图 4-3-30 高级运动的设置

关键帧是指时间轴中可设置并存储素材属性的结点。通过"高级运动"窗口下方的各项参数，可设置覆叠素材每个关键帧结点的边框、镜像、阴影等，从而产生动态变化效果。"高级运动"窗口时间轴添加关键帧的方法是：移动播放指针到时间轴某点时改变素材状态，或双击时间轴某点。删除关键帧的方法是：选择时间轴上的关键帧，按 Delete 键。拖动关键帧可改变其在时间轴上的位置。

【实例】在会声会影 X7 中完成下列操作：①将素材库"图形"→"色彩图样"→"CP-C01.jpg"文件拖放到视频轨。②将视频轨"CP-C01.jpg"文件的时间区间设为 10 秒。③将素材库"媒体"→"视频"→"SP-V13.wmv"文件拖放到覆叠轨，前端与"CP-C01.jpg"前端对齐。④给覆叠轨的"SP-V13.wmv"添加"高级运动"：起始关键帧状态为位置（x：-60，y：45），边框颜色为红色、尺寸为 8；中间关键帧状态为位置（x：0，y：45），边框颜色为蓝色、尺寸为 8，镜像不透明度为 50；最后关键帧状态为位置（x：60，y：45），边框颜色为绿色、尺寸为 8，镜像不透明度为 0。⑤添加新覆叠轨，并将素材库"图形"→"边框"→"FR-D05.png"文件拖放到新覆叠轨；调整其时间区间为 10 秒。⑥文件以"lx4303.vsp"为名保存到"文档"文件夹。⑦渲染输出项目文件，输出文件格式为.mp4。

具体操作步骤如下。

步骤 1：启动会声会影 X7，设置项目属性与参数。选择"设置"→"项目属性"命令，弹出"项目属性"对话框；单击"编辑"按钮，弹出"编辑属性"窗口；选择"压缩"选项卡；"质量"选项参数由 70%调整为 100%；单击"确定"按钮。选择"设置"→"参数选择"命令，弹出"参数选择"对话框；"素材显示模式"选择"仅缩略图"项；"工作文件夹"选择"文档"文件夹，单击"确定"按钮。

步骤 2：添加"CP-C01.jpg"文件到视频轨。选择素材库"图形"→"色彩图样"→"CP-C01.jpg"文件，并拖放到视频轨。

步骤 3：设置时间区间设为 10 秒。选择视频轨中的"CP-C01.jpg"文件，双击打开"选项"→"照片"选项面板，在时间区间文本框中输入"0：00：10：00"。

步骤 4：添加"SP-V13.wmv"文件到覆叠轨并对齐。单击素材库面板中的"媒体"按钮，切换到该选项面板；选择"SP-V13.wmv"文件并拖放到覆叠轨，前端与"CP-C01.jpg"的前端对齐。

步骤 5：打开"高级运动"对话框。双击覆叠轨中的"SP-V13.wmv"文件，打开"属性"面板；单击"高级运动"按钮，弹出"高级运动"对话框。

步骤 6：设置"高级运动"参数。单击"高级运动"预览窗口时间轴起始关键帧，输入参数位置为（x：-60，y：45）、边框颜色选择红色、边框尺寸输入 8。将播放指针移动到时间轴中间点；输入参数位置为（x：0，y：45）、边框颜色选择蓝色、边框尺寸选择 8、镜像不透明度输入 50。将播放指针移动到时间轴结束点；输入参数位置为（x：60，y：45）、边框颜色选择绿色、边框输入尺寸为 8、镜像不透明度输入 0；单击"确定"按钮。

步骤 7：添加覆叠轨。选择"设置"→"轨道管理器"命令，弹出"轨道管理器"对话框，"覆叠轨"选择 2；单击"确定"按钮。

步骤 8：添加边框并设置时间区间。单击素材库"图形（🖼）"按钮，选择"画廊"下拉列表中"边框"选项；切换到"边框"选项面板，选择"FR-D05.png"文件并拖放到新覆叠轨；选择轨道中的"FR-D05.png"文件；在"照片"选项卡的区间框中输入"0:00:10:00"，最终效果如图 4-3-31 所示。

图 4-3-31 效果图

步骤 9：保存文件。选择"文件"→"另存为"命令，弹出"另存为"对话框，"位置"选择"文档"文件夹、"文件名"为"lx4303"、"格式"采用默认值，单击"确定"按钮。

步骤 10：输出视频文件。单击"步骤"面板中的"输出"按钮，切换到"输出"窗口，"视频格式"选择"MPEG-4"，"文件名"输入"lx4303"；单击"开始（start）"按钮，进行渲染输出。

4.3.4 转场与滤镜特效

1. 转场

转场是指素材间的过渡方式与效果。转场应用于"项目时间轴"轨道中的素材间，或某个素材的起始端与结束端，包括视频轨、覆叠轨、标题轨、音频轨等所有轨道，目的是让素材间的切换更顺畅。转场的使用与视频、音频、图像素材的使用方法一致。素材库中共包含 16 种类型的转场效果，如图 4-3-32 所示。

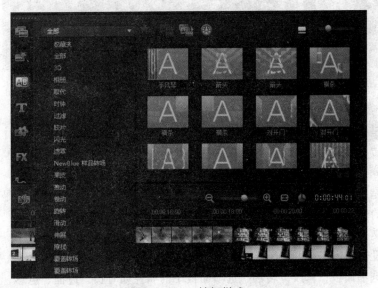

图 4-3-32 转场样式

（1）手动添加转场

手动添加转场是指将某个转场效果从"转场"样式库中拖放到轨道的素材间或某个素材两端。手动添加转场常用的方法有 3 种。①单击素材库左侧的"转场（ AB ）"按钮，切换到转场面板；在"画厩"下拉列表中选择转场类型；选择一个转场样式拖放到"项目时间轴"轨道的素材间或某个素材一端。②双击素材库的某个转场样式，该样式自动插入第 1 组空白素材间；重复双击将转场样式逐个插入到空白素材间。③拖动轨道中的素材，使素材部分重叠。

（2）自动添加转场

自动添加转场是指在素材插入轨道时在素材间自动添加转场。覆叠素材间通常自动添加默认转场。自动添加转场通过设置项目参数选择来实现，具体操作方法是：选择"设置"→"参数选择"→"编辑"命令；弹出"编辑"对话框，勾选"自动添加转场效果"复选框；选择"默认转场效果"下拉列表中的某种转场效果。

（3）对所有视频轨素材应用转场效果

① 将指定转场样式应用到视频轨素材。即将转场样式库中的某个转场样式应用到所有视频轨素材间。具体操作方法是：切换到"转场"样式库，选择某转场样式；单击素材库上方的"对视频轨应用当前效果"按钮；或右击，弹出快捷菜单，选择"对视频轨应用当前效果"命令。

② 将随机转场添加到所有视频轨素材。即将转场样式库中的某个转场样式应用到所有视频轨素材间。具体操作方法是：切换到"转场"样式库，单击素材库上方的"对视频轨应用随机效果"按钮，如图 4-3-33 所示。

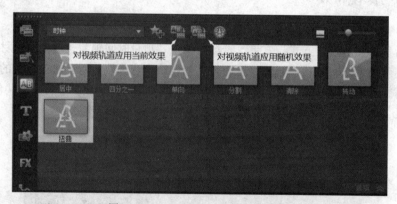

图 4-3-33　对视频轨素材应用转场

（4）删除与替换转场

删除转场是指删除添加于素材间或素材上的转场样式，素材恢复原状。具体操作方法是：选择轨道上的转场样式并按 Delete 键；或右击轨道上的转场样式，弹出快捷菜单，选择"删除"命令；或拖动分开带有转场效果的两个素材。

替换转场是指用一个转场样式替换轨道上已有的转场样式。具体操作方法是：将新转场样式拖放到轨道的转场样式。

（5）自定义预设转场

自定义预设转场用于自主设计转场样式。具体操作方法是：双击项目时间轴中的转场效果，打开"转场"选项面板；修改"转场"选项面板中的属性如时长、边框、色彩、柔化边缘、方向等，如图 4-3-34 所示。

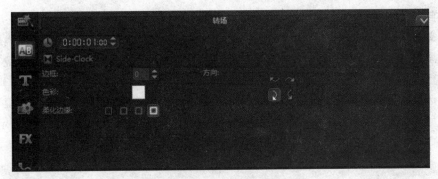

图 4-3-34　转场样式选项面板

（6）转场添加至"收藏夹"

可从不同转场类别中收集常用转场样式，保存到"收藏夹"文件夹，方便快速使用转场效果。转场样式保存到"收藏夹"的具体操作方法是：选择轨道或素材库中的转场样式；单击转场库上方的"添加至收藏夹（★）"按钮。

2. 滤镜

滤镜是指用于动态改变可视化素材（如视频、图像、标题字幕）样式或外观的特殊显示效果。滤镜可单独或组合应用到"视频轨""覆叠轨""标题轨"的各种可视化素材。

（1）应用滤镜

应用滤镜是将滤镜应用于"视频轨""覆叠轨""标题轨"的各种可视化素材。具体操作方法是：单击"素材库"左侧的"滤镜（FX）"按钮，切换到"滤镜"面板，选择滤镜样式，拖放到轨道素材，如图 4-3-35 所示。

图 4-3-35　应用滤镜

"视频轨""覆叠轨""标题轨"素材可应用多个滤镜。默认情况下，素材应用滤镜为替换模式。取消选择"替换上一个滤镜"复选项，可同时对单个素材应用多个滤镜。应用的多个滤镜，可单击"上移滤镜（▲）"或"下移滤镜（▼）"按钮改变滤镜的叠放次序。

（2）自定义滤镜

自定义滤镜是指在滤镜时间轴上自主设置滤镜动态变化的各项属性。自定义滤镜通过在滤镜时间轴添加关键帧，并设计关键帧结点素材的形态等属性来实现。关键帧可为滤镜指定不同的属性或行为。自定义滤镜的具体操作方法是：单击"素材库"左侧的"滤镜（ **FX** ）"按钮，切换到该选项面板；选择滤镜样式，拖放到轨道素材；单击"属性"→"自定义滤镜"按钮，弹出"自定义滤镜"窗口；移动播放指针到目标结点，修改滤镜属性参数；单击"确定"按钮，如图 4-3-36 所示。

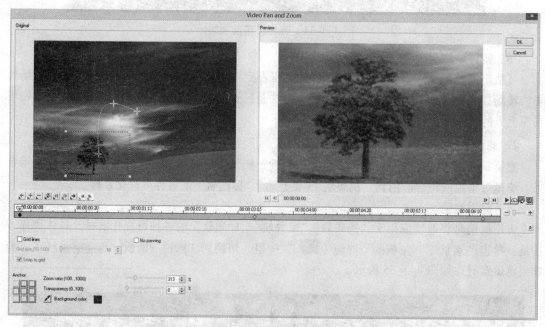

图 4-3-36　自定义滤镜窗口

添加关键帧：双击时间轴某点或单击"添加关键帧（ ➕ ）"按钮，时间轴出现红色棱形标记◆，即在时间轴为素材添加关键帧。可设置窗口下方属性参数改变滤镜状态。

删除关键帧：选择时间轴上的关键帧，按 Delete 键或单击删除"关键帧（ ➖ ）"按钮。另外，单击"翻转关键帧（ ◩ ）"按钮可翻转"时间轴"关键帧的顺序，即以最后一个关键帧为开始，以第一个关键帧为结束。单击"淡入（ ◩ ）"按钮和"淡出（ ◪ ）"按钮可设置时间轴中滤镜的淡化点。

4.3.5　编辑标题字幕

标题指视频文件中的章节标题。标题是视频内容的总体现，是标明视频作品主体内容的简短语句。标题通常位于视频内容之前，用于标明之后视频呈述的主题。字幕是指视频文件中用于画面解释与注释的文字。通常字幕与视频内容同步显示，用于注释或说明当前画面。

1．添加标题字幕

标题字幕可在标题轨、视频轨或覆叠轨中添加，为了管理方便，通常将标题字幕添加到标题轨。添加标题字幕的具体操作方法是：单击素材库面板左侧的"标题（ **T** ）"按钮，切换到该选项面板；选择预设文字样式（见图 4-3-37）。将预设文字样式拖放到"标题轨"目标位置；"预览窗口"双击预设标题,进入文字编辑状态,输入新文字;在"属性"选项卡中,设置文字的字体、大小、颜色、动画效果等;调整文字在轨道中的位置。

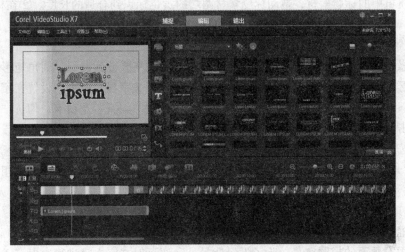

图 4-3-37 添加标题字幕

2. 设置标题字幕

影片中添加标题后,需要编辑其参数与属性,才能使标题适合影片要求。选择"标题轨"上的标题素材,然后单击"预览窗口"启用标题编辑,使用选项面板中的"编辑"和"属性"选项卡,可修改标题素材的属性。借助更多选项可设置文字的样式和对齐方式,对文字应用边框、阴影和透明度,以及添加文字背景等。

（1）设置字体、字形、字号、颜色

会声会影设置字体、字形、字号、颜色等,可通过标题"编辑"选项卡来完成。具体操作方法是:选择轨道中的标题素材,双击,切换到标题"编辑"选项卡;预览窗口中选择文字;在"编辑"选项卡中分别设置文字的字体、字形、字号、颜色等参数。或单击"标题样式预设值"按钮,弹出"标题样式预设值"对话框,单击某标题样式,将预设样式应用到标题,如图 4-3-38所示。

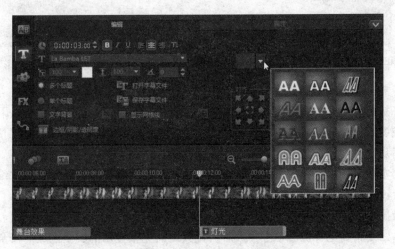

图 4-3-38 标题"编辑"选项卡

（2）设置时间区间

设置时间区间即设置标题字幕在画面中的显示时间长度。设置时间区间通常有以下两种方法：①选择轨道中的标题素材，拖动标题素材两端的黄色标识到合适的长度。②在标题"编辑"选项面板中，"时间区间"文本框输入显示时间长度。

（3）设置文字背景

文字背景即衬托文字显示的区域。会声会影中可将文字叠放到椭圆、圆角矩形、曲边矩形或矩形色彩区域，使文字不受视频画面变化的影响，保证文字显示效果。设置文字背景的具体操作方法是：选择轨道中的标题素材，双击，切换到标题"编辑"选项卡；勾选"文字背景"复选框，单击"自定义文字背景的属性（▨）"按钮，弹出"文字背景"对话框，设置参数，单击"确定"按钮，如图 4-3-39 所示。

"文字背景"对话框中，"背景类型"选项可选择"单色背景栏"或"与文字相符"项及其形状（圆型、矩形、圆角矩形等）。"色彩设置"选项可选择"单色"或"渐变色"及渐变方向。"透明度"选项可设置背景区域的透明度系数。

（4）设置文字边框、透明度、阴影

添加于视频画面的标题字幕，除了设置背景外，还可对文字本身进行边框、透明度、阴影的设置。具体操作方法是：选择轨道中的标题素材，双击，切换到标题"编辑"选项卡；单击"边框/阴影/透明度（▣）"按钮，弹出"边框/阴影/透明度"对话框，设置参数，单击"确定"按钮，如图 4-3-40 所示。

"边框/阴影/透明度"对话框包括"边框""阴影"两个选项卡。"边框"选项卡可设置文字边框的透明度、这框线色彩、边框线宽度等。"阴影"选项卡可设置文字边框的阴影类型，包括无阴影、下垂阴影、光晕阴影、突起阴影 4 种类型。

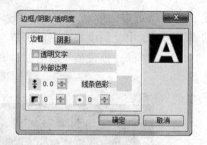

图 4-3-39　"文字背景"对话框　　　　图 4-3-40　"边框/透明度/阴影"对话框

（5）旋转文字

旋转文字是指旋转视频画面中添加的文字，包括标题与字幕。旋转文字有以下两种方法：①使用鼠标左键旋转文字。单击"预览窗口"中的标题字幕，选择文字，此时"预览窗口"中的文字四周出现选择框、黄色与紫色控制点；拖动选择框角上的紫色控制点旋转。②使用"按角度旋转"文本框旋转文字。单击"预览窗口"中的标题字幕，选择文字；在"编辑"选项卡的"按角度旋转"文本框中输入旋转角度。

（6）安全显示区

安全显示区是指在电视机屏幕上播放时，视频画面完整显示的安全区域。安全显示区表现为"预览窗口"的矩形白色轮廓框。由于电视机显示图像时，有过扫描现象，即视频画面周边的小部分图像会扫描到屏幕外。因此，将文字置于安全区域内可确保标题字幕显示到电视机屏幕。显示或隐藏安全显示区边框的具体操作方法是：选择"设置"→"参数选择"命令，弹出"参数选择"对话框；在"常规"选项卡，勾选"在预览窗口中显示标题安全区域"复选项；单击"确定"按钮。

3．字幕编辑器

字幕编辑器是会声会影专用于输入视频画面字幕的编辑工具。具体操作方法是：选择轨道中的视频；单击项目时间轴上方的"字幕编辑器（ ）"按钮，弹出"字幕编辑器"对话框；时间轴上选择添加字幕的位置，单击右侧"添加字幕（ ）"按钮；字幕列表添加一个字幕行；单击字幕行"添加新字幕"标识打开文字输入文本框，输入字幕；单击"确定"按钮，如图 4-3-41所示。可添加多个字幕行。

图 4-3-41 字幕编辑器窗口

4．应用动画与滤镜

（1）应用动画

动画是指标题"属性"为标题字幕提供在画面中出现与退出的动态效果。使用标题动画工具可使视频画面中的标题字幕产生如"淡化""移动路径"和"下降"等动画效果。动画应用到画面文字的具体操作方法是：选择轨道中的标题字幕；单击"预览窗口"中的标题字幕，选择文字；切换到"属性"选项卡；选择"动画"和"应用"项；单击"类型"按钮，弹出类型下拉列表，选择动画类别；显示该"类型"预设动画；单击某动画样式即可应用，如图 4-3-42所示。

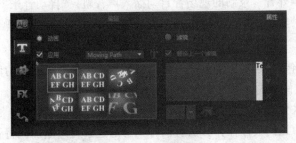

图 4-3-42 应用动画

若自定义动画，则单击"自定义动画属性（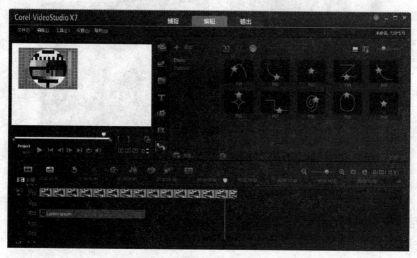）"按钮，弹出当前动画"属性"对话框；修改参数，单击"确定"按钮。

（2）应用滤镜

标题字幕与其他素材一样，可应用滤镜增强显示效果。具体操作方法是：单击素材库左侧的"滤镜"按钮，切换到"滤镜"选项面板，显示滤镜样式列表；选择某滤镜样式拖放到轨道中的标题字幕素材。

应用滤镜后的标题字幕的"属性"选项卡中，单击"自定义滤镜"按钮，弹出"自定义滤镜"对话框，自定义标题滤镜动画即可。

4.3.6　应用路径

路径是指给视频画面中添加的可视化素材指定的移动轨迹。路径可应用于视频轨、覆叠轨、标题轨中的素材，应用路径的可视化素材，将按指定的轨迹在画面中移动。应用路径的具体操作方法是：单击素材库左侧的"路径（ ）"按钮，显示路径样式列表；选择某路径样式拖放到轨道中的素材，如图4-3-43所示。

图 4-3-43　应用路径

4.3.7　编辑音频素材

会声会影中提供声音轨、音乐轨两种放置音频的轨道，其中包括1个声音轨、3个音乐轨。通常利用会声会影"画外音"录制的现场音自动插入声音轨，"自动音乐"设计的音频自动插入音乐轨，除此之外两种轨道使用时没有区别。音频的操作方法与视频的操作方法类同。

1．添加音频素材

添加音频素材即将音频素材添加到声音轨或音乐轨，成为视频画面的伴音。会声会影X7支持mp3、wav等音频文件格式，同时支持wma、avi等视频文件的伴音。

（1）添加音频文件到轨道

添加音频文件到轨道的具体操作方法有两种：①通过素材库添加。将音频文件导入素材库，从素材库拖放到目标轨道位置。②通过快捷菜单添加。将鼠标指针指向目标轨道，右击；弹出快捷菜单，选择"插入音频"→"到**轨"命令，弹出"打开音频文件"对话框；选择音频文件，单击"打开"按钮；调整素材到目标位置。

（2）导入 CD 音频

会声会影可复制 CD 音频文件并以 wav 格式保存到计算机存储器。具体操作方法是：单击"时间轴视图"→"录制/捕获选项（▨）"按钮，弹出"录制/捕获选项"窗口；单击"从音频 CD 导入"按钮，弹出"转存 CD 音频"对话框；选择 CD 轨列表中的目标音轨；单击"浏览"按钮，弹出"浏览文件夹"对话框，选择目标文件夹，单击"确定"按钮；单击"转存"按钮，开始导入音频轨，如图 4-3-44 所示。

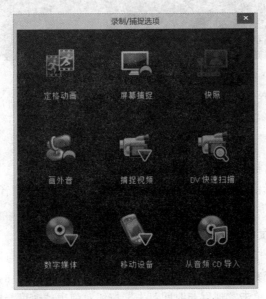

图 4-3-44　录制/捕获选项对话框

（3）录制画外音

画外音又称旁白，是指对视频画面进行解释说明的语音。录制画外音时，需选择轨道上的空白区域，且没有选择任何素材。录制画外音的具体操作方法是：播放指针移动到录制画外音轨道的目标位置；单击"时间轴视图"→"录制/捕获选项"按钮，弹出"录制/捕获选项"窗口；单击"画外音"按钮，弹出"调整音量"窗口；单击"开始"录音；按空格键或 Esc 键停止录音并返回。

可使用 Windows 混音器调整话筒的音量级别。

（4）自动音乐

自动音乐是指使用 Corel 公司提供的网络无版税音乐，并通过"自动音乐制作器"编排的音乐。"自动音乐制作器"拥有多种 SmartSound 背景音乐，允许调整参数改变歌曲基调，或采用不同节拍与乐器。

使用自动音乐的具体操作方法是：选择轨道目标位置；单击"项目时间轴"→"自动音乐（▨）"按钮，素材库面板切换到该选项面板；"范围"选项选择搜索音乐文件范围、"滤镜"选项选择导入的音乐库、"子滤镜"选项选择音乐、"音乐"选项选择音乐的滤镜效果；单击"播放所选的音乐"按钮回放音乐；单击"添加到时间轴"按钮，添加创建的音乐到音乐轨，如图 4-3-45 所示。

图 4-3-45　自动音乐界面

单击自动音乐选项面板中的"自动音乐（⬛）"按钮，弹出"自动音乐"对话框，可下载音乐库。

2．裁剪音频素材

裁剪轨道中的音频素材方法与视频素材相同。具体操作方法是：选择轨道中的音频素材；播放指针移动到轨道目标位置；单击预览面板中的"✂"按钮，分割音频素材；选择不需要的部分，按 Delete 键删除。

3．改变音频播放速度

改变音频播放速度是指加快或放慢轨道中音频文件的播放速度。与视频相同，音频通过"速度与时间流失"功能改变其播放速度。具体操作方法是：选择轨道中的音频素材；双击，切换到音乐和声音选项面板；单击"速度与时间流失"按钮，弹出"速度与时间流失"对话框；"速度"选项中输入数值或拖动滑动条，改变音频素材的速度；单击"确定"按钮。

另外，按 Shift 键的同时拖动轨道中音频素材两端的黄色标记，可改变音频素材的播放速度。

4．设置音频的淡入/淡出

音频的淡入/淡出即轨道中的音频音量以逐渐开始和逐渐结束方式播放。为音频素材应用淡化效果的具体操作方法是：选择轨道中的音频素材；双击，切换到音乐和声音选项面板，单击"淡入（🔊）"按钮和"淡出（🔊）"按钮。

设置音频淡入/淡出时间：选择"设置"→"参数选择"→"编辑"命令，弹出"编辑"选项卡；在"音频的淡入/淡出区间"选项中输入时间区间参数，单击"确定"按钮。

5．音量控制

音量控制可用于控制轨道中视频或音频素材的音量，常用方法有以下两种。

方法 1：利用音乐和声音选项面板。选择轨道中的音频素材；双击，切换到音乐和声音选项面板；在"素材音量"文本框中输入音量百分比值。其中"素材音量"取值范围为 0 到 500%，0%将使素材静音，100%将保留原始音量，如图 4-3-46 所示。

方法 2：利用混音器选项面板。选择轨道中的音频素材；单击项目时间轴中的"混音器（🎚）"按钮，切换到混音器选项面板，同时音频素材轨道中出现音量线；双击添加控制结点并调整音量，如图 4-3-47 所示。

图 4-3-46　音量控制

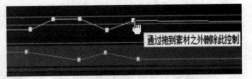

图 4-3-47　通过混音器调节音量

6．混音器应用

（1）设置输出声道

混音器主要作用是设置视频轨、覆叠轨、音频轨中音频的音量和输出声道。应用混音器的具体操作方法是：单击项目时间轴上的"混音器（ ）"按钮，打开环绕混音选项面板；选择包含有声音的轨道；单击"播放"按钮试听，到目标点后，暂停播放；拖动"环绕混音"中央的音符符号，放置到某个声道（图中的音箱）；此时轨道中的音量线上出现控制点，如图 4-3-48 所示。

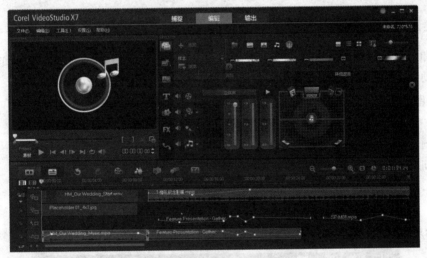

图 4-3-48　混音器应用

环绕混音选项面板中，若为立体声模式，则音符符号只能向左或向右移动。若为即 5.1 声道模式，则音符符号可移动图中的任意音箱。

再次单击项目时间轴上的"混音器（ ）"按钮，退出混音器。

（2）复制声道

复制声道可使音频的音量提高，起到放大某个声道音量的作用。复制声道的具体操作方法是：单击项目时间轴上的"混音器（ ）"按钮，打开环绕混音选项面板；选择含有声音的轨道素材；切换到"属性"选项卡，勾选"复制声道"复选框，并选择复制声道选项（左或右）。

7．应用音频滤镜

音频滤镜适用于音乐轨和声音轨中的音频素材，目的是优化音频素材音响效果。应用音频滤镜的具体操作方法是：选择轨道中的音频素材，双击，切换到音乐与声音选项面板；单击"音频滤镜"按钮，弹出"音频滤镜"对话框；在"可用滤镜"列表中选择音频滤镜项，并单击"添加"按钮；单击"确定"按钮，如图 4-3-49 所示。

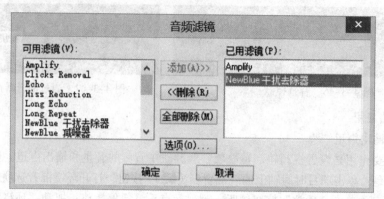

图 4-3-49 "音频滤镜"对话框

单击"选项"按钮，弹出"选项"对话框，对音频滤镜进行自定义设置。若打开干扰去除器，还可设置其"频率""强度"和"干扰变形"等参数。

4.3.8 绘制图形和动画

图形和动画绘制是指在绘制图形同时，将绘制图形的笔画动作录制为动画的操作。会声会影图形和动画绘制的操作通过"绘图创建器"来实现。

1. 绘图创建器

选择"工具"→"绘图创建器"命令，弹出绘图创建器窗口。通过绘图创建器，可自主制作笔划动画，满足视频编辑的某些需求，如给视频画面中某个对象添加红色画线等。"绘图创建器"窗口如图 4-3-50 所示，常用控制按钮功能如表 4-3-2 所示。

图 4-3-50 绘图创建器窗口

表 4-3-2　绘图创建器窗口中的常用控制按钮与功能

图标	名称	功能
	"新建/清除"按钮	启动新的画布或预览窗口
	"放大/缩小"按钮	放大和缩小绘图视图
	"实际大小"按钮	将画布/预览窗口恢复到实际大小
	"背景图像"按钮	单击"背景图像"按钮将图像用作绘图参考，滑动条控制其透明度
	"纹理选项"按钮	选择纹理并应用到笔刷端
	"色彩选取工具"按钮	从调色板或周围对象中选择色彩
	"擦除模式"按钮	写入或擦除绘图/动画
	"撤销"按钮	撤销"静态"和"动画"模式中的操作
	"重复"按钮	重复"静态"和"动画"模式中的操作
	"开始录制"、"停止录制"、"快照"按钮	开始、停止录制绘图，将绘图添加到"绘图库"。快照按钮在"静态"模式中出现
	"播放/停止"按钮	播放或停止当前的绘图动画，"动画"模式中启用
	"删除"按钮	删除库中的某个动画或图像
	"更改区间"按钮	更改所选素材的时间区间
	"参数选择设置"按钮	启动"参数选择"窗口
	"动画/静态"模式按钮	"动画"模式和"静态"模式之间切换
	"确定"按钮	关闭"绘图创建器"，并在"视频库"中插入制作的动画和图像，文件以*.uvp格式保存到"素材库"。

2．绘图创建器的操作模式

绘图创建器有动画与静态两种操作模式，单击"动画（　）"或"静态（　）"按钮，弹出模式切换菜单，选择"动画模式"或"静态模式"命令，在不同模式间切换。绘制操作完成后，单击"确定"按钮。绘图创建器将动画插入到"素材库"的"视频"文件夹，将图像插入到"图像"文件夹，文件格式均为*.uvp。

（1）动画模式

动画模式是指录制绘图笔画动作，并形成笔画动画的编辑模式。动画模式是绘图创建器的默认模式。录制绘图动画的具体操作方法是：单击"开始录制"按钮，进入录制状态；用笔刷和色彩组合，在画布中绘制图形；单击"停止录制"按钮，动画保存到绘图创建器素材库；单击"确定"按钮，绘制动画插入"媒体"素材库。

（2）静态模式

静态模式是指绘制静态图形，记录静态图形文件的编辑模式。绘制静态图形的具体操作方法是：单击"静态"按钮，弹出模式切换菜单；选择"静态模式"命令，切换到静态模式；使用笔刷和色彩组合，在画布中绘制图形；单击"快照"按钮，图形保存到绘图创建器素材库；单击"确定"按钮，绘制图形插入"媒体"素材库。

（3）动画转换为静态图形

动画转换为静态图像的方法是：右击绘图库中的动画缩略图，弹出快捷菜单，选择"动画效果转换为静态"命令。

3．素材默认时间区间

绘图创建器中绘制动画的时间区间长度系统默认为 3 秒，不同内容的动画时间长度不同，需要更改默认素材时间区间。素材时间区间默认值设置的具体操作方法是：单击"参数选择设置"按钮，弹出"参数选择"对话框；修改"常规"选项卡中"默认录制区间"参数；单击"确定"按钮。

4．使用参考图像

为方便与视频画面匹配，可使用视频画面作为绘制图形与动画参考图像。具体操作方法是：单击"背景图像选项"按钮，弹出"背景图像选项"对话框；设置选项（参考默认背景色——允许为绘图或动画选择单色背景；当前时间轴图像——使用当前显示在"项目时间轴"中的视频帧；自定义图像——允许打开一个图像并将其作为绘图或动画的背景。）；单击"确定"按钮。

5．笔刷设置

绘图过程中需要调整笔刷等工具的参数，以适应绘制要求。笔刷等工具参数设置的具体方法是：单击笔刷工具右下方的齿状"设置"按钮，弹出笔刷选项参数菜单；修改笔刷属性；单击"确定"按钮。

【实例】在会声会影 X7 中完成下列操作：①利用"绘图创建器"制作一段 15 秒书写文字"会声会影"的笔画动画。②将素材库"图形"→"色彩图样"→"CP-A04．jpg"文件拖放到视频轨，时间区间为 8 秒。③在"CP-A04.jpg"图形上添加标题"笔画练习"，第 1 行第 3 列标题样式，时间区间为 8 秒。④将制作的笔画动画添加到视频轨。⑤将素材库"媒体"→"音频"→"SP-M05.mpa"文件添加到声音轨；时间区间设为 23 秒；设置淡入淡出效果。⑥文件以"lx4304.vsp"为名保存到"文档"文件夹。⑦渲染输出项目文件，输出文件格式为 mp4 类型。

具体操作步骤如下。

步骤 1：启动会声会影 X7，设置项目属性与参数。选择"设置"→"参数选择"命令，弹出"参数选择"对话框；"素材显示模式"选择"仅缩略图"；"工作文件夹"选择"文档"文件夹，单击"确定"按钮。

步骤 2：制作笔画动画。选择"工具"→"绘图创建器"命令，弹出绘图创建器窗口；选择画笔；单击"开始录制"按钮，用画笔在画布上书写文字"会声会影"；单击"停止录制"按钮；单击"确定"按钮，绘图创建器将动画插入到"素材库"的"视频"文件夹，默认文件名为PaintingCreator～1.UVP。

步骤 3：添加"CP-A04．jpg"文件到视频轨。选择素材库"图形"→"色彩图样"→"CP-A04.jpg"文件，并拖放到视频轨。双击，打开"照片"选项卡，在时间区间文本框中输入"0：00：08：00"。

步骤 4：添加标题。单击"标题"按钮，选择第 1 行第 3 列标题样式，拖入到标题轨，并对齐轨道前端；双击预览窗口中的标题文字，删除原文字并输入"笔画练习"；时间区间文本框输入"0：00：08：00"。

步骤 5：添加"PaintingCreator～1.UVP"文件到视频轨。单击"媒体"按钮，切换到"媒体"选项卡；选择"PaintingCreator～1.UVP"文件并拖放到视频轨。

步骤 6：添加音频。单击"媒体"按钮，切换到"媒体"选项卡；选择"SP-M05.mpa"文件并拖放到声音轨；双击声音轨中的"SP-M05.mpa"，打开"选项"→"音乐和声音"面板；时间区间框输入"0:00:23:00"；单击"淡入""淡出"按钮。

步骤 7：保存文件。选择"文件"→"另存为"命令，弹出"另存为"窗口，"位置"选择"文档"文件夹、"文件名"输入"lx4304"、"格式"采用默认值，单击"确定"按钮。

步骤 8：输出视频文件。单击步骤菜单中的"输出"标签，切换到"输出"选项卡，"视频格式"选择"MPEG-4"项，"文件名"输入"lx4304"、单击"开始（start）"按钮，进行渲染输出。

4.3.9 视频输出

通过对视频、图像、音频、标题字幕、过渡、滤镜特效的编辑，已形成一部较完整的影视作品项目文件。任务进入下一步骤"输出"——输出视频文件，将项目文件通过渲染，输出为一个通用的视频文件。选择步骤菜单中的"输出"标签，切换到"输出"选项卡，其中包括预览窗格、输出选项窗格，可预览当前项目内容、查看输出存储器空间参数、设置输出选项及参数。

输出作品选项依据存储介质与播放设备的不同，划分为计算机（Computer）、设备（Devic）、网站（Web）、光盘（Disc）、3D 视频（3D Movie）5 种类型。

1. 输出计算机视频文件

输出计算机视频文件（Computer）是指创建适用于计算机设备存储与播放的视频文件。会声会影支持 avi、mpeg-2、avc/h-264、mpeg-4、wmv 等格式的视频文件渲染输出，同时支持将视频伴音以独立的音频文件（wma、wav 等格式）存储于存储器。

（1）输出整个项目视频文件

输出整个项目的视频文件是指将整个项目编辑的素材通过渲染输出为一个视频文件。会声会影系统默认值是输出整个项目的视频文件。具体操作方法是：单击"输出"选项卡中的"计算机（▇）"按钮，切换计算机选项面板；选择输出文件类型如 MPEG-4 等；在"文件名"文本框中输入文件名、选择保存文件夹；单击"开始（Start）"按钮，如图 4-3-51 所示。

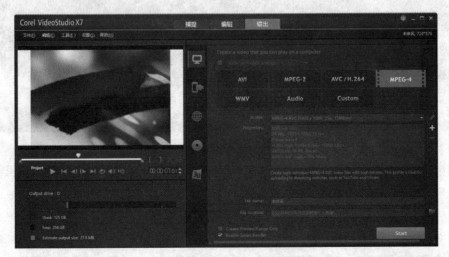

图 4-3-51 输出文件

输出视频文件格式选择，如果应用自主设置的项目属性与参数，可勾选"与项目设置相同"复选框；还可通过选择"与第一个视频素材相同"来使用视频轨上第 1 个视频素材的设置。

渲染项目需要较长的时间，单击渲染进度栏中的"暂停"按钮将暂停渲染；按 Esc 键停止渲染。渲染结束后，视频文件将保存到指定文件夹，并添加到视频素材库列表。

（2）输出项目部分视频文件

输出项目部分视频文件是指渲染输出项目文件中的一段视频内容，输出为视频文件。输出部分视频文件的具体操作方法是：单击"输出"窗口中的"计算机（ 🖵 ）"按钮，切换计算机选项面板；在预览播放控制面板中选择预览范围；选择输出文件类型如 MPEG-4 等；在"文件名"文本框中输入文件名、选择保存文件夹；勾选屏幕下方的"仅创建预览区间（Creat Preview Range Only）"复选框；单击"开始（Start）"按钮。

播放控制面板选择预览范围，可在移动播放指针时，按 F3 键标记开始点、按 F4 键标记结束点。选择后，预览窗口时间轴标尺上显示出代表选定范围的橙色线。

2．输出到设备

输出到设备（Devic）是指将项目文件通过渲染输出到某个设备存储器，如输出到 DV、等设备中存储与播放。具体操作方法是：单击"输出"窗口中的"设备（ 🖵 ）"按钮，切换设备选项面板；选择输出设备如 HDV 等；在"文件名"文本框中输入文件名、选择保存文件夹；单击"开始（Start）"按钮，渲染项目；完成后"HDV 录制 – 预览"窗口打开；单击"下一步"按钮，弹出"项目回放–录制"窗口，使用导览面板选择转到 DV 磁带上开始录制位置，单击"录制"按钮，开始录制。单击"完成"按钮，结束操作，如图 4-3-52 所示。

图 4-3-52　输出到设备

将编辑项目的视频文件输出到 DV 或 HDV 摄像机等设备，首先，将设备连接到计算机，同时会声会影可识别该设备。其次，设备处于开机状态，并设置为播放/编辑模式。

3．输出到网站

会声会影提供上传视频到 Vimeo、YouTube、Facebook、Flickr 在线分享功能，上传视频的前提是先到该网站注册用户。输出视频到网站（Web）的具体操作方法是：打开项目文件；单击"输出"选项卡中的"网站（▦）"按钮，切换到网站选项面板；选择网站如 Vimeo；单击"登录（Log In）"按钮，打开相应窗口；输入用户名和密码，单击"Log In"按钮；填写相关信息，如视频标题、描述、隐私设置和其他标记。单击"上传"按钮；上传完成，单击"完成"按钮，如图 4-3-53 所示。

图 4-3-53　输出到网站

4．创建光盘

创建光盘（Disc）功能将项目渲染为视频文件并刻录到 DVD、AVCHD、Blu-ray 或 SD-Card。创建光盘的具体操作方法是：选择光盘创建类型。打开项目文件；单击"输出"选项卡中的"光盘（▣）"按钮，切换到光盘选项面板；选择光盘类型如 DVD；弹出光盘刻录向导窗口。为保证输出视频的画面质量，请将窗口左下方"设置和选项"→"光盘模板管理器"→"编辑"→"压缩"选项中的压缩比设置为 100%，如图 4-3-54 所示。

图 4-3-54　创建光盘

光盘刻录向导窗口可自定义光盘输出项，其中包括"添加媒体""菜单和预览""输出"3个步骤。

（1）添加媒体。添加媒体是指将存储器中的已有文件添加到当前项目，合并刻录到同一张光盘，同时生成光盘菜单。已有文件包括视频文件、项目文件、光盘文件、移动设备文件。添加媒体的具体操作方法是：单击添加媒体（如添加视频文件）按钮；弹出打开窗口（如"打开视频文件"窗口），选择文件夹及媒体；单击"打开"按钮。

媒体添加到预览窗口下方的"媒体"素材列表后，显示为缩略图；若更改缩略图，则选择媒体，在预览窗口选择画面，右击素材列表中的缩略图并选择"改变缩略"命令。

（2）菜单和预览。菜单是指在光盘开始播放时供选择播放视频的选项菜单。具体创建方法是：单击"下一步"按钮，进入"菜单和预览"步骤面板，其中包括"画廊（Gallry）"与"编辑（Edit）"两个选项。"画廊"选项用于放置菜单模板供选择，其中包含有多种菜单模板，选择相应的菜单模板可应用到刻录光盘。若自定义所选菜单模板，则单击"编辑"标签，进入"编辑"选项卡；对背景音乐、背景图、界面布局，菜单的移动路径等选项进行修改与设置。单击"预览（Preview）"按钮，进入预览窗口，单击导航控制器（遥控器）中的"播放"按钮，预览视频，如图4-3-55所示。

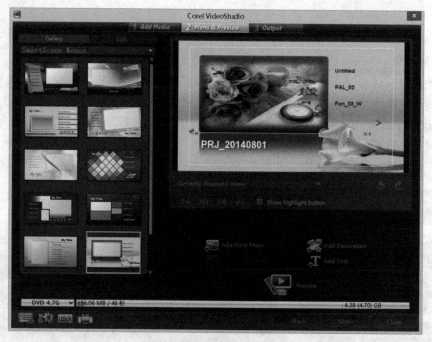

图 4-3-55　设置菜单和预览

（3）输出到光盘。将项目刻录到光盘或创建光盘镜像文件，形成影视作品。输出到光盘的具体操作方法是：完成预览后，单击"下一步"按钮，进入"输出（Output）"选项卡；单击"显示更多输出选项"按钮，展开"输出选项"面板，设置选项；单击"针对刻录的更多设置（　）"按钮，弹出"刻录选项"对话框，定义刻录机和输出设置，单击"确定"按钮；单击"刻录（Burn）"按钮，如图4-3-56所示。"输出"选项卡的刻录选项及功能如表4-3-3所示。

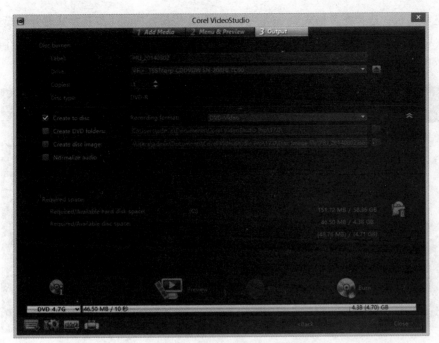

图 4-3-56　刻录光盘

表 4-3-3　刻录选项及功能

刻录选项	主要功能
卷标（Label）	输入 BD/DVD 卷标名称，最多 32 个字符
驱动器（Driver）	选择光盘刻录机
份数（Copies）	设置刻录光盘份数
光盘类型（Disc Type）	显示当前光盘格式
创建光盘（Create to Disc）	允许刻录到光盘，刻录格式有 DVD-Video、DVD+VR、DVD-VR
创建 DVD 文件夹（Create DVD Folders）	创建的视频文件为 DVD-Video 格式时才可启用，创建的文件用于将视频文件刻录到 DVD
创建光盘镜像（Create disc Image）	创建光盘镜像文件
等量化音频（Normalize Audio）	评估和调整项目的音频波形，使素材间的音量级别一致
擦除（Erase）	删除可擦写光盘上的数据
刻录（Burn）	开始刻录
所需空间（Required Space）	显示光盘空间及刻录数据所需空间

5. 输出 3D 视频

输出 3D 视频（3D Movie）是指将项目文件输出为 3D 视频。包括将拍摄的 3D 视频编辑完成后输出，或将 2D 视频文件转化为 3D 视频输出。其中 3D 视频模式有两种可选：红蓝模式——观看 3D 视频需要红色和蓝色立体 3D 眼镜，无须专门的显示器。并排模式——观看 3D 视频需要偏振光 3D 眼镜和可兼容的偏振光显示器。通常需要支持并排模式 3D 视频回放的回放软件来观看 3D 视频文件；对于 3D 电视，则需要 3D 设备和眼镜。

输出 3D 视频（3D Movie）的具体操作方法是：单击"输出"→"3D 视频（ 3D ）"按钮，切换到 3D 选项面板；选择视频格式如 mpeg-2；选择 3D 模拟器模式（红蓝模式或并排模式）；"深度（depth）"文本框输入深度数值；在"文件名"文本框中输入文件名、选择保存文件夹；单击"开始（start）"按钮，如图 4-3-57 所示。

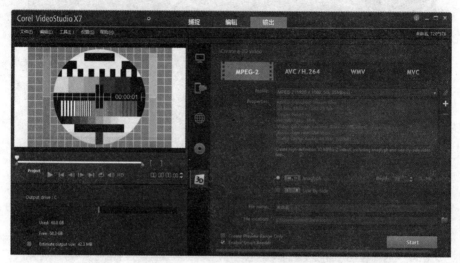

图 4-3-57　输出 3D 视频

4.4　电子相册制作

电子相册是指将多张数字化照片图像制作成可在计算机或电视上播放的动态影集。随着扫描仪、数码照相机、智能手机的普及，数字化图像照片已是图像保存的主流。数字化图像照片的浏览，正向动态、声像并存的方向发展，电子相册是其中的主要发展方向之一。

4.4.1　常见的电子相册制作软件

电子相册制作软件是把数码照片图像通过软件转化为动态视频，并为照片图像添加动态修饰效果和声音等效果的软件。常用软件包括视频制作软件和专用电子相册制作软件，其中专用电子相册制作软件正在迅速发展，以满足不同需求。

1. 会声会影

会声会影自 X7 集成了电子相册制作的工具——影音快手，是一套专为个人及家庭所设计的电子相册软件。利用制作向导模式，通过几个特定步骤制作电子相册。同时，电子相册可在会声会影编辑模式重新编辑，进行剪接、转场、特效、覆叠、字幕、配乐、刻录及视频文件输出的操作；生成 mp4 等多种格式文件或刻录 DVD。

2. 知羽 ilife

知羽 ilife 系统通过更换电子相册模板中的图片来快速制作电子相册。具有制作速度快、操作简捷的特点，有 1 000 多种模板可供选择。照片通过简单修整可直接套用；生成 avi、swf 格式文件。

3. 数码大师

数码大师是国内发展最久、功能最强大的优秀多媒体数字相册制作软件，是梦幻科技的品牌软件，是国内数码制作领域拥有最多正式用户支持的优秀电子相册制作软件。通过数码大师可制作各种专业数码动态效果。数码大师中主要包括"本机电子相册""礼品包相册""VCD/SVCD/DVD 视频相册""网页相册""锁屏相册"等功能。可生成 mpeg 格式文件或刻录 DVD 光盘。

4.4.2 用影音快手制作电子相册

1. 影音快手概述

影音快手是会声会影 X7 系统组件，通过"选择模板""添加媒体""保存与分享"3 个步骤可快速完成电子相册的设计制作，生成多种视频格式的文件或进入会声会影编辑。利用影音快手制作电子相册对于媒体素材的个数没有限制。影音快手软件窗口布局为：窗口左上方为影音快手菜单包括保存文件与打开项目等操作命令；窗口左侧为步骤面板，自上而下分别是"选择模板（Select Your Template）""添加媒体（Add Your Media）""保存与分享（Save and Share）"3 个步骤的操作向导标签与预览窗口；窗口右侧为模板库或添加媒体面板等，如图 4-4-1 所示。

图 4-4-1 影音快手窗口

2. 创建电子相册

利用影音快手创建新电子相册，需按操作向导指定的顺序，并完成相应的设置，即可制作出理想的电子相册。具体操作方法是：启动会声会影；选择"工具"→"影音快手"命令，弹出"影音快手"窗口；窗口中显示"选择模板""添加媒体""保存与分享"3 个步骤。

（1）选择模板

选择模板是创建电子册的第 1 步，影音快手自带多个模板供选择，模板类型选项包括"所有主题"、"实列样本"、"普通" 3 种，通过模板下拉菜单进行选择。选择模板的操作过程为：单击"选择模板"标签，打开"选择模板"选项面板；在模板列表中单击某模板；单击预览窗口下方的"播放"按钮，预览模板。

（2）添加媒体

添加的媒体类型包括添加图像、视频、标题、背景音乐等。其中图像与视频媒体通过单击"添加媒体（ ➕ ）"按钮来添加，媒体的播放顺序为添加顺序，媒体的播放时长为模板中固定的时长。标题通过单击"编辑标题（ 🅣 ）"按钮来修改。背景音乐通过单击"编辑音乐（ 🎵 ）"按钮来添加，如图4-4-2所示。

图 4-4-2　添加媒体

添加媒体的具体操作方法是：单击步骤面板中的"2添加媒体"标签按钮，切换到"添加媒体"选项面板；单击右侧媒体素材库中的"添加媒体（ ➕ ）"按钮，打开"添加媒体"窗口；选择图像及视频媒体素材；单击"打开"按钮。

修改标题的具体操作方法是：在"添加媒体"选项面板；播放指针移动到时间轴上紫色标识位置（已有标题）；单击屏幕下方的"编辑标题（ 🅣 ）"按钮，弹出"标题选项"面板，预览窗口出现文字编辑窗口，编辑其中的文字。

编辑背景音乐的具体操作方法是：在"添加媒体"选项面板；单击屏幕下方的"编辑音乐（ 🎵 ）"按钮，弹出"音乐选项"面板；单击"添加音乐（Add Music）"按钮，弹出"添加音乐"窗口；选择音频文件；单击"打开"按钮。添加的音频文件排列在"音乐选项"列表框中，可删除、移动音频文件。

（3）保存与分享

保存与分享是指输出电子相册作品文件，即将编辑的电子相册项目文件渲染输出为视频文件，保存在计算机存储器或上传到网站。此处有两种选择：编辑与保存。若进一步编辑电子相册的内容，可单击屏幕下方的"在会声会影中编辑（Edit in VideoStudio）"按钮，进入会声会影编辑窗口进行编辑。若保存电子相册，则在窗口右侧选择文件类型，在"文件名"文本框中输入文件名、选择保存文件夹；单击"保存影片（Save Movie）"按钮，如图4-4-3所示。

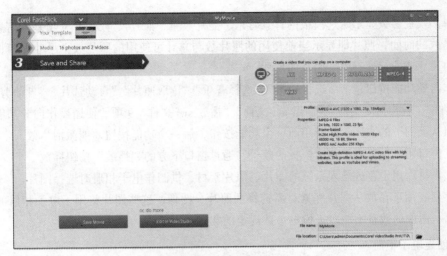

图 4-4-3　保存与分享

保存视频文件主要包括保存计算机播放文件和上传网站两种操作。若保存为计算机播放文件，则在窗口右侧的"计算机（▢）"按钮；选择文件类型及参数，在"文件名"文本框中输入文件名、选择保存文件夹；单击"保存影片（Save Movie）"按钮。若上传网站，则在窗口右侧的"网站（🌐）"按钮；选择网站（Vimeo、YouTube、Facebook、Flickr）登录；单击"上传文件（Upload Your Movie）"按钮。

4.4.3　用知羽 ilife3.0 制作电子相册

1. 知羽 ilife3.0 概述

知羽 ilife3.0 即知羽 Flash 自动电子相册制作系统，是一款具有向导式操作流程、照片自动裁切、手工裁切、旋转等功能的电子相册制作软件。使用知羽 ilife3.0 制作电子相册，通过选择模板、添加照片，选择背景音乐、导出文件等步骤便可完成整个制作流程。知羽 ilife3.0 软件窗口左侧自上而下分别是模板参数、操作向导按钮；界面中间为预览窗口，右侧为选片列表；下方为图片素材库，如图 4-4-4 所示。

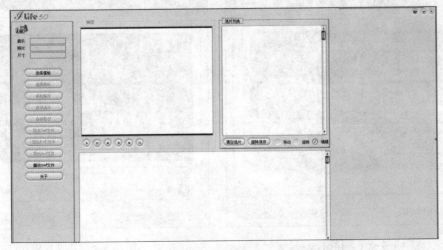

图 4-4-4　知羽 ilife3.0 窗口

其中，模板参数显示所选模板的背景音乐、照片数量、照片尺寸大小 3 项基本信息。音乐即音乐播放的时间，照片即显示当前使用的照片数与总计可使用的照片数；尺寸即模板自动裁剪照片的尺寸或选片列表中某照片的尺寸。

操作向导功能按钮包括"选择模板""选择音乐""读取照片""自动选片""自动剪切""输出 swf 文件""输出 exe 文件""输出 avi 文件""播放 swf 文件" 9 项。使用操作向导功能按钮时需要按照从上到下的顺序，即使用前一个功能按钮，后一个功能按钮才能激活生效。

预览窗口用于预览电子相册模板的效果，通过窗口下方的"播放"按钮播放。

图片素材库用于存放导入系统的图片、照片素材，供制作电子相册时选择图片。

选片列表用于存放从图片库素材库选择的照片、图像，这些图片将用于电子相册的制作。其中照片、图像的数量不能多于模板参数规定的数量。

2. 创建电子相册

创建新的电子相册，按操作向导选择模板、选择音乐、读取照片、自动选片、自动剪切、输出 swf 文件的顺序，完成相应设置，则完成制作。

（1）选择模板

选择模板是指选择已存储于计算机存储器的模板文件。知羽 ilife3.0 系统拥有大量模板供选择，包括写真、婚纱、儿童等专业电子相册模板，通过网络可下载模板。选择模板的具体操作方法是：单击"选择模板"按钮，弹出"选择模板"窗口；单击"导入模板"按钮，弹出"导入文件模板"窗口，选择一个或多个模板文件，单击"打开"按钮；选择模板列表的一个电子相册模板；单击"确定"按钮，如图 4-4-5 所示。

（2）选择背景音乐

选择背景音乐是指替换模板中的背景音乐。选择模板后，"选择音乐"按钮生效，可更换背景音乐。具体操作方法是：单击"选择音乐"按钮，弹出"选择音乐"窗口；单击窗口下方的"导入模板"按钮，弹出"选择音乐"窗口；选择一个或多个音乐文件，单击"打开"按钮；选择音乐列表中的一个音乐文件，单击"确定"按钮，如图 4-4-6 所示。

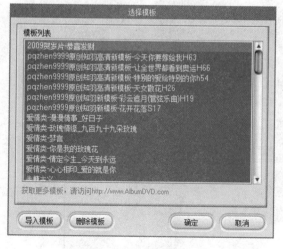

图 4-4-5　选择模板

图 4-4-6　选择音乐

　　需要说明，选择音乐操作完成后，将替换模板中的背景音乐，不能改变相册画面中的文字如歌词与标题。通常可采用模板中的背景音乐，即跳过这一步。

　　（3）读取照片

　　读取照片是指读取存储于计算机存储器中的照片图像，存放到知羽 ilife3.0 系统的图片素材库。具体操作方法是：单击"读取照片"按钮，弹出"读取照片"窗口；选择一个或多个图片文件；单击"打开"按钮。打开的照片图像将以缩略图形式显示在图片素材库。

　　（4）自动选片

　　选片是指从图片素材库选择图片并添加到选片列表的操作。知羽 ilife3.0 系统选择相册图片有手动选片与自动选片两种方式。手动选片是指直接用鼠标键将图片拖入"选片列表"。自动选片是指通过单击"自动选片"按钮，使系统自动将照片添加到"选片列表"，如图 4-4-7 所示。

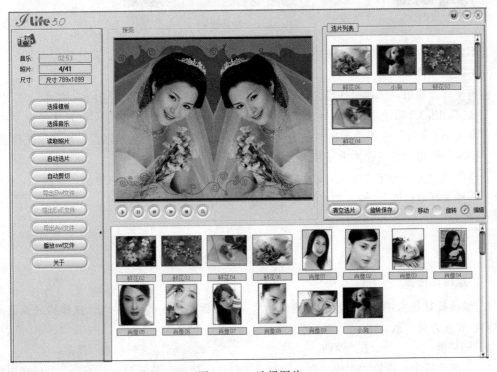

图 4-4-7　选择图片

　　图片播放顺序调整，可在"选片列表"中用鼠标键直接拖动调整位置。

　　（5）照片剪切

　　照片剪切是指根据模板需要，对图片的画面显示范围进行裁剪。照片剪切有手动剪切与自动剪切两种。自动剪切是单击"自动剪切"按钮即可，手动剪切是根据制作者的设计自主设定图片画面的显示范围。具体操作方法是：双击"选片列表"中需剪切的图片，弹出"编辑照片"窗口；单击"剪切"按钮，打开剪切窗口；调整裁剪范围大小与位置；单击"确定"按钮；单击"编辑照片"窗口的"保存"按钮。同时，"编辑照片"窗口中还包含有"左右反转""上下翻转""黑白效果""保存""恢复原图"等功能，如图 4-4-8 所示。

图 4-4-8　照片剪切

若不进行图片剪切，系统将使用原图比例，可能使部分图像出现宽、高比例失调。

（6）输出文件

输出文件即输出电子相册作品文件，主要包括"导出 swf 文件""导出 exe 文件""导出 avi 文件"。知羽 ilife3.0 系统中，首先导出 swf 文件，然后再输出其他类型的文件。具体操作方法是：单击"导出 swf 文件"按钮，弹出"导出 swf 文件"窗口；选择"存盘位置"、输入"文件名"；单击"保存"按钮，渲染输出电子相册。

若输出其他类型的文件如 avi 文件，则单击"导出 avi 文件"按钮，弹出"导出 avi 文件"窗口；选择"存盘位置"、输入"文件名"；单击"保存"按钮。

习　题　4

一、单项选择题

1. 轴线规律是指拍摄时，摄像机位置始终在主体运动轴线的（　　），这样构成画面的运动方向、放置方向一致。

A. 同一侧　　　　　　B. 两侧　　　　　　　C. 一端　　　　　　D. 顶部

2. 会声会影中，设置"工作文件夹"与"素材显示模式"是通过设置（　　）项来实现。

A. 项目属性　　　　　B. 参数选择　　　　　C. 文件属性　　　　D. 项目时间轴

3. 会声会影中的（　　）提供将绘图或笔画动作录制为动画的功能。

A. 绘图创建器　　　　B. 录制捕获选项　　　C. 捕获视频　　　　D. 导入视频

4. 会声会影中给"时间轴视图"添加轨道，需要选择"设置"菜单中的（　　）命令，其中可看到所包含的轨道。

A. 轨道管理器　　　　B. 项目属性　　　　　C. 绘图创建器　　　D. 参数选择

5. 会声会影中作品编辑完成后，刻录 DVD，需选择（　　）步骤。

A. 输出　　　　　　　B. 编辑　　　　　　　C. 工具　　　　　　D. 设置

6. 非线性编辑工作流程，包括（　　　）3 个步骤。

A. 设置、输出、编辑　　　　　　　　B. 编辑、输出、输入

C. 输入、编辑、输出　　　　　　　　D. 输入、设置、输出

7. 数字视频的优越性体现在（　　　）。

①可采用非线性方式对视频进行编辑。②可不失真的进行无限次拷贝。③可用计算机播放。④易于存储。

A. ①　　　　　　B. ①②　　　　　　C. ①②③　　　　　　D. ①②③④

8. 用于视频加工的软件是（　　　）。

A. Flash　　　　B. Premiere　　　　C. CoolEdit　　　　D. Winamp

9. 要从一部电影视频中剪取一段，并添加字幕，可用的软件是（　　　）。

A. Goldwave　　　B. Real player　　　C. 会声会影　　　D. Authorware

10. 视频编辑可以完成（　　　）制作。

①将两个视频片断连在一起。②为影片添加字幕。③为影片另配声音。④为场景中的人物重新设计动作。

A. ①②　　　　　　B. ①③④　　　　　　C. ①②③　　　　　　D. ①②③④

11. 在视频编辑过程中，将一段视频从第 5：31 到 8：58 之间的片断截取下来，操作步骤正确的是（　　　）。

①把素材库中的视频拖进故事板。②启动视频编辑软件 Corel VideoStudio，并新建一个项目。③在时间区间文本框输入 8：58，单击"结束标记"。④单击"加载"按钮，将视频文件加入素材库。⑤单击"输出"→"开始"按钮。⑥在时间区间文本框输入 5：31，单击"开始标记"。

A. ②⑥③④①⑤　　B. ②④①⑥③⑤　　C. ②④⑥③①⑤　　D. ②①⑥③④⑤

12. 以下（　　　）不是视频的常用文件格式。

A. .mp4　　　　　B. .wav　　　　　C. .wmv　　　　　D. .mpg

13. 视频信息的最小单位是（　　　）。

A. 比率　　　　　B. 帧　　　　　C. 赫兹　　　　　D. 位（bit）

14. MPEG 是数字存储（　　　）图像压缩编码和伴音编码标准。

A. 静态　　　　　B. 点阵　　　　　C. 动态　　　　　D. 矢量

15. 动画和视频是建立在活动帧概念的基础上，帧频率为 25 帧／秒的制式为（　　　）。

A. PAL　　　　　B. SECAM　　　　C. NTSC　　　　D. YUV

16. 在学校的文艺汇演中，张敏班上要排练一出英语剧，文娱委员让她帮忙从已有的 VCD 中截取一个片段，操作步骤正确的是（　　　）。

①在"视频编辑"中视频片段的起止处分别单击"左区间"按钮和"右区间"按钮。②单击"添加视频"按钮添加 VCD 视频。③单击"开始转换"按钮，开始截取录像。④利用狸窝截取 VCD 视频。

A. ①②③④　　　B. ②①③④　　　C. ④②①③　　　D. ④①②③

17. 会声会影软件中，如果对两段视频进行叠加处理，应当使用时间轴上的（　　　）轨道。

A. 标题　　　　　B. 覆叠　　　　　C. 声音　　　　　D. 音乐

18. 下面不具有视频编辑功能的软件是（　　　）。

A. 会声会影　　　　B. Premiere　　　　C. Edius　　　　D. Photoshop

19. 赵老师存有 100 张个人旅游的照片，他想将这些图片制作为电子相册，以下软件不能制作电子相册的是（　　　）。

A. 会声会影　　　　B. Premiere　　　　C. 知羽 ilife3.0　　　　D. Audition

20. 常见的 DVD 是一种数字视频光盘，其中包含的视频文件采用了（　　　）视频压缩标准。

A. MPEG-4　　　　B. MPEG-2　　　　C. MPEG-1　　　　D. WMV

21. 王老师想配制了 1 台多媒体计算机，想在他的课件中添加视频，那么在王老师的计算机中应该安装（　　　）软件才可以进行视频编辑，并且可以在视频中添加自己的旁白。

A. 会声会影　　　　B. PowerPoint　　　　C. 知羽 ilife3.0　　　　D. Audition

22. 连续摄录的视频画面，或 2 个剪接点之间的连续视频画面片段称为（　　　）。

A. 录像　　　　B. 数字视频　　　　C. 镜头　　　　D. 全景

23. 通常视频编辑软件中的文件包括（　　　），该文件记录视频编辑信息，包括素材位置、剪切、素材库、项目参数、输出视频格式等信息。

A. 视频文件　　　　B. 项目文件　　　　C. 音频文件　　　　D. 备注文件

24. "动接动、（　　　）"是一般镜头组接需要遵循的原则。

A. 静接静　　　　B. 动接静　　　　C. 静接动　　　　D. 不滑过渡

25. 在视频剪辑过程中，一般镜头的时间长度选择（　　　）较为合适。

A. 15 秒以上　　　　B. 3～5 秒　　　　C. 5～8 秒　　　　D. 不限制

26. 景别通常有景别分为 5 种，由近至远分别为特写、近景、中景、全景、远景。其中画面为人体肩部以上称为（　　　）。

A. 特写　　　　B. 近景　　　　C. 全景　　　　D. 远景

27. 景别通常有景别分为 5 种，由近至远分别为特写、近景、中景、全景、远景。其中画面为人体膝部以上称为（　　　）。

A. 特写　　　　B. 近景　　　　C. 全景　　　　D. 中景

28. 当视频片段的持续时间和速度改变时，一段长度为 10 秒的片段，改变其速度为 50%，那么时间长度将变为（　　　）。

A. 20 秒　　　　B. 15 秒　　　　C. 10 秒　　　　D. 5 秒

29. 目前我国使用的电视制式的帧速率为（　　　）。

A. 24 帧/秒　　　　B. 25 帧/秒　　　　C. 29 帧/秒　　　　D. 12 帧/秒

30 在会声会影中，如果某段视频长度为 00：01：02：05，则其持续时间为（　　　）。

A. 125 秒　　　　B. 62.5 秒　　　　C. 62.2 秒　　　　D. 67 秒

二、操作题

1. 从网络下载 3 部国产动画片，每部动画片各截取 2 段 8 秒的镜头，以镜头交替穿插的方式将截取的镜头编排在一起；在单色背景上添加 8 秒动画片标题 "动画世界"，配背景音乐，以 "lx4501.mp4" 为文件名保存到 "文档" 文件夹。

2. 从网络下载 20 张风景图，并下载音乐 "wonderland.mp3"。以 "自然风光" 为标题，利用下载的图像、音频素材制作电子相册，以 "lx4502.mp4" 为文件名保存到 "文档" 文件夹。

3. 从网络下载 40 张人物图，并下载知羽 ilife 电子相册模板"香水百合"，利用下载的图像制作电子相册，以"lx4503.swf"为文件名保存到"文档"文件夹。

4. 在会声会影中，制作文字"成功"书写笔画顺序的演示动画，时间长度为 15 秒，以"lx4504.mp4"为文件名保存到"文档"文件夹。

5. 从网络下载国产动画片"三个和尚""没头脑和不高兴"，并制作画中画视频效果。每部动画片各截取 2 段 15 秒的片段，先将"三个和尚"第 1 段视频素材放到视频轨；将"没头脑和不高兴"第 1 段视频素材放到覆叠轨，对齐；静音。再将"没头脑和不高兴"第 2 段视频素材放到视频轨；将"三个和尚"第 2 段视频素材放到覆叠轨；对齐；静音；添加心型遮罩。以"lx4505.mp4"为文件名保存到"文档"文件夹。

6. 通过网络搜索"美好记忆.mpg"与 3 张.jpg 格式人物图，在会声会影中将"实例项目"→"当中"→"IP- M25"模板拖放到项目时间轴轨道；用"美好记忆.mpg"替换模板中的素材 1；用 3 张.jpg 格式风景图分别替换素材 2、素材 3、素材 4。以"lx4506.mp4"为文件名保存到"文档"文件夹。

7. 在会声会影中朗读下面一段文字并录音，以"lx4507.mp3"为文件名保存到"文档"文件夹。

数字通用光盘（DVD）由于其质量优势，在视频制作中得到广泛应用。DVD 使用 MPEG-2 格式，这种格式文件的容量比 MPEG-1 格式大，能够以单面或双面、单层或双层的形式制造。DVD 可以在单独的 DVD 播放机中播放，也可以在计算机的 DVD-ROM 驱动器中播放。

8. 从网络下载国产动画片"三个和尚""没头脑和不高兴"，文件名使用动画片名。以 2 个动画片为素材制作带菜单的 DVD：菜单的排列顺序为"三个和尚"在前、"没头脑和不高兴"在后；菜单样式选择"画廊"中的第 1 项、DVD 菜单标题为"中国动画"。

9. 从网络下载 3 张风景图、音乐"wonderland.mp3"。启动会声会影，将预览窗口背景颜色设置为橙色；添加 3 张图像到视频轨，时间区间设为 8 秒；添加 3 维转场效果，时间区间设为 2 秒；为第 1 张图像添加路径；为第 2 张图像添加缩放滤镜；添加背景音乐"wonderland.mp3"，时间区间设置与视频轨素材相同，淡入淡出效果。以"lx4509.mp4"为文件名保存到"文档"文件夹。

10. 参考下列剧本，自主收集视频、图像、音频素材，制作一个 3 分钟左右的视频文件，以"lx4510.mp4"为文件名保存到"文档"文件夹。

梦想开始的地方

背景设计：标题、图片背景选择动态彩色背景

主题音乐：（少女的祈祷等）

① 结构设计

>标题：梦想开始的地方；副标题：我的母校****记实（如广东第二师范学院记实）。

>字幕：梦。（近景，动态滤镜）（旁白；每个人都有一个梦想，每个人的梦想都有一个开始的地方……）

>卫星地图。（全景，动态滤镜）（旁白；我的梦想开始的地方是我的母校。我的母校****坐落****）（如广东第二师范学院坐落在广州市海珠区新港中路 351 号，……）

>校区俯瞰图。(全景，动态)

② 场景1：外景浏览

>校道风景浏览，镜头沿着校道缓缓前行。(旁白：校道是我们的最爱，宽阔的校道将宿舍、饭堂、教室连接在一起，每当踏上校道就意味着我们奔向一个新的梦想。清晨，我们迎着朝阳，沿着校道走向知识的殿堂---教室……)

>校道风景浏览，镜头来到图书馆。(旁白：每天我们都会经过矗立在校道旁的图书馆，这里有我们追求梦想的知识宝藏……)

>校道风景浏览，镜头来到喷泉。(旁白：教学楼前的喷泉每天都会在我们经过的时候喷出欢快的水花，仿佛告诉我们，这是个新的快乐的一天……)

>校道风景浏览，镜头来到教学楼。(旁白：教学楼是我们每天待的时间最多的地方，这里有教师辛勤的身影、同学们朗朗的读书声、愉悦且快速流动的空气……)

③ 场景2：室内浏览

>教室内景浏览，镜头缓缓的在室内移动，(旁白：教室是我们又爱又恨的地方，这里有我们勤奋学习时流下的汗水、也有我们学习失意时窘落的背影……)

>课桌浏览。(特写，动态)(每个课桌上都留下我们奋笔疾书的痕迹……)

④ 片尾

>结束语。滚动字幕(校园，一个充满梦想的地方，在这里，我们驾起航船，用坚韧意志与辛勤汗水催动知识的风帆，驶向我们梦想的彼岸。)

>片尾：作者，年月日。

第5章 计算机二维动画制作

内容概要

计算机二维动画是由若干静止图形图像通过连续播放产生动态画面效果的多媒体作品。本章介绍二维动画基础知识、Flash 的基本操作方法与操作技巧、脚本基础知识等；重点阐述运用动画基本原理制作 Flash 动画的方法与技能；学会 Flash 动画中音频、视频的调用方法。通过本章的学习使学习者达到初步掌握制作计算机二维动画的目的。

5.1 计算机动画概述

19 世纪 20 年代，英国科学家发现了"视觉暂留"现象，即物体被移动后其形象在人眼视网膜上还可停留约 1s 的时间，从而揭示出连续分解的动作在快速闪现时产生活动影像的原理。动画是指运用"视觉暂留"原理，通过快速连续播放静止图像，当播放速度为 24 帧/秒时，画面呈现出连续活动画面效果的影视作品。通常，播放速度越快动画越流畅。

计算机动画是指运用动画原理，采用图形与图像技术，借助于编程或动画制作软件生成系列景物静止图像，且通过连续播放静止图像所产生的动画。其中当前帧是前一帧的部分修改。

计算机动画按展示对象的维度与制作技术可分为二维动画和三维动画。

二维动画是指通过二维平面展示事物运动变化规律的动画。计算机二维动画是对手工传统动画的改进，制作计算机二维动画的基本思路是：在时间轴插入和编辑关键帧；通过计算机生成关键帧间的过渡帧，形成连续的画面；添加配音，实现画面与配音同步；连续播放产生声像并茂的动画。

三维动画是指运用三维空间技术多角度展示事物运动变化规律的动画。三维动画中的景物有正面、侧面、反面等多个视点，调整三维空间的视点，可看到不同内容。制作三维动画的思路是：创建三维景物模型；设置灯光材质；使三维物体在三维空间动起来如移动、旋转、变形、变色等；渲染输出三维景物及其动作，形成连续的画面。创作三维动画的基本制作流程包括建模、材质、灯光、动画、摄影机控制、渲染输出等步骤。

三维动画的制作主要依靠三维动画制作软件来完成，典型的三维动画制作软件有 3ds Max——

三维造型与动画制作软件，通过建立物体的三维造型，设置物体的三维运动，实现三维动画制作；Cool 3D——文字三维动画软件，处理对象主要是文字和图案，其中文字的三维模型由软件自动建立，三维运动模式由操作者设计；Maya——三维动画制作软件，与 3ds Max 类同，具有强大的动画绘制和置景功能，适合制作大型三维动画作品。另外还有 AutoCAD 用于三维造型建模，Lightscape、Renderman 用于渲染，After Effects、会声会影等用于后期合成，Adobe Audition 用于音频处理等。

动画制作流程整体上分为前期制作、中期制作、后期制作 3 个阶段。前期制作是指在使用计算机制作前，对动画片进行的规划与设计，主要包括文学剧本创作、分镜头剧本创作、造型设计、场景设计、作品设定、资金募集等；中期制作主要包括分镜、原画、中间画、动画、上色、背景作画、摄影、配音、录音等；后期制作包括剪接、特效、字幕、合成、试映等。

5.2 常见的二维动画制作软件

5.2.1 Flash 系列软件

Flash 是一种集动画创作与应用程序开发于一身的多媒体创作软件。Flash 源自 1995 年 Future Wave 公司出品的 Future Splash，是世界上第一个商用二维矢量动画软件，用于设计和编辑 Flash 文档。1996 年 11 月，美国 Macromedia 公司收购了 Future Wave 公司，并将 Future Splash 改名为 Flash。2005 年 12 月，出品 Flash 8 之后 Macromedia 被 Adobe 公司收购；出品了 Adobe Flash 系列产品，到 2013 年 9 月 2 日，最新零售版本为 Adobe Flash Professional CC。Flash 使用矢量图形绘制画面，与位图相比，矢量图形需要的内存和存储空间更小，因此 Flash 作品在 Internet 传输中占据优势。

5.2.2 Toon Boom Studio

Toon Boom Studio 是一款矢量动画制作软件，具有广泛的系统支持，可用于 Windows 系统及 Mac 苹果系统等。Toon Boom Studio 具有唇型对位功能，并且引入镜头理念，加强了手动绘画功能，使其操作更加符合传统二维动画的创作形式。新版本 Toon Boom Studio 增加了同 Flash MX 的兼容性，Flash MX 可直接调用 Toon Boom Studio 动画文件。Toon Boom Studio 可导出 SWF 等格式的文件。

5.2.3 USAnimation 二维动画制作系统

USAnimation 是 ToonBoom Technologies 推出的全球唯一全矢量化的二维卡通动画制作软件。USAnimation 系统可组合二维动画和三维图像，具有多位面拍摄、旋转聚焦、镜头推拉摇移、无限多种颜色调色板和无限多个层，即时显示所有层模拟效果的功能。USAnimation 软件采用矢量化的上色系统，带有国际标准卡通色的颜色参照系。其中阴影色、特效、高光均为自动着色，使整个上色过程节省 30%～40%时间，同时不损失任何图像质量。USAnimation 系统可绘制完美的"手绘"线，保持所有的笔触和线条。USAnimation 的工具包括彩色建模、镜头规划、动检、填色和线条上色、合成（2D、3D 和实拍）、特殊效果等。

5.3 用 Flash CS6 制作动画

5.3.1 Flash CS6 概述

1. 安装 Flash CS6 的系统要求

Adobe Flash Professional CS6 可在 Windows 系统、苹果机的 Mac OS X 10.6 中运行。Windows 系统中安装 Adobe Flash Professional CS6 的系统最低要求是：Intel Pentium 4 以上处理器，Windows 7/Windows 8.1/Windows 10 等操作系统，2 GB 内存、3.5 GB 可用硬盘空间，1 024 × 768 及以上分辨率的显示器，16 位显卡安装 DirectX 9.0 软件 DVD-ROM 驱动器，并安装 Quick Time 7.6.6 软件。

2. Flash CS6 的欢迎窗口

启动 Flash CS6 的具体操作方法是：选择"开始"→"程序"→"Adobe"→"Adobe Flash Professional CS6"命令，弹出 Flash "欢迎"窗口。"欢迎"窗口提供"帮助"资源快速访问、浏览 Flash 网站及帮助文件、查找 Adobe 授权的培训机构等。若隐藏"欢迎"窗口，请勾选"不再显示"复选框。若显示"欢迎"屏幕，请选择"编辑"→"首选参数"命令（Windows 系统）或选择"Flash"→"首选参数"命令（Macintosh 系统）；弹出"首选参数"对话框，"常规"类别"启动时"选项中选择"欢迎屏幕"，如图 5-3-1 所示。

图 5-3-1　Flash CS6 欢迎界面

"欢迎"窗口包含 5 个部分：从模板创建——利用系统模板创建 Flash 文档。打开最近的项目——打开最近使用过的 Flash 文档。单击"打开"按钮，弹出"打开"对话框，选择一个或多个 Flash 文档，单击"打开"按钮。新建——列出可新建的 Flash 文件类型，如单击"ActionScript 3.0"按钮，可新建一个 Flash 文档。此时，默认播放器为 Flash Player 9、ActionScript 版本为 3.0。学习——提供学习 Flash 的网站链接，单击列表中的某选项，可打开相应内容的网页，供学习参考。扩展——链接到 Flash Exchange 网站，可下载助手应用程序、扩展功能以及相关信息。

3. Flash CS6 的工作区

（1）Flash CS6 的默认工作区

工作区即指操作界面。首次启动并选择新建文件，将打开默认工作区，Flash 默认工作区是一种典型的工作区，通常包含有以下 6 项内容：菜单栏——位于窗口顶部，用于组织存放操作命令。工具面板——位于窗口右侧，用于放置创建和编辑图像、图形、页面元素等的工具，相关工具编为一组。舞台面板——位于窗口中央，用于显示正在使用、编辑的帧内容。舞台是 Flash 文档放置图形内容的矩形区域。更改舞台视图大小，可使用放大和缩小工具；对象在舞台上定位，可使用网格、辅助线和标尺。时间轴面板——位于窗口下部，用于编排对象在画面中出现的时间与顺序、动作等。属性面板——位于窗口右侧，又称属性检查器，用于显示、设置舞台中对象或工具等的属性。"属性"面板与"库"面板通常占用一个显示区域。动画编辑器面板——位于窗口下部，用于对创建的"补间动画"进行细化调试，如调整对象在舞台中的 X、Y 坐标等，通常与"时间轴"面板占用一个显示区域。通过"窗口"菜单命令可添加与隐藏面板，也可对面板进行编组、堆叠等，如图 5-3-2 所示。

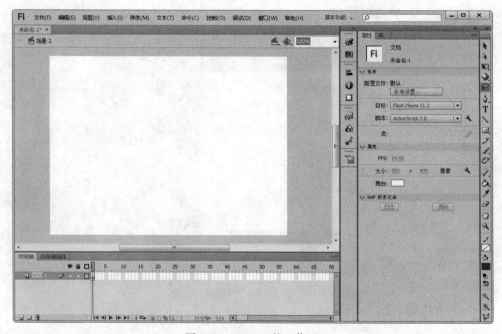

图 5-3-2　Flash 的工作区

（2）切换工作区

编辑文档时，Flash 允许使用多个工作区，并且可在工作区间切换。具体操作方法是：选择"窗口"→"工作区"命令，或单击窗口上方的"工作区"按钮；弹出"工作区"选项菜单，选择某工作区命令切换到相应工作区，如选择"基本功能"命令切换到默认工作区，如图 5-3-3 所示。

图 5-3-3　切换工作区

4．Flash CS6 中的常用述语

（1）时间轴

时间轴是指编排元素及其属性如位置、色彩、形状、动作等变化过程的时间流程线。时间轴可组织和控制文档内容在一定时间内播放的图层数和帧数。

（2）帧

① 帧的概念。帧是指时间轴存储信息的结点。帧是 Flash 动画制作的基本单位，Flash 中时间轴上每个小格就是一个帧。Flash 动画由很多帧构成的，时间轴上每帧都包含需要的内容，如图形、声音等元素及其属性。

② 帧的类型。帧包括关键帧、空白关键帧、普通帧 3 种。关键帧是指包含关键状态、定义动画状态变化的帧。即可在时间轴上对舞台中存在的对象进行编辑的帧。空白关键帧是指没有包含任何信息的关键帧。普通帧是指在时间轴上能显示对象，但不能编辑操作对象的帧。

③ 几类帧的主要区别。第一，显示方面。关键帧在时间轴上显示为实心圆点；空白关键帧在时间轴上显示为空心圆点；普通帧在时间轴上显示为灰色小方格。第二，插入帧操作方面。插入关键帧是复制前一个关键帧的对象，并可对其进行编辑操作；插入普通帧是延续前一个关键帧的内容，不可对其进行编辑操作；插入空白关键帧可清除该帧后的延续内容，可在空白关键帧添加新对象。第三，添加脚本方面。关键帧和空白关键帧都可添加帧动作脚本，普通帧上则不能。

（3）元件

元件是指在 Flash 中创建的、具有独立属性的对象。这些对象可以是图形、按钮或影片剪辑。元件是能够在文档重复使用的对象。

（4）图层

Flash 中的图层是指叠放动画对象的透明时间流程线。图层可以理解为彼此重叠在一起的透明玻璃纸，透过上层可看到下层的动画对象，可在不同图层编辑动画对象，这些动画对象不会互相干扰。Flash 中使用图层并不会增加文件的大小，可更好地安排和组织图形、文字等动画对象。图层位置决定其动画对象的叠放顺序，上面图层所包含的动画对象总是处于前面。用鼠标左键可拖动图层调整其上下位置。图层可分为普通层、引导层、遮罩层 3 类。

（5）实例

实例是元件的引用，是元件从库中复制到舞台的副本。元件从库中拖放到舞台就变成了实例。编辑元件会更新该元件的一切实例，编辑实例不会影响原元件。创建实例的方法是：选择关键帧；将元件从库中拖到舞台；选择"窗口"→"属性"命令，弹出"属性"面板；"实例名称"文本框中输入的名称即是实例的名称。在 Action Script 中使用"实例名称"来调用、控制实例。

（6）场景

场景是指角色及其活动环境。Flash 借用这一概念表示可连续编辑动画的时间轴区间。一个 Flash 文件中可插入 10 个以上场景，通常默认打开场景 1。

5. 滤镜

滤镜是指通过某种算法为舞台中对象样式或外观添加的特殊显示效果。Flash 中滤镜的主要应用对象为文本与元件对象，对于绘制的图形，可将其转换为元件，再运用滤镜。滤镜选项窗格通常位于"属性"面板中。应用滤镜的具体方法是：选择舞台中的元件或文本；选择"窗口"→"属性"命令，切换到"属性"面板，"属性"面板下方呈现"滤镜"选项窗格；单击窗格下方的"添加滤镜（🔳）"按钮，弹出"添加滤镜"选项菜单；其中包括"投影""模糊""发光""斜角""渐变发光""渐变斜角""调整颜色"等命令；选择某命令选项；"滤镜"选项窗格出现选项参数设置；设置选项参数后按 Enter 键。

6. Flash CS6 中常用的快捷键

F5 键为插入空白帧；F6 键为插入关键帧；F7 键为插入空白关键帧；Ctrl+Z 组合键为撤销操作；Enter（回车）键为播放、停止播放；Ctrl+Enter 组合键为测试影片；Ctrl+W 组合键为中止影片测试返回当前场景。

7. Flash 动画的制作流程

制作 Flash 动画，通常需要执行下列基本步骤：①动画规划。编写脚本，确定动画要执行的基本任务。②添加媒体元素。创建元件；导入图像、视频、声音、gif 动画等素材到库。③添加关键帧，排列元素。在时间轴插入关键帧，在关键帧舞台添加元件和媒体素材，定义它们在动画中的显示时间和显示方式。④创建补间动画。给两个关键帧间的元件或媒体素材添加过渡帧。⑤关键帧添加脚本语句。对于需要脚本语句控制的动作可添加 ActionScript 语句。⑥测试并发布动画。进行测试以验证动画是否达到预期，查找并修复所遇到的错误。将 fla 文件输出为 swf 文件，如图 5-3-4 所示。

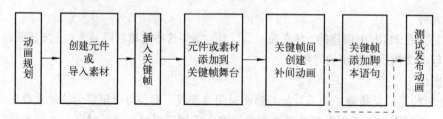

图 5-3-4　Flash 动画制作流程

8. Flash 动画的基本类型

Flash 中帧动画包括逐帧动画、补间动画、Actions Script 脚本动画。其中补间动画包括形变动画、运动动画、引导线动画、遮罩动画等。各种动画的标识方法与含义如表 5-3-1 所示。

表 5-3-1　动画类型与含义

帧标识	动画类型及含义
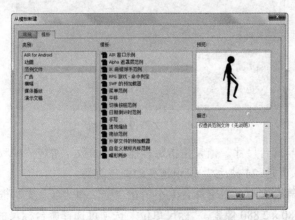	关键帧之间为浅蓝色背景并右从左至右的黑色箭头标识，表示创建的动画为传统补间
	关键帧之间为浅蓝色背景且关键帧之间以虚线连接，表示没有创建成功的传统补间动画
	关键帧之间为浅绿色背景并有从左至右的黑色箭头标识，表示创建的动画为补间形状
	关键帧之间为浅绿色背景且关键帧之间以虚线连接，表示没有创建成功的补间形状动画
	灰色背景表示对单个关键帧内容进行延续
	关键帧上有小写的"a"符号，表示帧添加了 ActionScript 动作脚本
	关键帧之后为浅蓝色背景并有黑色标识点，表示创建的动画为补间动画

　　Flash 中不同动画类型的创建命令不同。光标放在时间轴的关键帧，右击，弹出快捷菜单，其中可创建的动画类型有：补间动画——由 1 个传统关键帧与若干个标记点组成的动画；补间形状——2 个关键帧间的形状渐变的动画；传统补间——2 个关键帧之间对象平移、变形、旋转等动画。

　　逐帧动画可使用的对象有形状对象、图形元件、影片剪辑元件。形变动画可使用的对象有形状对象。运动动画和引导线动画可使用的对象有图形元件和影片剪辑元件。遮罩动画可以使用的对象有形状对象、图形元件、影片剪辑元件。

5.3.2　文件新建、打开与保存

1. 新建文件

（1）从模板创建

　　模板是指定义了基本结构和设置的文档。利用系统模板，可快速创建固定模式的 Flash 文件。具体操作方法是：在欢迎界面中单击某个模板或"更多"按钮，或选择"文件"→"新建"→"模板"命令；弹出"从模板新建"对话框；选择某模板，单击"确定"按钮，如图 5-3-5 所示。

图 5-3-5　"从模板新建"对话框

（2）从"新建"创建

　　启动 Flash 后，"新建"文件可通过以下 3 种方法之一创建新 Flash 文档。

方法 1：欢迎界面中单击"新建"选项组中的某选项按钮，如"ActionScript 2.0"或"ActionScript 3.0"等；新建一个 Flash 文档。文档的设置为默认设置，若需要 3D 操作请单击"ActionScript 3.0"按钮。

方法 2：按 Ctrl+N 组合键，弹出"新建文档"对话框，选择"常规"选项卡；在"类型"列表选择新建 Flash 文件类型，如选择"ActionScript 2.0"或"ActionScript 3.0"等；单击"确定"按钮。

方法 3：选择"文件"→"新建"命令，弹出"新建文档"对话框；选择"常规"选项卡；"类型"列表新建 Flash 文件类型，如选择"ActionScript 2.0"或"ActionScript 3.0"等；单击"确定"按钮。

2. 打开文件

启动 Flash CS6 后，可通过 3 种方法打开 Flash 文档。

方法 1：在欢迎界面中单击"打开最近的项目"下方的"打开…"按钮，弹出"打开"对话框；选择文件夹、文件，单击"确定"按钮。

方法 2：按 Ctrl+O 组合键，弹出"打开"对话框；选择文件夹、文件，单击"确定"按钮。

方法 3：选择"文件"→"打开"命令，弹出"打开"对话框；选择文件夹、文件，单击"确定"按钮。

3. 文档属性设置

文档属性是指设置文档的舞台大小、背景色、帧频、标尺单位等属性。具体操作方法是：选择"修改"→"文档"命令，或单击"属性"面板中"大小"选项后的"编辑文档属性（🔧）"按钮，弹出"文档设置"对话框，如图 5-3-6 所示。然后进行如下操作。

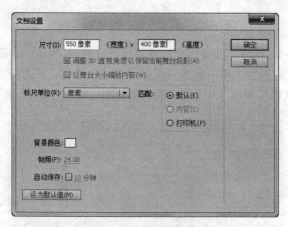

图 5-3-6　"文档设置"对话框

① 指定"帧频"与舞台尺寸。帧频是指每秒播放的帧数。指定"帧频"即输入每秒播放的动画帧数量，系统默认值是 24 帧/秒。帧频越高动画越流畅。

"尺寸"是指设置舞台大小。指定舞台大小请在"宽"和"高"文本框中输入数值。最小为 1×1 像素；最大为 2 880×2 880 像素。"标尺单位"选项可选择舞台标尺的单位如厘米、英寸、像素等。若将舞台大小设置为内容四周的空间都相等，请单击"匹配"选项的"内容"按钮。若最小化文档，请将所有元素对齐到舞台左上角，单击"内容"。若将舞台大小设置为最大可用打印区域，请单击"打印机"。此区域的大小是纸张大小减去"页面设置"对话框（Windows 系统）或"打印边距"对话框（Macintosh 系统）的"页边界"区域中当前选定边距之后的剩余区域。若将舞台大小设置为默认大小（550×400 像素），请单击"默认"按钮。

② 设置文档的背景颜色。设置文档的背景颜色，单击"背景颜色"按钮，从调色板中选择颜色。若将新设置仅用作当前文档的默认属性，单击"确定"按钮。若将新设置用作所有新文档的默认属性，单击"设为默认值"按钮。

③ 自动保存。设置文档自动保存的时间间隔，单位为分钟，系统默认值为 10 分钟。

4．预览与控制影片

制作影片的过程中或完毕后，可预览影片。具体操作方法是：选择"窗口"→"工具栏"→"控制器"命令，弹出"控制器"面板，预览与控制影片的播放；或按 Ctrl+Enter 组合键测试影片、Ctrl+W 组合键停止测试。

5．保存 Flash 文件

（1）保存 Flash 源文件

源文件即项目文件，记录 Flash 动画素材编辑的原始信息与参数设置等信息，文件格式为.fla。保存 Flash 源文件的具体操作方法是：选择"文件"→"保存"或"另存为"命令，弹出"另存为"对话框；选择文件夹、输入文件名，单击"确定"按钮。

（2）保存 Flash 文件为模板

保存 Flash 文件为模板，文件类型为".fla"。保存为模板后 swf 文件的历史记录将被删除。与保存源文件相比，保存为模板后，文件占用空间更小，同时在新建文件时可以"从模板新建"的模板类别中查找到保存的模板。若调用，可使用模板中已设置的参数。保存 Flash 文件为模板，具体操作方法是：选择"文件"→"另存为模板"命令，弹出"另存为模板警告"对话框；单击"另存为模板"按钮，弹出"另存为模板"对话框；输入文件名、类别，单击"保存"按钮。

6．导出文件

Flash 文件编辑完成后，可导出 swf、图像等多种格式的文件。具体操作方法是：选择"文件"→"导出"→"导出影片"命令，弹出"导出影片"对话框；选择文件类型、输入文件名，单击"保存"按钮，将影片保存为指定名称的视频文件或图像序列文件等，其中包括导出影片中的音频。音频导出需要考虑音频的质量与输出文件的大小。音频采样频率和位数越高，音频的质量也越好，输出的文件也越大，如图 5-3-7 所示。

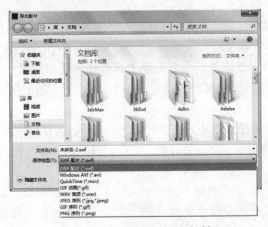

图 5-3-7　"导出影片"对话框

若选择"文件"→"导出"→"导出图像"命令，弹出"导出图像"对话框；选择文件类型、输入文件名，单击"保存"按钮，将影片当前帧保存为.jpg、.bmp 等格式的图像文件。

5.3.3 时间轴与帧应用

1. 时间轴

时间轴是指编排元素及其属性如位置、色彩、形状、动作等变化过程的时间流程线。时间轴是 Flash 进行影片创作和编辑的主要场所，通常位于舞台下方，用鼠标拖动可改变其位置。时间轴的主要组件有图层、帧、播放指针，通过图层和时间轴决定场景切换、角色出场时间顺序、动作行为变化等，如图 5-3-8 所示。

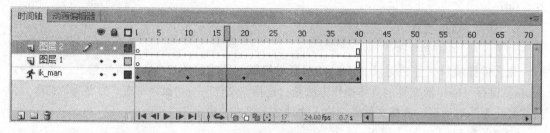

图 5-3-8　时间轴

时间轴可以分为左右两个区。左边是图层控制区，主要进行图层的添加、移动、删除等操作；右边是帧控制区，主要进行选择帧、插入关键帧等操作。时间轴顶部为时间轴帧编号；播放指针指明当前舞台中显示内容所在的帧，播放时，播放指针从左向右在时间轴上移动。底部为时间轴状态显示，显示当前帧编号、帧频以及到当前帧为止的运行时间。

2. 帧

帧是指时间轴中的小方格。帧是组成时间轴的基本单位，可对帧进行插入、选择、删除和移动等操作。通常，帧应用需要尽可能减少关键帧的使用，以减小动画文件体积；尽量避免在同一帧处使用多个关键帧，以减小动画运行负担，使画面播放流畅。

（1）插入帧

插入帧是指在时间轴上插入新帧。插入帧后，原来位置的帧向后移动一帧。插入帧包括插入普通帧、插入关键帧、插入空白关键帧。

插入普通帧的具体操作方法是：在时间轴上选择插入帧的位置（某帧）；按 F5 键或选择"插入"→"时间轴"→"帧"命令。

插入关键帧的具体操作方法是：在时间轴上选择插入帧的位置（某帧）；按 F6 键、或选择"插入"→"时间轴"→"关键帧"命令、或右击，弹出快捷菜单，选择"插入关键帧"命令。

插入空白关键帧的具体操作方法是：在时间轴上选择插入帧的位置（某帧）；按 F7 键、或选择"插入"→"时间轴"→"空白关键帧"命令、或右击，弹出快捷菜单；选择"插入空白关键帧"命令。

Flash 通过时间轴，可识别出各种不同类型的帧及插入动画类型，如图 5-3-9 所示。

关键帧用实心圆表示，代表帧中含有对象。普通帧代表该帧没有任何对象。空白关键帧用空心圆表示，代表关键帧中没有任何对象；空白关键帧中加入对象将变成关键帧。一般空白帧是帧不含任何对象，但帧中包含的对象和它前面最近关键帧中的对象一致。运动渐变帧以底色为浅蓝色的箭头符号表示，代表该区域存在运动补间动画。形状渐变帧以底色为浅绿色的箭头符号表示，代表这个区域存在形状补间动画。错误渐变帧以虚线表示，代表该区域存在错误的补间动画。加入脚本语言的帧通过"动作"面板为该帧添加了脚本语句。带标签帧通过"属性"面板给该帧添加的标签（名称、注释、锚记）。加入音乐的帧以空白关键帧为起点，显示音频波形。

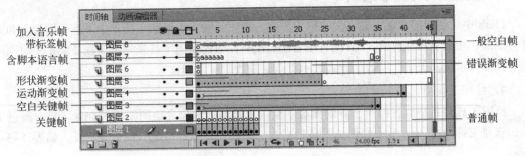

图 5-3-9　时间轴与帧

（2）选择帧

时间轴中选择帧的方法有两种：基于帧的选择（默认情况）模式，可在时间轴中选择单个帧；基于整体范围的选择模式，单击一个关键帧到下一个关键帧之间的任何帧，选择整个帧序列。Flash 首选参数中可指定帧选择模式，具体操作方法是：选择"编辑"→"首选参数"命令，弹出"首选参数"对话框；选择"常规"选项卡，勾选"基于整体范围的选择"复选框；单击"确定"按钮。

选择一个帧，单击该帧。如果已启用"基于整体范围的选择"，按住 Ctrl 键的同时单击该帧。

选择多个连续的帧，在帧上拖动鼠标选择，或按住 Shift 键并单击其他帧。

选择多个不连续的帧，按住 Ctrl 键的同时单击其他帧。

选择时间轴中的所有帧，选择"编辑"→"时间轴"→"选择所有帧"命令。

（3）添加帧标签

添加帧标签是指给关键帧或空白关键帧添加名称、注释、锚记标签，作为帮助组织内容的一种方式，以便在 ActionScript 中按其标签引用帧。帧标签只能应用于关键帧。最佳做法是在时间轴中创建一个单独的图层来包含帧标签。添加帧标签的具体方法是：时间轴中选择添加标签的帧；在"属性"面板的"标签"选项输入标签名称，按 Enter 键确定。

（4）复制、移动、删除帧

复制：选择关键帧或帧序列，按 Ctrl+C 组合键或选择"编辑"→"时间轴"→"复制帧"命令。

粘贴帧：选择目标帧；按 Ctrl+V 组合键或选择"编辑"→"时间轴"→"粘贴帧"命令。

移动帧：选择关键帧或帧序列；用鼠标左键拖到目标位置。或采用剪切粘贴移动帧。

删除帧：选择帧或序列；选择"编辑"→"时间轴"→"删除帧"命令；或右击，弹出快捷菜单，选择"删除帧"命令。

（5）更改静态帧序列长度

更改静态帧序列长度是指改变动画序列帧的开始点或结束点。具体的操作方法是：按住 Ctrl 键，同时向左或向右拖动开始帧或结束帧。

（6）清除关键帧

清除关键帧是指清除时间轴中的关键帧与空白关键帧。清除关键帧及到下一个关键帧之前所有帧内容都将由被清除关键帧之前的帧内容所替换。清除关键帧的具体操作方法是：选择关键帧；选择"编辑"→"时间轴"→"清除关键帧"命令；或右击，弹出快捷菜单，选择"清除关键帧"命令。

5.3.4 绘图工具与图形绘制

Flash 中可创建的对象主要有文本框（静态、动态、输入）形状（场景中手绘的图形）和元件（图形、按钮、影片剪辑），其创建主要通过工具栏中的绘图工具来完成。在 Flash 中绘图时创建的是矢量图，矢量图以数学方式表示直线、曲线、颜色和位置。

1. 绘图工具箱

绘图工具箱是指放置编辑工具的面板。绘图工具箱通常包含绘图工具、查看工具、颜色工具、选项工具 4 部分。其中绘图工具包括直线、椭圆、矩形、铅笔、钢笔等工具，如表 5-3-2 所示。

表 5-3-2 常用绘图工具

图标	中文名	主要功能
	选择工具	选择舞台中的对象，移动、改变对象大小和形状
	部分选取工具	选择加工矢量图形，增加和删除曲线结点，改变图形形状
	任意变形工具	改变对象的位置、大小、旋转角度和倾斜角度等
	渐变变形工具	改变渐变填充色彩的位置、大小、旋转和倾斜角度等
	套索工具	在图形中根据色彩灰度选择区域
	钢笔工具	采用贝赛尔绘图方式绘制矢量曲线图形
	添加锚点工具	单击矢量图形线条上的一点，可添加锚点
	删除锚点工具	单击矢量图形线条上的描点，可删除锚点
	转换锚点工具	将直线锚点和曲线锚点相互转换
	文本工具	输入和编辑文字对象。
	线条工具	绘制各种形状、粗细、长度、颜色和角度的直线
	矩形工具	绘制矩形或正方形的轮廓线
	椭圆工具	绘制椭圆形或圆形轮廓线
	基本矩形工具	绘制基本矩形
	基本椭圆工具	绘制基本椭圆或基本圆形
	多角星形工具	绘制多边形、多角星轮廓线

续表

图标	中文名	主要功能
	铅笔工具	绘制任意形状和粗细的矢量图形
	刷子工具	绘制任意形状和粗细的矢量曲线图形
	颜料桶工具	给填充对象填充彩色或图像
	墨水瓶工具	改变线条的颜色、形状和粗细等属性
	骨骼工具	为图形创建骨骼
	3D 工具	对舞台中的对象进行三维旋转与平移
	Deco 绘图刷	添加建筑物、粒子运动等高级动画效果
	滴管工具	吸取选择点的色彩
	橡皮擦工具	擦除舞台上的图形和分离后的图像、文字等

3D 工具( )适用于 ActionScript 3.0 环境,可对舞台中的对象进行三维旋转与平移操作等。

通常,在"属性"面板左侧有一列放置图标的面板——快捷面板,当某个面板拖放到此面板时则压缩为一个图标;单击其中的某图标时打开其面板。

2."属性"面板

"属性"面板又称属性检查器,是指显示、修改当前对象状态检查器。当选择某对象时,"属性"面板将显示该对象属性,并可设置修改其属性。若不选择任何对象时,系统默认显示文件属性。以下通过 Deco 工具来学习"属性"面板的应用,具体操作方法是:选择 Deco 工具;"属性"面板切换到"Deco 工具"属性;"绘制效果"选项中选择绘制工具类别,如图 5-3-10 所示;"高级选项"中可选择绘制工具。

图 5-3-10　"Deco 工具"属性面板

不同对象的"属性"面板内容不同，操作时需要仔细观查与设置。

【实例】在 Flash CS6 中完成下列操作：①选择"直线"工具，在图层 1 第 1 帧舞台下方绘制一条直线。②选择"Deco"→"建筑物刷子"工具，在舞台中直线上方用"随机选择建筑物"工具绘制 8 座大楼图形。③选择"Deco"→"树刷子"工具，在舞台中建筑物前绘制白杨树、橙树、圣旦树等图形。④文件以"lx5301.fla"为名保存到"文档"文件夹，如图 5-3-11 所示。

图 5-3-11　用 Deco 工具绘制图形

具体操作步骤如下。

步骤 1：新建文件。选择"文件"→"新建"→"Action Script 2.0"命令。

步骤 2：绘制直线。选择"图层 1"第 1 帧；选择"线条工具"，拖动鼠标从左向右在舞台下方绘制一条直线。

步骤 3：绘制大楼。选择"Deco 工具（🖊）"；"属性"面板"绘图效果"选项中选择"建筑物刷子"；"高级选项"中选择"随机选择建筑物"；拖动鼠标在舞台由下向上绘制 8 座大楼；选择"自由变形工具"，调整楼图形的位置与大小。

步骤 4：绘制树木。选择"Deco（🖊）"工具；"属性"面板的"绘图效果"选项中选择"树刷子"项；"高级选项"中分别选择"杨树""橙树""圣旦树"等；拖动鼠标在舞台的直线上方绘制树图形；选择"自由变形工具"，调整树图形的位置与大小。

步骤 5：保存文件。选择"文件"→"另存为"命令，弹出"另存为"窗口；选择"文档"文件夹，输入文件名"lx5301"，保存类型选择".fla"项；单击"保存"按钮。

3. 颜色选择与设置

颜色选择与设置是指选择或设置绘图工具或填充工具的颜色。颜色选择与设置通过"颜色"对话框或颜色"样本"调色板来实现。选择"绘图"或"油漆桶工具"，则"属性"面板显示该工具的属性。单击"属性"面板中的"填充颜色"或"笔触颜色"按钮，将打开颜色"样本"调色板，可选择"填充颜色"或"笔触颜色"。其中，"填充颜色"是指填充区的填充颜色，"笔触颜色"是指绘制线的颜色，如图 5-3-12 所示。

单击快捷面板中的"颜色"图标或选择"窗口"→"颜色"命令，弹出"颜色"面板，可设置填充颜色。其中面板按钮的名称与作用如下："笔触颜色（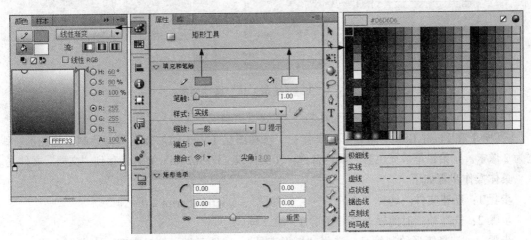）"按钮用于线着色。"填充颜色（）"按钮用于填充区域着色，其中包括"纯色"与"渐变色"样式选择。"黑白、无颜色、交换颜色（）"按钮：单击"黑白"按钮，可使"笔触颜色"和"填充颜色"恢复到默认状态（笔触颜色为黑色，填充颜色为白色）；单击"交换颜色"按钮，可使"笔触颜色"与"填充颜色"互换；单击"无颜色"按钮，可设置"笔触颜色"为无色，如图 5-3-12 所示。

图 5-3-12　"矩形工具"颜色面板

渐变填充可在"颜色"面板进行调配，渐变填充有"线性渐变"和"径向渐变"两种。"线性渐变"即创建从起始点到终点沿直线的颜色渐变，其中"溢出"选项用于控制超出渐变限制的颜色，包含扩展（默认模式）、镜像和重复 3 种模式。用选"线性 RGB"复选框可创建 SVG 兼容的线性或放射状渐变。单击渐变定义栏或渐变定义栏下方，可添加色标（颜色指针），Flash 最多可添加 15 个色标（颜色指针），从而创建多达 15 种颜色转变的渐变。沿着渐变定义栏拖动色标（颜色指针）可移动渐变颜色的位置。将色标（颜色指针）拖离渐变定义栏可删除色标。单击"颜色"面板右上角的三角形，弹出菜单，选择"添加样本"命令可保存渐变色至颜色"样本"面板。

径向渐变即创建从一个中心焦点出发沿环形轨道递进的颜色渐变，其参数设置和线性渐变相同。

位图即将一幅图填充到指定对象区域。

4．绘制线

线是构成图形的基本要素，Flash 中由线组成图形区域，其中可填充颜色与图像。线与图形区域相互独立存在，绘制一个图形，可删除构成图形的线或填充区域。绘制线包括绘制直线和曲线。

（1）绘制直线

绘制直线主要使用"线条工具"，可绘制颜色、粗细、形状不同的直线。具体操作方法是：选择"线条工具"，"属性"面板中显示"线条工具"属性；单击"笔触颜料"按钮，打开颜色"样本"调色板，选择线颜色；"笔触高度"文本框中输入线宽度值；单击"样式"按钮，打开线"样式"调色板，选择线样式等；在舞台绘制直线，如图 5-3-13 所示。

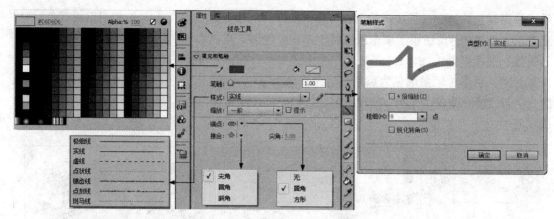

图 5-3-13　"线条工具"属性面板

钢笔工具也是绘制直线的重要工具之一。

【实例】在 Flash CS6 中完成下列操作：①选择图层 1 第 1 帧。②在舞台绘制铅笔图形、线宽为 2 像素。③给铅笔填充色彩，配色自选。④文件以 "lx5302.fla" 为名保存到 "文档" 文件夹。

具体操作步骤如下。

步骤 1：新建文件。选择 "文件" → "新建" → "Action Script 2.0" 命令。

步骤 2：选择帧。时间轴选择 "图层 1" 第 1 帧。

步骤 3：选择矩形绘制笔身。选择 "矩形工具"；属性面板 "笔触高度" 文本框中输入线宽度值 2；拖动鼠标在舞台中绘制长方形图形。

步骤 4：选择 "线条工具" 并设置属性。选择 "线条工具"；"属性" 面板中 "笔触颜色" 选择黑色；线条 "样式" 选项中选择 "实线"；"笔触高度" 文本框中输入线宽度值 2 像素。

步骤 5：修饰笔身绘制笔头。拖动鼠标在长方形中绘制两条直线，为形成闭合区域，绘制线的起点终点与长方形的边连接（光标显示为圆环状）。在长方形前方拖动鼠标绘制 3 条线组成铅笔头，3 条线与长方形的边形成两个闭合区域。

步骤 6：填充颜色。选择 "颜料桶工具"；在 "属性" 面板中单击 "填充颜色" 按钮，弹出颜色 "样本" 调色板，选择颜色；光标指向舞台上的闭合图形区域，单击并填充颜色。重新选择颜色并填充，为不同的闭合区域填充不同颜色。

步骤 7：旋转图形。选择 "任意变形工具"；拖动鼠标框选舞台中的铅笔图形；光标指向矩形选区 4 个角控制点之一；当光标变为旋转箭头时，按住鼠标左键旋转铅笔图形，如图 5-3-14 所示。

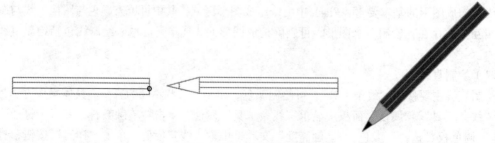

图 5-3-14　绘制铅笔图形

步骤 8：保存文件。选择"文件"→"另存为"命令，弹出"另存为"对话框，选择"文档"文件夹，"文件名"文本框中输入"lx5302"，保存类型选择.fla；单击"保存"按钮。

（2）绘制曲线

绘制曲线的方法主要有直线修改为曲线、钢笔工具绘制曲线、铅笔工具绘制曲线 3 种方法。

① 直线修改为曲线。具体操作方法是：选择"线条工具"，绘制直线；选择"选择工具"并指向线段某点；当光标尾部出现弧线标识时，拖动线段中部的某点将直线修改为曲线，如图 5-3-15 所示。

图 5-3-15　直线修改为曲线

② 钢笔工具绘制曲线。钢笔工具通过控制线段锚点与曲线斜率绘制任意形状的曲线。单击"钢笔工具"右下角的黑色小三角，弹出"钢笔工具"子菜单，其中包括"添加锚点工具""删除锚点工具""转换锚点工具"3 个工具选项。钢笔工具绘制曲线的具体操作方法是：选择"钢笔工具"；连续单击舞台添加锚点并绘制多段直线；选择"转换锚点工具"，或光标指向线段中某锚点，当光标尾部出现角形标识（转换锚点工具）时；拖动锚点修改曲线斜率，如图 5-3-16 所示。

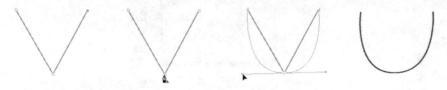

图 5-3-16　使用钢笔工具绘制的曲线

其中转换锚点工具的作用是进行直线与曲线间的相互转换。

③ 铅笔工具绘制曲线。使用铅钢笔工具可手工绘制任意形状的曲线与直线。按住 Shift 键的同时在舞台拖动铅笔工具时，将绘制横向或纵向的直线。选择"铅笔工具"，将在工具箱底部显示"铅笔模式（⬚）"选项菜单，其中包括"伸直""平滑""墨水"3 个工具。"伸直"指绘制的曲线由多个直线组成；"平滑"指绘制的曲线结点间是平滑过渡；"墨水"综合了"伸直"与"平滑"的特点，可绘制直线也可绘制平滑曲线，绘制的曲线接近铅笔的运动轨迹。"铅笔工具"绘制曲线的具体操作方法是：选择"铅笔工具"，在"铅笔模式（⬚）"选项菜单中选择铅笔模式，拖动鼠标在舞台绘制曲线。

5. 绘制图形

Flash 中图形是由线与填充区域组成的图案。绘制图形的具体操作方法是：在时间轴中选择关键帧；选择"绘制工具"；在舞台中绘制图形轮廓；选择"颜料桶工具"，给闭合填充区域填充颜色。

【**实例**】在 Flash CS6 中完成下列操作：①利用"多角星形工具"在舞台上方绘制 2 颗五角星。②用"颜料桶工具"为五角星图形填充颜色，配色方案为径向渐变、中心黄色外围红色。③用椭圆工具绘制白色月牙图形。④利用线条工具、椭圆工具、矩形工具等绘制公交车图形。

⑤用颜料桶工具给出公交车图形填充颜色，配色方案自定。⑥文件以"lx5303.fla"为名保存到"文档"文件夹。

具体操作步骤如下：

步骤 1：启动 Flash CS6。选择"开始"→"程序"→"Adobe"→"Adobe Flash Professional CS6"命令，弹出 Flash 欢迎界面；单击"ActionScript 3.0"按钮。

步骤 2：绘制五角星。选择"图层 1"第 1 帧；选择"多角星形工具"；在"属性"面板中单击"选项"按钮，弹出"工具设置"对话框；在"样式"选项中选择"星形"、"边数"文本框中输入 5；单击"确定"按钮。拖动鼠标在舞台绘制两个五角星，如图 5-3-17 所示。

图 5-3-17　"星形工具"属性面板

"样式"选项中包含"多边形""星形"；"边数"文本框中可输入 3～32 间的数字；"星形顶点大小"文本框中可输入 0～1 之间的数字以指定星形顶点的深度，数字越接近 0，创建的顶点就越深。

步骤 3：渐变填充。选择"颜料桶工具"；单击"颜色"按钮，弹出"颜色"面板；颜色类型选择"径向渐变"项；调整下方的自定义颜色栏色标色彩分别为"黄色"、"红色"；用颜料桶工具单击五角星图形区域的中央。

步骤 4：绘制白色月牙。选择"椭圆工具"；在其属性面板中单击"填充颜色"按钮，弹出颜色"样本"调色板，选择白色；按住 Shift 键并拖动鼠标在舞台绘制两个部分重合的正圆；选择"选择工具"；选择舞台中的内切圆的外边线，按 Delete 删除，如图 5-3-18 所示。

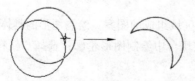

图 5-3-18　使用椭圆工具绘制月亮

步骤 5：绘制公交车车身图形。选择"矩形工具"；在其属性面板中单击"填充颜色"按钮，弹出颜色"样本"调色板，选择白色；拖动鼠标在舞台绘制 4 个矩形，其中一个为车身，另外 3 个为车窗；选择"线条工具"，在车身图形前部绘制一条斜线；选择"选择工具"，选择车身图形中多余的线，按 Delete 删除；选择"选择工具"，拖动第 1 个车窗的左上角向后移动形成倾斜线，如图 5-3-19 所示。

步骤 6：绘制公交车轮胎图形。选择"椭圆工具"；在其属性面板中的"笔触"文本框中输入数值 10 像素；按住 Shift 键，拖动鼠标在车身图形车轮位置绘制 1 个正圆；复制该圆，粘贴移动到另一个车轮位置，如图 5-3-19 所示。

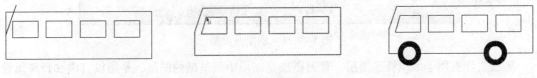

图 5-3-19　绘制公交车

步骤 7：填充颜色。选择"颜料桶工具"，给出公交车图形填充颜色，配色方案自定。

步骤 8：保存文件。选择"文件"→"另存为"命令，弹出"另存为"窗口，选择"文档"文件夹，"文件名"文本框输入"lx5303"，保存类型选择.fla；单击"保存"按钮，如图 5-3-20 所示。

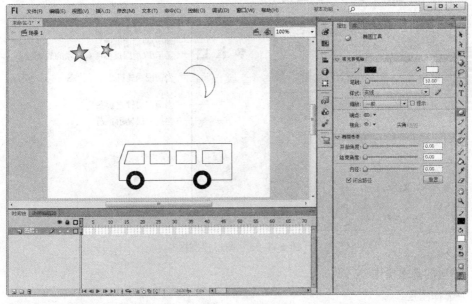

图 5-3-20　图形绘制

5.3.5　图层应用

1. 图层及图层控制区

Flash 文档中，每个场景可包含多个图层，图层和图层文件夹主要用于组织动画对象。同时段若创建多个对象的补间动画，每个对象可单独分布于 1 个图层。图层类型包括图层文件夹、引导层、普通层、被引导层、遮罩层、被遮罩层等，如图 5-3-21 所示。

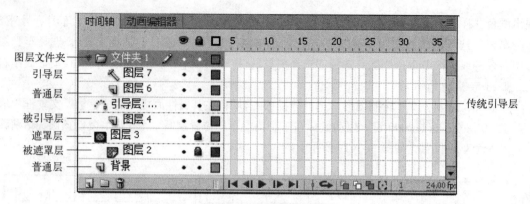

图 5-3-21　图层及类型

图层文件夹用于组织管理图层。普通图层是图层中最基础的图层，是指没有添加特殊属性（如引导层、被引导层、遮罩层、被遮罩层等）的图层。引导层是指用于绘制辅助图形的图层。传统引导层是指绘制运动路径的图层。被引导层是指放置按传统引导层路径运动对象的图层。遮罩层是指具有遮罩属性的图层，其中的图案可透视其下方图层画面。被遮罩层是指与上面图层建立被遮罩关系的图层。

图层控制区是进行图层操作的区域，通过其中的各种控制按钮，可快速完成插入、移动、删除等图层的基本操作，如图 5-3-22 所示。

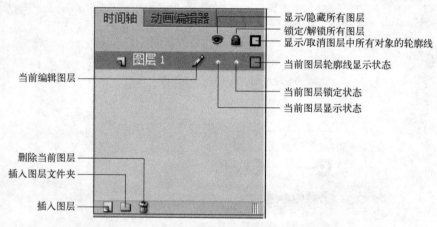

图 5-3-22　图层控制区

2. 图层的基本操作

（1）选择图层

选择图层是 Flash 操作的首要任务。选择图层的常用方法有 3 种：一是单击图层控制区中的图层名称；二是在舞台中单击编辑对象，可选择该对象所在图层；三是时间轴上单击某帧，可选择该帧所在图层。

（2）新建图层

新建图层是指在当前文档的时间轴面板中插入新图层。新建 Flash 文档，默认情况下包含一个图层。若使用更多的图层，则需要插入新图层。Flash 中在"时间轴"面板当前图层处插入一个新图层有 3 种方法：一是在图层控制区底部单击"新建图层"按钮；二是选择某图层，右击，弹出快捷菜单，选择"新建图层"命令；三是选择某图层，选择"插入"→"时间轴"→"图层"命令。

（3）删除图层

删除图层是指将图层及图层中的信息全部删除。删除图层的常用方法有两种：一是选择图层，在图层控制区单击"删除图层"按钮；二是选择图层，右击，弹出快捷菜单，选择"删除图层"命令。

（4）重命名图层

默认情况下，图层的名称为"图层 1""图层 2""图层 3"……为便于识别和管理图层，可重命名图层。通常图层重命名的方法有 2 种：一是在图层控制区，双击图层名称，图层名称变为可编辑状态，输入新图层名称；二是在图层控制区选择图层，右击，弹出快捷菜单，选择"属性"命令，弹出"图层属性"对话框，"名称"文本框中输入新图层名称，单击"确定"按钮。

（5）移动图层

移动图层是指在"时间轴"面板中移动图层的层级（上下）位置。移动图层的方法是：在图层控制区，用鼠标左键拖动某图层到目标位置。

5.3.6 文本创建和编辑

1. 创建文本

Flash 包括显示文本信息、制作文字特殊效果及绚丽的文字动画的静态文本，还有用于交互式操作与信息更新等的输入文本与动态文本。

（1）文本类型

Flash 中可以创建 3 种类型的文本字段：静态、动态和输入。静态文本：显示不会静态显示的文本，不能更改其值。输入文本：创建一个供用户输入文本的字段，如用户在表单或调查表中输入的文本。输入文本的提取方法是"实例名称.text"。动态文本：显示动态更新的文本，如变量 x 表示股票报价或天气预报，当给 x 赋新值后，则显示新值。赋值方法是"变量=新值"，如 x=543。

（2）创建文本

Flash 创建文本使用文本工具，选择"文本工具"，其属性面板中将显示文本的字体、字号、颜色等属性，可修改属性。添加文本的具体操作方法是：在时间轴选择关键帧；选择"文本（T）"工具；在其属性面板选择文本类型（静态文本、动态文本、输入文本）；用鼠标在舞台选择文本的插入位置，输入文本。

对于静态文本，在面板中单击"改变文本方向"按钮，弹出子菜单，包括"水平""垂直""垂直，从左向右"3 个命令选项；可选择文本方向（默认设置为"水平"）。

舞台上可创建文本标签与文本框两种文本输入方式，两者间的区别是有无自动换行功能。

文本标签不固定列宽。创建文本标签的具体操作方法是：选择"文本工具"；在舞台中单击创建文本输入的起始位置。文本标签会在文本块右上角显示圆形手柄。文本标签中不管输入多少文字，都不会自动换行；如果换行，需要按 Enter 键。

文本框具有固定宽度（对于水平文本）或固定高度（对于垂直文本）。创建文本框的具体操作方法是：选择"文本工具"；在舞台将指针放置于文本起始位置，按左键拖动到目标宽度或高度，得到一个虚线文本框；文本框的右上角显示一个方形手柄。文本框中输入文字，当输入的文字数量到达文本框的边缘时将自动换到下一行通过拖动可调整文本框的尺寸，还可在其属性面板设置文本框高度与宽度，对文本框进行精确调整。

2. 设置文本属性

选择"文本工具"或选择舞台中的文本；其属性面板中显示文本属性，可设置文本的字体、字形、字号、颜色等，如图5-3-23所示。

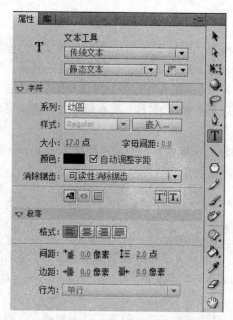

图5-3-23　"文本工具"属性面板

【**实例**】在Flash CS6中完成下列操作：①利用椭圆工具与任间变形工具在"图层1"第1帧的舞台、绘制一朵8个花瓣的小红花。②用颜料桶工具为每个花瓣填充颜色，配色方案为径向渐变、中心黄色外围红色。③插入新的"图层2"。④在"图层2"第1帧用文本工具在小红花下方写空心字"小红花"；字体"隶书"、字号50像素；红色描边。⑤文件以"lx5304.fla"为名保存到"文档"文件夹。

具体操作步骤如下。

步骤1：启动Flash CS6。选择"开始"→"程序"→"Adobe"→"Adobe Flash Professional CS6"命令，弹出Flash欢迎界面；单击"ActionScript 2.0"按钮。

步骤2：绘制一个花瓣。选择"图层1"第1帧；选择"椭圆工具"；拖动鼠标在舞台绘制椭圆；选择"颜料桶工具"；在快捷面板中单击"颜色"按钮，打开"颜色"面板；颜色类型选择"径向渐变"；分别调整下方的自定义栏色标的色彩为"黄色""红色"；用颜料桶工具单击椭圆图形区域一端。

步骤3：制作小红花。选择"任意变形工具"，选择绘制的花瓣；将选框的中心点移动到选框正下方控制结点；选择"窗口"→"变形"命令；弹出"变形"对话框，"旋转"角度为45；单击8次对话框下方的"重制选区和变形"按钮，旋转、复制8个花瓣，构成一朵花形状；用任意变形工具变形花的图形，如图5-3-24所示。

图 5-3-24　绘制小红花

步骤 4：插入新图层。图层控制区下部单击"插入图层"按钮，插入新图层。

步骤 5：输入文字。选择"文本工具（T）"；在其属性面板字符"系列"选项选择"隶书"项，"大小"项输入 50 像素；选择"图层 2"第 1 帧；在舞台单击并输入文本"小红花"。

步骤 6：分离文本。选择"选择工具（▶）"；选择舞台中的文字；连续 2 次选择"修改"→"分离"命令，将舞台中的字符转换为形状。

步骤 7：文字描边。选择"墨水瓶工具"；单击"笔触颜色"按钮，弹出颜色"样本"调色板，颜色选择红色；移动鼠标指针，单击每个文字的笔画，添加红色边框。

步骤 8：删除文本的内容填充。选择"选择工具"，单击文字填充部分，按 Delete 键删除，形成空心文字，如图 5-3-25 所示。

图 5-3-25　制作空心字

步骤 9：保存文件。选择"文件"→"另存为"命令，弹出"另存为"窗口，选择"文档"文件夹，"文件名"文本框中输入"lx5304"，保存类型选择.fla；单击"保存"按钮，最终效果如图 5-3-26 所示。

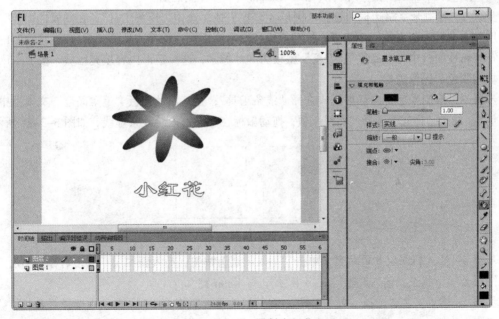

图 5-3-26　绘制小红花

5.3.7 逐帧动画制作

逐帧动画是指全部由关键帧构成、且每帧画面都有变化的动画。制作逐帧动画的具体操作方法是：每帧都定义为关键帧；编辑每个关键帧的画面，使后一帧画面为前一帧的部分改变；连续播放关键帧，形成动画，如图 5-3-27 所示。

图 5-3-27　逐帧动画

【实例】在 Flash CS6 中完成下列操作：①利用"矩形工具"与"线条工具"在"图层 1"第 1 帧舞台绘制一个米字格；边长为 300 像素、边框线为实线、笔触高度为 2 像素；米字格内部线为虚线，笔触高度为 1 像素。②插入新图层，并命名为"文字书写"。③在图层"文字书写"米子格中输入文本"天"，字体"隶书"、字号 300 点。④在 1～100 帧制作书写"天"的笔画顺序动画。⑤文件以"lx5305.fla"为名保存到"文档"文件夹。

具体操作步骤如下。

步骤 1：启动 Flash CS6。选择"开始"→"程序"→"Adobe"→"Adobe Flash Professional CS6"命令，弹出 Flash 欢迎界面；单击"ActionScript 2.0"按钮。

步骤 2：绘制米字格边框。选择"图层 1"第 1 帧；选择"矩形工具"；在其属性面板"笔触高度"文本框中输入数值 2 像素；拖动鼠标在舞台绘矩形；选择"选择工具"，框选绘制的矩形；在其属性面板中将"高度""宽度"值改为 300 像素；选择矩形内容填充区域，按 Delete 键删除填充颜色，保留边框。

步骤 3：绘制米字格内部虚线。选择"线条工具"；在其属性面板"笔触高度"文本框中输入数值 1；线条"样式"选择"实线"项；拖动鼠标在矩形框内绘 4 条虚线，如图 5-3-28 所示。

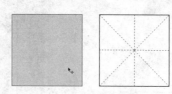

图 5-3-28　绘制米字格

步骤 4：插入新图层并重命名。单击"插入图层"按钮，插入新图层；双击名称"图层 2"，进入图层名编辑状态，输入文本"文字书写"，按 Enter 键。

步骤 5：输入文字。选择"文本工具"；在其属性面板字符"系列"选项中选择"隶书"，"大小"文本框中输入 300 像素；选择"文字书写"图层第 1 帧；在舞台米字格中单击并输入文本"天"。

步骤 6：分离文本。选择"选择工具"；选择舞台中的文字；选择"修改"→"分离"命令，将字符转换为形状。

步骤 7：插入和第 1 个关键帧内容一样的新关键帧序列。按住 Shift 键的同时单击第 100 帧、第 2 帧，选择 1～100 帧；按 F6 键。

步骤 8：延长"图层 1"的米字格到 100 帧。选择"图层 1"的第 100 帧，按 F5 键。

步骤 9：编辑每个关键帧，使下一帧画面为上一帧的部分增量。选择"文字书写"图层第 1 帧，用橡皮工具擦除多余的笔画，仅剩起笔；按照同样的方法，依据书写的笔画顺序，修改舞台上每帧的内容，逐帧操作；最后 3 帧不用擦，保持原状，如图 5-3-29 所示。

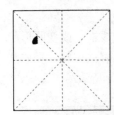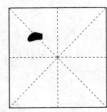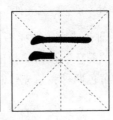

图 5-3-29　逐帧操作

步骤 10：测试动画。按 Ctrl+Enter 组合键，或选择"控制"→"播放"命令，或单击"控制器"上的"播放"按钮。

步骤 11：保存文件。选择"文件"→"另存为"命令，弹出"另存为"对话框，选择"文档"文件夹，"文件名"文本框中输入"lx5305"，保存类型选择.fla；单击"保存"按钮。

5.3.8　运动渐变动画制作

运动渐变动画是指逐渐改变对象位置、大小、旋转、倾斜、颜色、透明度等形态的补间动画。可使用"创建补间动画"和"创建传统补间"命令创建运动渐变动画。具体操作方法是：时间轴同一图层插入两个关键帧，且每个关键帧放置不同形态的对象；选择两个关键帧间的任意帧，右击，弹出快捷菜单；选择"创建补间动画"或"创建传统补间"命令。

为方便舞台对象的应用，通常将对象制作为元件存放于库，可在场景中随时调用。

【实例】网络中搜索并下载一张学生伏案学习图，命名为"学习.jpg"；并在 Flash CS6 中完成下列操作：①新建"影片剪辑"元件"灯芯"，制作一个蜡烛灯芯跳动的动画。②在场景 1 的"图层 1"第 1 帧插入图"学习.Jpg"。③插入新图层，并命名为"蜡烛"，在该图层第 1 帧绘制蜡烛图形并放置于书桌；为蜡填充颜色，配色方案为线性渐变，色标颜色排列为红色、淡红色、红色。④插入新图层，并命名为"灯芯"，将灯芯元件从库中拖放到该图层第 1 帧；调整位置与大小。⑤文件以"lx5306.fla"为名保存到"文档"文件夹。

具体操作步骤如下。

步骤 1：从网络搜索学习图，存储到"文档"文件夹，命名为"学习.jpg"。启动 Flash CS6，选择"开始"→"程序"→"Adobe"→"Adobe Flash Professional CS6"命令，弹出 Flash 欢迎界面；单击"ActionScript 2.0"按钮。

步骤 2：创建元件"灯芯"。选择"插入"→"新建元件"命令，弹出"创建新元件"对话框，名称输入"灯芯"；单击"确定"按钮，如图 5-3-30 所示。

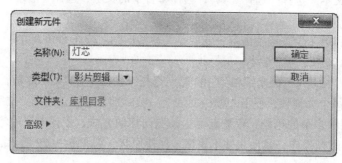

图 5-3-30　"创建新元件"对话框

选择"椭圆工具"，在舞台绘制正圆；选择"选择工具"，拖动圆的上边线框，改变圆形状成灯芯状；选择"颜料桶工具"，单击"颜色"按钮，弹出"颜色"对话框；样式选择"径向渐变"，渐变色定义栏色标设置为红色与黄色两种；填充灯芯图形，如图 5-3-31 所示。

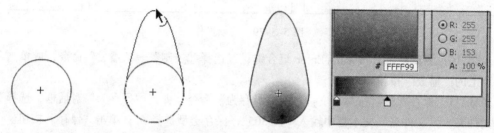

图 5-3-31　绘制灯芯

步骤 3：制作灯芯跳动动画。在当前图层第 10 帧按 F6 插入关键帧；光标指向 1～10 间任意帧，选择"插入"→"传统补间"命令创建补间动画；选择第 10 帧，选择"任意变形工具"，选择舞台灯芯图形，将对称中心点移动到图形下边框；拖动控制点改变灯芯图形状；选择第 20 帧按 F6 键插入关键帧，光标指向 10～20 间任意帧，选择"插入"→"传统补间"命令；选择第 20 帧，选择"任意变形工具"，选择舞台灯芯图形，拖动控制点改变灯芯图形状；同样的方法在第 30 帧改变图形形状创建动画，如图 5-3-32 所示。

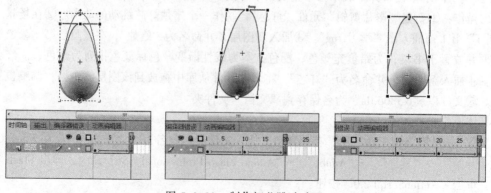

图 5-3-32　制作灯芯跳动动画

步骤 4：插入背景图。单击舞台左上角的"场景 1"按钮，切换到场景 1；选择"文件"→"导入"→"导入到库"命令，弹出"导入到库"对话框，选择"文档"文件夹中的"学习.jpg"

文件，单击"打开"按钮，将图导入库；单击"库"面板标签或选择"窗口"→"库"命令，切换到"库"面板选择库中的"学习.jpg"拖放到舞台；选择"任意变形工具"，选择舞台图，拖动控制点改变图形状使其适合舞台，如图 5-3-33 所示。

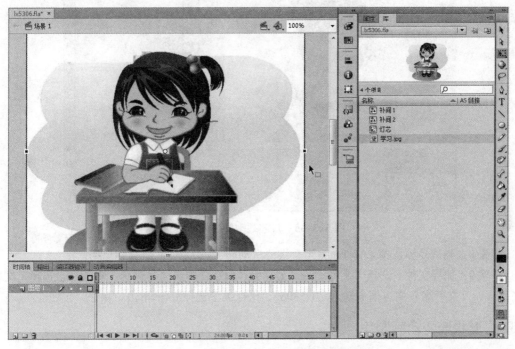

图 5-3-33　插入背景

步骤 5：新建图层，绘制蜡烛。单击"新建图层"按钮，插入新图层；单击新图层名称，进入编辑，重命名图层为"蜡烛"；选择"矩形工具"，在"蜡烛"图层第 1 帧绘制蜡烛；选择"颜料桶工具"，单击"颜色"图标，弹出"颜色"对话框；样式选择"线性渐变"，渐变定义栏色标设置为红色、淡红色、红色 3 种；填充蜡烛图形，如图 5-3-34 所示。

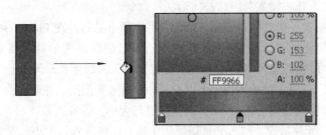

图 5-3-34　绘制蜡烛

步骤 6：新建图层，调用元件"灯芯"。单击"新建图层"按钮，插入新图层；单击新图层名称，进入编辑，重命名图层为"灯芯"；选择"灯芯"图层第 1 帧；按鼠标左键从库中拖动元件"灯芯"到舞台"蜡烛"图形上方，构成完整蜡烛。

步骤 7：调整图形。选择"任意变形工具"，调整各图层的图形使其协调，组成一个完整画面，如图 5-3-35 所示。

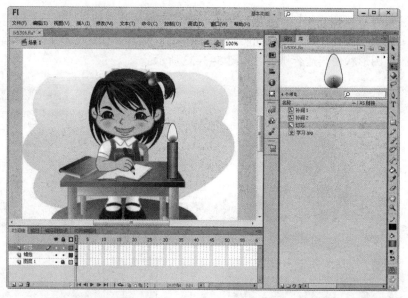

图 5-3-35　灯芯跳动的蜡烛动画

步骤 8：测试动画。按 Ctrl+Enter 组合键测试动画，按 Ctrl+W 组合键返回。

步骤 9：保存文件。选择"文件"→"另存为"命令，弹出"另存为"对话框，选择"文档"文件夹，"文件名"文本框中输入"lx5306"，保存类型选择.fla；单击"保存"按钮。

5.3.9　形状渐变动画制作

形状渐变动画是指对象由一种形状变为另一种形状，实现形状的改变。同运动渐变一样，它可以是颜色、大小、位置的改变。形状渐变动画中关键帧中的对象不能是元件、组合对象或位图对象，所以各关键帧中的对象，除直接绘制的图形外，其余对象需要分离。制作形状渐变动画的具体操作方法是：时间轴同一图层插入两个关键帧，每个关键帧放置不同形态的对象，关键帧中的对象分离为形状；选择两个关键帧间的任意帧，右击，弹出快捷菜单；选择"创建补间形状"命令；或选择"插入"→"补间形状"命令。

【实例】网络中搜索一张教师讲课图，命名为"上课.jpg"；并在 Flash CS6 中完成下列操作：①新建"影片剪辑"元件"计时器"，制作一个沿表盘旋转填充的计时器动画。②新建"影片剪辑"元件"文字形变"，制作文字由红色"好好学习"向绿色"天天向上"的形状渐变动画。③在场景 1 的"图层 1"第 1 帧插入图"上课.jpg"。④插入新图层，并命名为"计时器"，将"计时器"元件从库中拖放到该图层第 1 帧；调整位置与大小。⑤插入新图层，并命名为"文字形变"，将"文字形变"元件从库中拖放到该图层第 1 帧；调整位置与大小。⑥文件以"lx5307.fla"为名保存到"文档"文件夹。

具体操作步骤如下。

步骤 1：从网络搜索学习图，存储到"文档"文件夹，命名为"上课.jpg"。启动 Flash CS6，选择"开始"→"程序"→"Adobe"→"Adobe Flash Professional CS6"命令，弹出 Flash 欢迎界面；单击"ActionScript 2.0"按钮。

步骤 2：创建元件"计时器"。选择"插入"→"新建元件"命令，弹出"创建新元件"对话框，名称输入"计时器"；单击"确定"按钮。选择"椭圆工具"，在舞台绘制正圆；选择"线条工具"，在圆上绘制 6 条直线，将圆按弧分为 12 等分（可用"窗口"→"变形"旋转复制线，旋转角度为 60）；选择"椭圆工具"，在舞台绘制一个内嵌正圆；选择"选择工具"，选择不需要线段按 Delete 删除，绘制出表盘图形；选择 120 帧，按 F5 键插入空白帧，如图 5-3-36 所示。

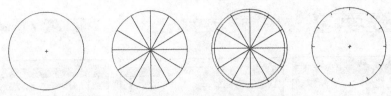

图 5-3-36　绘制表盘

步骤 3：制作计时器动画。单击"锁定图层"按钮，锁定"图层 1"；单击"插入图层"按钮，新建"图层 2"；选择"图层 2"第 1 帧；选择"矩形工具"，绘制一条从圆心到 12 点方向的细长矩形；选择当前图层第 10 帧按 F6 插入关键帧；选择"椭圆工具"与"线条工具"，绘制第一个刻度计时区；选择"选择工具"，删除第 1、10 帧图形的边框线；光标指向 1～10 间任意帧，选择"插入"→"补间形状"命令创建形状补间动画。

步骤 4：添加形状提示。选择"图层 2"第 1 帧；选择"修改"→"形状"→"添加形状提示"命令，舞台中出现红色形状提示点 ⓐ，将提示点 ⓐ 移动到矩形左上角；选择第 10 帧，将提示点 ⓐ 移动到扇形左上角；选择"图层 2"第 1 帧；选择"修改"→"形状"→"添加形状提示"命令，舞台中出现红色形状提示点 ⓑ，将提示点 ⓑ 移动到矩形左上角；选择第 10 帧，将提示点 ⓑ 移动到扇形左上角；单击"插入图层"按钮，新建"图层 3"；选择"图层 2"第 10 帧；重复步骤 3～步骤 4，制作后面 11 个计时器动画，如图 5-3-37 所示。

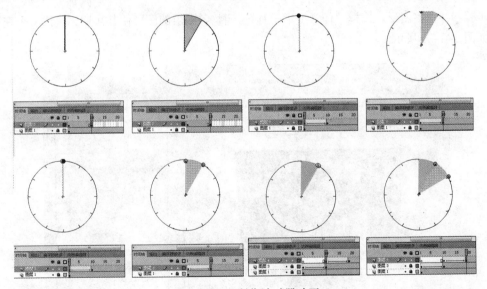

图 5-3-37　制作计时器动画

步骤 5：制作文字形状渐变动画元件。选择"插入"→"新建元件"命令，弹出"创建新元件"对话框，名称输入"文字形变"；单击"确定"按钮。选择第 1 帧，选择"文本工具"，颜色选择红色，字号输入 60 点，字体选择"隶书"；在舞台中输入文本"好好学习"；连续 2 次选择"修改"→"分离"命令分离文本；选择第 50 帧，按 F6 键插入关键帧，删除舞台文字；选择"文本工具"，颜色选择绿色；在舞台输入文本"天天向上"；连续 2 次选择"修改"→"分离"命令分离文本；选择 1~50 帧间任意帧，选择"插入"→"形状补间"命令，如图 5-3-38 所示。

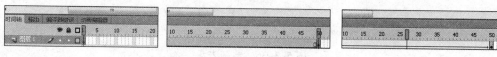

图 5-3-38　制作文字变形动画

步骤 6：插入背景图。单击舞台左上角的"场景 1"按钮，切换到场景 1；选择"文件"→"导入"→"导入到库"命令，弹出"导入到库"对话框，选择"文档"文件夹中的"上课.jpg"文件，单击"打开"按钮，将图导入库；单击库面板标签或选择"窗口"→"库"命令，切换到"库"面板选择库中"上课.jpg"拖放到舞台；选择"任意变形工具"，选择舞台图形，拖动控制点改变图形状使其适合舞台。

步骤 7：添加计时器元件。单击"插入图层"按钮，插入新图层；单击新图层名称，进入编辑，重命名图层为"计时器"；选择"计时器"图层第 1 帧；按鼠标左键从库中拖动元件"计时器"到舞台。

步骤 8：添加文字形变元件。单击"插入图层"按钮，插入新图层；单击新图层名称，进入编辑，重命名图层为"文字形变"；选择"文字形变"图层第 1 帧；按鼠标左键从库中拖动元件"文字形变"到舞台。

步骤 9：调整图形。选择"任意变形工具"，调整各图层的图形使其协调，组成一个完整画面，如图 5-3-39 所示。

图 5-3-39　形状渐变动画

步骤 10：测试动画。按 Ctrl+Enter 组合键测试动画，按 Ctrl+W 组合键返回。

步骤 11：保存文件。选择"文件"→"另存为"命令，弹出"另存为"窗口，选择"文档"文件夹，"文件名"文本框输入"lx5307"，保存类型选择.fla；单击"保存"按钮。

5.3.10 引导线动画制作

引导线动画是指对象沿着用铅笔绘制的路径移动产生的动画。引导线动画由引导层和被引导层组成，引导层用来放置对象运动的路径，通常位于上方图层；被引导层用来放置运动的对象，通常位于下方图层。创建引导线动画的具体操作方法是：在时间轴创建一个图层，右击该图层，弹出快捷菜单；选择"添加传统引导层"命令，如图 5-3-40 所示，添加传统引导层；用铅笔工具在传统引导层绘制运动路径；为运动对象创建传统补间动画；在起始帧、终止帧用选择工具将运动对象放置于引导线的起点、终点。

图 5-3-40　快捷菜单

一个传统引导层下方可新建多个图层，放置不同的对象，使不同对象沿同一条路径运动。若某图层取消被引导，拖动该图层到引导层上方即可取消。

快捷菜单的"引导层"命令可将普通层转换为引导层，或将引导层、传统引导层转换为普通层。当普通层转换为引导层后，将普通层拖放到引导层下方时，该引导层将转换为传统引导层。

【实例】网络中搜索并下载一张鲜花怒放的风景图并命名为"背景 1.jpg"，一张蝴蝶图并命名为"蝴蝶.jpg"，一张小天使飞行的 gif 动画并命名为"小天使.gif"。在 Flash CS6 中完成下列操作：①新建"影片剪辑"元件"蝴蝶"，利用图像"蝴蝶.jpg"制作蝴蝶振动翅膀的动画。②场景 1"图层 1"第 1 帧插入图"背景1.jpg"，并延伸到第 70 帧。③插入"图层 2"，将"蝴蝶"

元件从库中拖放到该图层第 1 帧；调整位置与大小。④插入"图层 3"，将"天使.gif"动画导入该图层第 1 帧；调整位置与大小。⑤在所有图层上方添加传统引导层，并用铅笔工具绘制从左向右的自由曲线（运动路径）。⑥分别为蝴蝶与天使添加引导线动画，其中蝴蝶从左向右飞、天使从右向左飞。⑦文件以"lx5308.fla"为名保存到"文档"文件夹。

具体操作步骤如下。

步骤 1：从网络搜索并下载素材，存储到"文档"文件夹，分别命名为"背景 1.jpg""蝴蝶.jpg""小天使.gif"。启动 Flash CS6，选择"开始"→"程序"→"Adobe"→"Adobe Flash Professional CS6"命令，弹出 Flash 欢迎界面；单击"ActionScript 2.0"按钮。

步骤 2：将图像素材导入库。选择"文件"→"导入"→"导入到库"命令，弹出"导入到库"窗口；选择"文档"文件夹中的"背景 1.jpg""蝴蝶.jpg""小天使.gif"文件；单击"打开"按钮。

步骤 3：修改舞台背景色。选择"修改"→"文档"命令，弹出"文档设置"对话框，"背景颜色"选择灰色；单击"确定"按钮。

步骤 4：创建元件"蝴蝶"。选择"插入"→"新建元件"命令，弹出"创建新元件"对话框，输入"蝴蝶"，单击"确定"按钮；选择"选择工具"，将"蝴蝶.jpg"从库面板拖放到舞台中央；选择"修改"→"分离"命令将图像分离；选择"套索工具"，并在工具箱下方单击"魔术棒"按钮；选择蝴蝶图形外的部分并按 Delete 删除；选择第 8 帧，按 F6 键插入关键帧；光标指向 1～8 帧间任意帧，选择"插入"→"传统补间"命令；选择第 8 帧，选择"任意变形工具"，横向压缩舞台中的蝴蝶图形；选择第 16 帧，按 F6 键插入关键帧；光标指向 8～16 帧间任意帧，选择"插入"→"传统补间"命令；选择第 16 帧，选择"任意变形工具"；横向扩展舞台中的蝴蝶图形，如图 5-3-41 所示。

图 5-3-41　制作蝴蝶振翅动画

步骤 5：插入背景图。单击舞台左上角的"场景 1"按钮，切换到场景 1；单击"库"面板标签或选择"窗口"→"库"命令，弹出"库"面板；选择库中的"背景 1.jpg"拖放到舞台；选择"任意变形工具"；选择舞台图形，拖动控制点改变图形状使其适合舞台；选择第 70 帧，按 F5 键将背景图延伸到第 70 帧；单击"图层 1"的"锁定"按钮，锁定背景图层。

步骤 6：新建图层，添加元件"蝴蝶"。插入"图层 2"，选择"图层 2"的第 1 帧；从"库"中拖动元件"蝴蝶"到舞台；选择"任意变形工具"；选择舞台图形，拖动控制点改变图形状使其适合舞台。

步骤 7：添加传统引导层。右击"图层 2"，弹出快捷菜单，选择"添加传统引导层"命令。

步骤 8：新建图层，添加"小天使.gif"动画。插入"图层 3"，选择"图层 3"第 1 帧；按鼠标左键从库中拖动元件"小天使.gif"到舞台；工具箱选择"任意变形工具"，选择舞台图形，拖动控制点改变图形状使其适合舞台。

步骤 9：绘制引导线。选择"铅笔工具"，选择"平滑"项，在"引导层"绘制任意曲线。

步骤 10："蝴蝶"元件添加引导线。选择"图层 2"第 70 帧，按 F6 键盘插入关键帧；光标指向 1～70 帧间任意帧，选择"插入"→"传统补间"命令；选择第 1 帧；选择"任意变形工具"，将舞台中的蝴蝶元件放到曲线起始点（中心圆圈与线起点重合），注意将蝴蝶方向转向路径前进方向；选择第 70 帧，将舞台中的蝴蝶元件放到曲线起终点（中心圆圈与线终点重合），注意将蝴蝶方向转向路径前进方向；勾选"属性"面板中的"调整到路径"复选框，如图 5-3-42 所示。

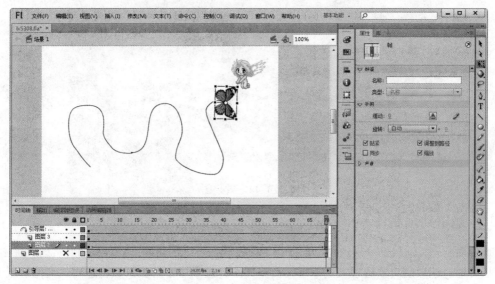

图 5-3-42　蝴蝶引导线动画

步骤 11："小天使"元件添加引导线。重复步骤 10，将"小天使"元件添加到引导线，起点、终点选择与"蝴蝶"元件相反，如图 5-3-43 所示。

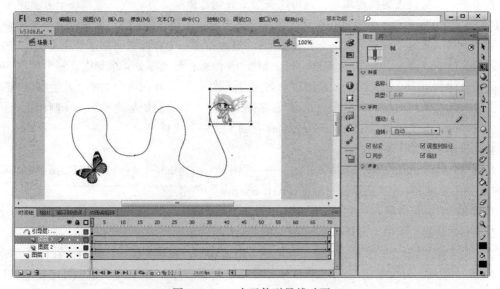

图 5-3-43　小天使引导线动画

步骤 12：测试动画。按 Ctrl+Enter 键测试动画，按 Ctrl+W 组合键返回，效果如图 5-3-44 所示。

步骤 13：保存文件。选择"文件"→"另存为"命令，弹出"另存为"对话框，选择"文档"文件夹，"文件名"文本框中输入"lx5308"，保存类型选择.fla；单击"保存"按钮。

图 5-3-44　效果图

5.3.11　遮罩动画制作

遮罩动画是指通过遮罩层透视出下方指定图层画面产生的动画。遮罩层是 Flash 的一种图层，遮罩层可透过遮罩层对象透视被遮罩层画面。其中，遮罩层中对象区域将透明，其他区域不透明。遮罩层对象可以是图形、文字、实例、影片剪辑等，每个遮罩层可有多个被遮罩层。遮罩帧动画制作的具体方法是：分别在两个相邻图层添加对象、制作动画；光标指向上方的图层，右击，弹出快捷菜单；选择"遮罩层"命令。

若将多个图层设置为被遮罩层，则将该图层拖放到遮罩层下方，或在遮罩层下方新建图层。

【实例】在 Flash CS6 中完成正弦函数图像生成动画：①将"图层 1"重命名为"坐标轴"，用"线条工具"在第 1 帧舞台绘制坐标轴图形；"笔触高度"为 2 像素，原点坐标（75，200），横坐标轴长度 360 像素，分 20 个刻度，每个刻度 18 像素；纵坐标分 4 个刻度，每个刻度 36 像素；画面延伸到第 100 帧。②插入新图层命名为"函数图像"，并在该图层第 1 帧绘制红色正弦图像曲线。③插入新图层，命名为"遮罩"，在该图层第 1 帧绘制矩形遮罩图。④制作正弦函数图像生成动画。⑤文件以"lx5309.fla"为名保存到"文档"文件夹。

具体操作步骤如下。

步骤 1：启动 Flash CS6，选择"开始"→"程序"→"Adobe"→"Adobe Flash Professional CS6"命令，弹出 Flash 欢迎界面；单击"ActionScript 2.0"按钮。

步骤 2：图层重命名。双击"图层 1"名称，进入编辑状态，输入"坐标轴"，按 Enter 键。

步骤 3：绘制坐标轴。选择"坐标轴"图层第 1 帧；选择"线条工具"；在其属性面板"笔触高度"文本框中输入 2 像素；选择原点坐标（75，200），绘制坐标轴；横坐标轴长度 360 像素，分 20 个刻度，每个刻度 18 像素；纵坐标分 4 个刻度，每个刻度 36 像素（可选择"窗口"→"变形"命令，通过"变形"对话框绘制）；选择第 100 帧，按 F5 键，如图 5-3-45 所示。

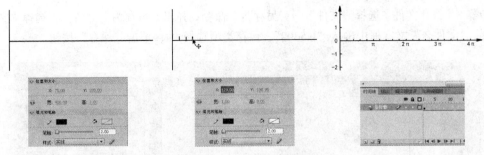

图 5-3-45　绘制坐标轴

查看与修改线坐标，选择"选择工具"，选择舞台中绘制的线，切换到属性面板，可显示与修改线的坐标点。通常，舞台左上角的坐标参数是（0，0）。

步骤 4：绘制正弦曲线图。插入"图层 2"，双击"图层 2"名称，进入编辑状态，输入"函数图像"，按 Enter 键。选择"函数图像"第 1 帧；选择"线条工具"，在其属性面板"笔触高度"文本框中输入 2 像素；"笔触颜色"选择红色；在舞台 0～π 区间绘制两条直线；选择"选择工具"将直线调整为曲线；复制 3 段绘制曲线，其中 2 个垂直翻转（选择"修改"→"变形"→"垂直翻转"命令），组成正弦曲线图案，如图 5-3-46 所示。

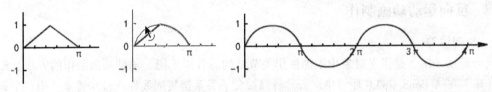

图 5-3-46　绘制正弦曲线

步骤 5：新建"遮罩"图层。插入"图层 3"，双击"图层 3"名称，进入编辑状态，输入"遮罩"，按 Enter 键。选择"遮罩"第 1 帧；工具箱选择"矩形工具"；在舞台绘制矩形，使其覆盖正弦曲线图。

步骤 6：创建遮罩动画。选择"遮罩"图层第 100 帧，按 F6 键插入关键帧；光标指向 1～100 帧间任意帧，选择"插入"→"传统补间"命令；选择"遮罩"图层第 1 帧，将矩形图形向左移出坐标轴。右击"遮罩"图层，弹出快捷菜单，选择"遮罩层"命令，如图 5-3-47 所示。

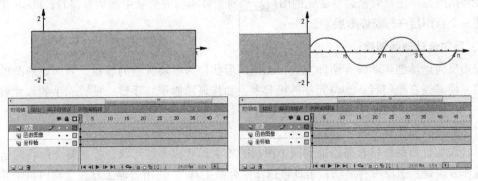

图 5-3-47　遮罩动画

步骤 7：测试动画。按 Ctrl+Enter 组合键测试动画，按 Ctrl+W 组合键返回，效果如图 5-3-48 所示。

步骤8：保存文件。选择"文件"→"另存为"命令，弹出"另存为"对话框，选择"文档"文件夹，"文件名"文本框中输入"lx5309"，保存类型选择.fla；单击"保存"按钮。

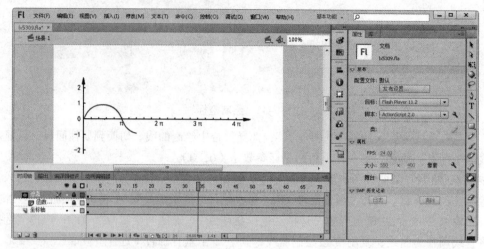

图 5-3-48　效果图

5.3.12　反向运动动画制作

1. 反向运动

反向运动（IK）是指在对象中添加使用关节结构的骨骼系统，辅助动画制作的方法。反向运动（IK）在 ActionScrip3.0 环境中运行。骨骼按父子关系链接成线性或枝状骨架。当一个骨骼移动时，与其连接的骨骼也发生相应的移动。使用反向运动进行动画处理，只需在时间轴上指定骨骼的开始和结束位置，Flash 自动在起始帧和结束帧之间对骨架中骨骼的位置进行内插补间。

反向运动中通常用到骨骼样式、姿势图层两个概念。

骨骼样式是指骨骼在舞台中的显示方式。设置骨骼样式的具体方法是：时间轴中选择反向运动（IK）范围；切换到"属性"面板，在"样式"选项中选择某样式，其中包括 4 种样式：实线——默认样式，用纯色填充骨骼区域；线框——用线框勾画出骨骼轮廓；线——用线表示骨骼形状；无——隐藏骨骼，仅显示骨骼下面的图形。

姿势图层是指记录骨骼运动变化的图层。当向元件实例或形状中添加骨骼时，Flash 在时间轴创建一个新图层——姿势图层。

2. 反向运动动画创建

使用反向运动创建动画有两种方式：①使用形状作为多块骨骼的容器，如向蛇的图形中添加骨骼，使其逼真地爬行。②将元件链接起来，如将显示躯干、手臂、前臂和手的影片剪辑链接起来，使其彼此协调地移动；每个实例只有一个骨骼。

（1）形状添加骨骼

形状添加骨骼是指将骨骼添加到同一图层的单个形状或一组形状，控制整个形状的运动。具体操作方法是：选择所有形状；工具箱选择"骨骼工具"，使用骨骼工具在形状内单击并拖动到该形状内的另一位置，依次绘制一个或多个骨骼。添加骨骼后，Flash 会将所有形状和骨骼转换为一个 IK 形状对象，并将该对象移至一个新姿势图层。

创建子骨骼：从第 1 个骨骼（根骨骼）尾部拖动到形状内的其他位置，可创建第二个骨骼，第 2 个骨骼将成为根骨骼的子级。按照创建父子关系的顺序将骨骼链接在一起，形成骨架系统。

创建分支骨骼：单击骨骼的头部，拖动鼠标创建新分支骨骼。移动骨架：使用"部分选择工具"选择 IK 形状对象，拖动骨骼移动。

调整骨骼大小：选择"部分选择工具"，拖动骨骼端点移动。

为使骨骼与其对应形状在动画中更协调，可使用"绑定工具"将形状与骨骼绑定在一起。具体操作方法是：选择"绑定工具"，单击舞台中的骨骼，显示出形状的控制点，将控制点拖放到相应的骨骼。

将骨骼添加到一个形状后即形状成为 IK 形状时，该形状具有以下限制：不能将一个 IK 形状与其外部的其他形状进行合并；不能使用任意变形工具旋转、缩放或倾斜该形状；不能向该形状添加新笔触；不能编辑该形状；形状具有自己的注册点、变形点和边框。

【实例】在 Flash CS6 中完成一支手臂伸展动作的动画操作：①"图层 1"第 1 帧用"矩形工具"与"椭圆工具"在舞台中绘制一个手臂弯曲正面站立的人形图。②删除形状交接处多余的线段。③用"骨骼工具"为人形图左臂添加两节骨骼；人身体添加一节骨骼。④用"绑定工具"将骨骼与相对应的形状绑定在一起。⑤制作一个手臂伸展动作的动画。⑥文件以"lx5310.fla"为名保存到"文档"文件夹。

具体操作步骤如下。

步骤 1：启动 Flash CS6，选择"开始"→"程序"→"Adobe"→"Adobe Flash Professional CS6"命令，弹出 Flash "欢迎"窗口；单击"ActionScript 3.0"按钮。

步骤 2：绘制人形图。选择"图层 1"第 1 帧；选择"矩形工具"；绘制人的身体与四肢；工具箱选择"椭圆工具"；绘制人的头形。

步骤 3：删除线。选择"选择工具"，选择并删除绘制图形中的线。

步骤 4：添加骨骼。选择"骨骼工具"；在身体图形绘制骨骼；选择身体图形内骨骼根部，按鼠标键绘制分支骨骼到左臂，连续绘制子骨骼到小臂图形。若调整骨骼的位置与大小，则使用部分选择工具进行调整。

步骤 5：绑定。选择"绑定工具"，分别选择 3 个骨骼，将相应的图形中的控制点拖放到骨骼，如图 5-3-49 所示。

图 5-3-49　绘制人形、添加绑定骨骼

步骤 6：创建骨骼动画。选择"选择工具"，选择"图层 1"第 30 帧，按 F6 键插入关键帧；选择"骨架"图层第 30 帧，按 F6 键插入关键帧；舞台中拖动骨骼改变位置与状态，如图 5-3-50 所示。

图 5-3-50　骨骼动画

步骤 7：测试动画。按 Ctrl+Enter 组合键测试动画，按 Ctrl+W 组合键返回。

步骤 8：保存文件。选择"文件"→"另存为"命令，弹出"另存为"对话框，选择"文档"文件夹，"文件名"文本框中输入"lx5310"，保存类型选择.fla；单击"保存"按钮。

（2）元件添加骨骼

元件添加骨骼是指向影片剪辑、图形和按钮等元件添加骨骼。若使用文本，首先将文本转换为元件或分离为形状，然后使用骨骼。元件添加骨骼具体操作方法是：创建元件并添加到舞台；选择"骨骼工具"；单击将骨骼附加到元件的一点；拖动至另一个元件，在附加骨骼的元件点处松开鼠标按键。

若使用更精确的方法添加骨骼，可在"绘画的首选参数"（选择"编辑"→"首选参数"命令）中关闭"自动设置变形点"。"自动设置变形点"处于关闭状态，当从一个元件到下一元件依次单击时，骨骼将对齐到元件变形点。

向骨架添加其他骨骼。从第 1 个骨骼的尾部拖动鼠标至下 1 个元件。若关闭"贴紧至对象"（选择"视图"→"贴紧"→"贴紧至对象"命令）选项时，则可更加准确放置尾部。

【实例】在 Flash CS6 中完成机器连杆转动的动画操作：①分别新建"曲轴""连杆""活塞"元件。②将 3 个元件添加到场景 1 图层 1 第 1 帧；并按机器结构排列。③用"骨骼工具"为 3 个元件添加骨骼。④制作曲轴转动一周的动画。⑤文件以"lx5311.fla"为名保存到"文档"文件夹。

具体操作步骤如下。

步骤 1：启动 Flash CS6，选择"开始"→"程序"→"Adobe"→"Adobe Flash Professional CS6"命令，弹出 Flash 欢迎界面；单击 ActionScript 3.0 按钮。

步骤 2：新建元件。选择"插入"→"新建元件"命令，弹出"新建元件"对话框；在"名称"文本框中输入"曲轴"，"类型"选择"影片剪辑"，单击"确定"按钮；绘制曲轴图形。同样的方法分别创建"连杆""活塞"元件，如图 5-3-51 所示。

图 5-3-51　绘制元件

步骤 3：调用元件。选择场景 1 中的"图层 1"第 1 帧；选择"选择工具"，将 3 个元件添加到舞台，并按机器结构排列。

步骤 4：添加骨骼。选择"骨骼工具"；单击曲轴中心点添加根骨骼端点；拖动到连杆下端放下；继续拖动到活塞，创建连接"曲轴""连杆""活塞"3 个元件的 2 级骨架；选择"部分选择工具"，调整骨骼端点位置（说明，通常为了保持逼真，活塞元件可不用创建骨骼，只创建上下运动的补间动画）。

步骤 5：创建骨骼动画。选择"选择工具"，选择"骨架"图层的第 20 帧，按 F6 键插入关键帧；舞台中拖动骨骼到曲轴旋转 90° 位置；选择"骨架"图层的第 40 帧，按 F6 键插入关键帧；舞台中拖动骨骼到曲轴旋转 180° 位置；选择"骨架"图层的第 60 帧，按 F6 键插入关键帧；舞台中拖动骨骼到曲轴旋转 270° 位置；选择"骨架"图层的第 80 帧，按 F6 键插入关键帧；舞台中拖动骨骼到曲轴旋转 360° 位置；如图 5-3-52 所示。

图 5-3-52　添加骨骼与动作

步骤 6：测试动画。按 Ctrl+Enter 组合键测试动画，按 Ctrl+W 组合键返回。

步骤 7：保存文件。选择"文件"→"另存为"命令，弹出"另存为"窗口；选择"文档"文件夹，"文件名"文本框输入"lx5311"，保存类型选择".fla"项；单击"保存"按钮。

3. 反向运动常用的编辑

（1）编辑 IK 骨架和对象

① 选择骨骼和关联对象。选择单个骨骼——使用选取工具单击该骨骼。选择多个骨骼——按 Shift 键并单击多块骨骼。将所选内容移动到相邻骨骼——在属性面板中单击"父级""子级"或"下一个/上一个同级"按钮。选择骨架中的所有骨骼——双击某个骨骼。选择整个骨架并显示骨架的属性及其姿势图层——单击姿势图层中包含骨架的帧。选择 IK 形状——单击该形状。选择连接到某个骨骼的元件实例——单击该实例。

② 重新定位骨骼和关联对象。重新定位线性骨架——拖动骨架中的任何骨骼，如果骨架包含已连接的元件实例，则还可拖动实例。调整骨架某个分支的位置——拖动该分支中的任意骨骼，该分支中的所有骨骼都将移动，骨架其他分支中的骨骼不会移动。将某个骨骼与其子级骨骼一起旋转而不移动父级骨骼——按住 Shift 键的同时拖动该骨骼。将某个 IK 形状移动到新位置——在"属性"面板中选择该形状并更改其 X 和 Y 属性，或按 Alt 键拖动该形状。

③ 删除骨骼。删除骨骼可选择下列操作之一：删除单个骨骼及其所有子级——单击该骨骼并按 Delete 键。从时间轴的某个 IK 形状或元件骨架中删除所有骨骼——右击时间轴 IK 骨架范围，弹出快捷菜单，选择"删除骨架"命令。从舞台上的某个 IK 形状或元件骨架中删除所有骨骼——双击骨架中的某个骨骼以选择所有骨骼；按 Delete 键，IK 形状将还原为正常形状。

④ 相对于关联的形状或元件移动骨骼。移动 IK 形状内骨骼任一端的位置——使用部分选择工具拖动骨骼的一端。若 IK 范围中有多个姿势，则无法使用部分选择工具。编辑之前，请从时间轴中删除位于骨架的第 1 个帧之后的任何附加姿势。移动元件实例内的骨骼关节、头部或尾部的位置——移动实例的变形点。使用"任意变形工具"骨骼将随变形点移动。移动单个元件实例而不移动任何其他链接的实例——按 Alt 键同时拖动该实例。使用"任意变形工具"拖动它，连接到实例的骨骼将变长或变短，以适应实例的新位置。

⑤ 编辑 IK 形状。选择"部分选择工具"，可在 IK 形状中添加、删除、编辑轮廓控制点，但不能对 IK 形状变形（缩放或倾斜）。移动骨骼位置而不更改 IK 形状——拖动骨骼的端点。显示 IK 形状边界的控制点——单击形状的笔触。移动控制点——拖动该控制点。添加新的控制点——单击笔触上没有任何控制点的部分。删除现有的控制点——单击选择，按 Delete 键。

（2）骨骼绑定到形状点

默认情况下，形状控制点连接到距离它们最近的骨骼。可使用"绑定工具"编辑单个骨骼和形状控制点之间的连接，以对笔触在各骨骼移动时如何扭曲进行控制。加亮显示已连接到骨骼的控制点——使用绑定工具单击该骨骼，已连接的点以黄色加亮显示；选定的骨骼以红色加亮显示；仅连接到一个骨骼的控制点显示为方形；连接到多个骨骼的控制点显示为三角形。向所选骨骼添加控制点——按 Shift 键，同时单击某个未加亮显示的控制点。也可以通过按住 Shift 键的同时拖动选择要添加到选定骨骼的多个控制点。从骨骼中删除控制点：按住 Ctrl 键的同时单击以黄色加亮显示的控制点。也可以通过在按住 Ctrl 键，同时拖动删除选定骨骼中的多个控制点。加亮显示已连接到控制点的骨骼——使用绑定工具单击该控制点，已连接的骨骼以黄色加亮显示，而选定的控制点以红色加亮显示。向选定的控制点添加其他骨骼——按住 Shift 键的同时单击骨骼。从选定的控制点中删除骨骼——按住 Ctrl 键，同时单击以黄色加亮显示的骨骼。

（3）骨骼添加弹簧属性

骨骼属性可将弹簧属性添加到 IK 骨骼。骨骼的"强度"和"阻尼"属性将动态物理集成到骨骼 IK 系统，使 IK 骨骼体现真实的物理移动效果。"强度"和"阻尼"属性可使骨骼动画效果逼真。

启用弹簧属性。选择一个或多个骨骼；属性面板的"弹簧"部分设置"强度"值和"阻尼"值。"强度"值越高，创建的弹簧效果越强，弹簧就变得越坚硬。"阻尼"值决定弹簧效果的衰减速率，值越高，动画结束越快，弹簧属性减小越快，如果值为 0，则弹簧属性在姿势图层的所有帧中保持其最大强度。

禁用"强度"和"阻止"属性。在时间轴中选择姿势图层，并在属性面板的"弹簧"部分取消选择"启用"复选框。

当使用弹簧属性时，下列因素将影响骨骼动画的最终效果："强度"属性值；"阻尼"属性值；姿势图层中姿势之间的帧数；姿势图层中的总帧数；姿势图层中最后姿势与最后 1 帧之间的帧数。

（4）时间轴编辑骨架动画

时间轴中对骨架编辑动画，需要插入姿势，使用"选取工具"更改骨架，Flash 将在姿势间的帧中自动插入骨骼的位置，IK 骨架存放于时间轴姿势图层。具体操作方法是：选择姿势图层中的目标帧；右击，弹出快捷菜单，选择"插入姿势"命令；舞台调整骨骼形态。通常将播放指针停放在目标帧，舞台调整骨骼形态也可编辑骨骼动画。

（5）IK 对象属性应用附加补间效果

要向除骨骼位置之外的 IK 对象属性应用补间效果，请将该对象包含在影片剪辑或图形元件中。具体操作方法是：选择 IK 骨架及其所有的关联对象；右击，弹出快捷菜单，选择"转换为元件"命令；弹出"转换为元件"对话框，输入元件名称，"类型"选项选择"影片剪辑"或"图形"项；单击"确定"按钮；返回场景，将该元件从库拖放到舞台；向舞台的新元件实例添加补间动画效果。

（6）使用 ActionScript 3.0 为运行时动画准备骨架

可以使用 ActionScript 3.0 来控制连接至形状或影片剪辑实例的 IK 骨架，但只能控制具有单个姿势的骨架，具有多个姿势的骨架则在时间轴中控制。无法使用 ActionScript 来控制连接至图形或按钮元件实例的骨架。使用 ActionScript 3.0 为运行时动画准备骨架的过程是：选择"选择工具"；选择姿势图层中包含骨架的帧；"属性"面板中从"类型"选项中选择"运行时"。

5.3.13　3D 动画制作

Flash 是一个二维动画制作软件，对于 3D 动画，可使用 3D 工具将没有厚度的平面图形在 3D 空间旋转和平移，形成 3D 透视效果。3D 工具只能在 ActionScrip3.0 环境下使用。具体操作方法是：选择舞台中的对象，选择"3D 工具"，旋转或移动舞台中的对象即可。

其中，当选择舞台中的对象时，在平移状态下 X 轴显示为红色，Y 轴显示为绿色，Z 轴显示为蓝色。在旋转状态下围绕 X 轴旋转显示为红色，围绕 Y 轴旋转显示为绿色，围绕 Z 轴旋转显示为蓝色。

【实例】从网络搜索下载 1 张蝴蝶图片，在 Flash CS6 中完成蝴蝶飞翔的 3D 动画操作：①新建"蝴蝶"元件，蝴蝶作振动翅膀的动作。②将"蝴蝶"元件添加到场景 1 的"图层 1"第 1 帧。③用 3D 工具制作蝴蝶飞翔动画。前 50 帧蝴蝶向远方飞行，前 50 帧蝴蝶往回飞行。④文件以"lx5312.fla"为名保存到"文档"文件夹。

具体操作步骤如下。

步骤 1：从网络下载蝴蝶图片以"蝴蝶.jpg"为保存到"文档文件夹。启动 Flash CS6，选择"开始"→"程序"→"Adobe"→"Adobe Flash Professional CS6"命令，弹出 Flash 欢迎界面；单击"ActionScript 3.0"按钮。

步骤 2：新建元件。选择"文件"→"导入"→"导入到库"命令，将蝴蝶图像导入库。选择"插入"→"新建元件"命令，弹出"创建新元件"对话框，名称输入"蝴蝶"；单击"确定"按钮；选择"选择工具"，将"蝴蝶.jpg"从"库"面板拖放到舞台中央；选择"修改"→"分离"命令将图像分离；选择"套索工具"，并单击"魔术棒"按钮；选择蝴蝶图形外的部分按 Delete 删除；选择第 4 帧，按 F5 键插入普通帧；选择"插入"→"补间动画"命令；选择"任意变形工具"，横向压缩舞台中的蝴蝶图形；选择第 8 帧，按 F5 键插入普通帧；选择"任意变形工具"，横向扩展舞台中的蝴蝶图形。

步骤 3：调用元件。选择场景 1 的"图层 1"第 1 帧；选择"任间变形工具"，将"蝴蝶"元件添加到舞台，并调整元件大小与位置。

步骤 4：制作向远方飞行的 3D 动画。选择第 50 帧，按 F5 插入普通帧；选择"插入"→"补间动画"命令；选择"3D 旋转工具"，在舞台中分别选择元件外围的红色和蓝色控制线，沿 X 轴与 Z 轴旋转"蝴蝶"元件，使其呈向远方飞行姿态；选择"3D 平移工具"，在舞台选择元件中心（Z 轴）控制线，沿 Z 轴缩小"蝴蝶"元件；同时沿 X 轴与 Y 轴适当平移元件。

步骤 5：制作向远方飞行的 3D 动画。选择第 100 帧，按 F5 插入关键普通帧；选择"3D 旋转工具"，在舞台中分别选择元件外围的红色和蓝色控制线，沿 X 轴与 Z 轴旋转"蝴蝶"元件，使其呈向回飞行姿态；选择"3D 平移工具"；舞台选择元件中心（Z 轴）控制线，沿 Z 轴放大"蝴蝶"元件；同时沿 X 轴与 Y 轴适当平移元件，如图 5-3-53 所示。

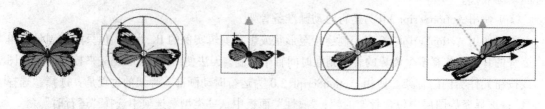

图 5-3-53　制作 3D 动画

步骤 6：测试动画。按 Ctrl+Enter 组合键测试动画，按 Ctrl+W 组合键返回。

步骤 7：保存文件。选择"文件"→"另存为"命令，弹出"另存为"对话框，选择"文档"文件夹，"文件名"文本框输入"lx5312"，保存类型选择".fla"项；单击"保存"按钮。

5.3.14　音频导入

1. Flash 中的音频类型

Flash 中输出的音频有事件声音和数据流声音两种类型。事件声音是指在影片完全下载后才能开始播放的音频类型；数据流声音是指在下载影片几帧中足够的数据后就开始播放的音频类型。

Flash 的库中可导入的音频有 wav、mp3 和 aiff（仅限苹果机）等格式。音频文件只能导入到库，不能直接导入到舞台。导入音频文件与导入图像相同，具体操作方法是：选择"文件"→"导入"→"导入到库"命令，弹出"导入到库"对话框；选择 wav 或 mp3 音频文件；单击"打开"按钮。

2. 添加声音到时间轴

Flash 中的音频文件来源有两个：一是外部音频素材，选择"文件"→"导入"→"导入到库"命令，可将其导入库。二是公用库中的音频素材，选择"窗口"→"公用库"→"声音"命令，打开 Flash 自带的音频"公用库"。

库中的音频文件添加到时间轴通常有两种方法：①选择目标帧；按 F7 键插入空白关键帧；将库面板中的音频文件拖到舞台中，音频文件被添加到目标帧。②选择目标关键帧；属性面板"声音"选项中单击"名称"按钮，弹出导入库的音频文件列表；选择音频文件。

3. 设置音频文件

通过音频的属性面板，可选择音频名称、效果、同步、循环等。

（1）名称

名称用于控制在关键帧中添加或取消库列表中的音频文件。若添加音频文件，在"属性"面板中单击"声音"按钮，弹出导入库的音频文件列表，选择音频文件。若取消音频，则选择"无"。

（2）效果

效果用于设置时间轴中音频文件的输出效果。在"属性"面板单击"效果"按钮，弹出效果选项列表，选择某效果。效果列表中包含 8 个选项：无——没有效果。左声道——仅播放左声道声音。右声道——仅播放右声道声音。向右淡出——左声道中的声音逐渐减小一直到无，右声道中的声音逐渐增大到最大音量。向左淡出——右声道中的声音逐渐减小一直到无，左声道中的声音逐渐增大到最大音量。淡入——声音在开始播放的一段时间内将逐渐增大，达到最大音量后保持不变。淡出——声音在结束播放的一段时间内将逐渐减小，直到消失。自定义——自行设置声音效果。选择"自定义"选项，进入"编辑封套"窗口，对声音进行再编辑，如图 5-3-54 所示。

（3）同步

同步用于设置音频文件与画面的播放方式。在"属性"面板中单击"同步"按钮，弹出同步选项列表。其中包含 4 个选项：事件——使声音和一个事件的发生过程同步起来。事件音频是独立于时间轴存在的声音类型，播放时不受时间轴控制。当影片结束时，声音会继续播放完毕。开始——选择"开始"选项，声音播放过程中，若遇到同样的音频文件，仍会继续播放该声音文件，不会和遇到的文件同时播放。停止——停止音频文件的播放。数据流——使音频文件与时间轴中的影片同步。即音频被分配到时间轴中的每一个帧中，影片停止，音频播放也停止，如图 5-3-55 所示。

"同步"选项之后，还可设置声音的播放次数，包括"重复"与"循环"两个选项。"重复"选项，可在其文本框中输入需要重复的次数。如在 1 分钟内重复播放一段 5 秒钟的声音，则在文本框中输入数值 12；选择"循环"选项，声音则会一直循环播放，如图 5-3-56 所示。

图 5-3-54　效果选项　　　　图 5-3-55　同步选项　　　　图 5-3-56　重复选项

5.3.15　视频导入

1．可导入的视频格式

Flash 可导入的视频格式的有 avi、mpeg、wmv、flv 等，如果安装有 QuickTime 插件，可支持如 mov 等视频格式。一般情况下，由于很多计算机没有安装相关插件，建议将视频文件素材转换为 flv 格式的文件。

2．视频文件导入时间轴

视频文件导入时间轴，具体操作方法是：选择目标帧，按 F6 键插入关键帧；选择"文件"→"导入"→"导入视频"命令，弹出"导入视频"对话框；单击"浏览"按钮，打开"打开"对话框；选择目标文件，单击"打开"按钮；返回"导入视频"对话框，完成操作向导设置；单击"确定"按钮。

① 在 Flash 文件内嵌入视频。若在"导入视频"对话框中选择"在 Swf 中嵌入 Flv 并在时间轴中播放"选项，可将视频嵌入时间轴，如图 5-3-57 所示。

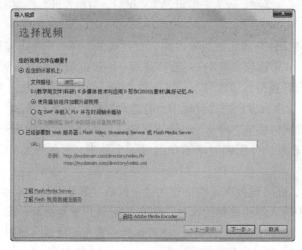

图 5-3-57　"导入视频"对话框 1

单击"下一步"按钮;"符号类型"选择"嵌入的视频",如图 5-3-58 所示。

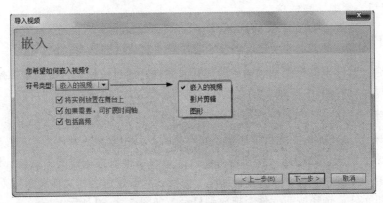

图 5-3-58 "导入视频"对话框 2

其中,"嵌入的视频"是指视频导入到时间轴,在时间轴上线性播放视频。"影片剪辑"是指将视频置于影片剪辑实例中,以获得对视频的最大控制,视频的时间轴独立于场景时间轴进行播放,不必为容纳该视频而将主时间轴扩展很多帧。"图形"是指将视频剪辑嵌入为图形元件。通常,图形元件用于静态图像以及用于创建一些绑定到场景时间轴的可重用的动画片段。"将实例放置到舞台上"选项是指是否将视频放置于时间轴。默认情况下,Flash 将导入的视频放在舞台上;若仅导入到库中,则取消"将实例放置在舞台上"复选框。

默认情况下,Flash 会扩展时间轴,以适应要嵌入的视频剪辑的播放长度。

② 使用播放组件加载外部视频。在"导入视频"对话框,若选择"使用播放组件加载外部视频"选项,则会在舞台插入一个指定的播放器,控制视频播放。指定播放器,可单击"外观"按钮,弹出播放器选项列表,选择某种播放器,如图 5-3-59 所示。

图 5-3-59 "导入视频"对话框 3

默认情况下，"导入视频"只是在 Flash 中做一个超链接，源文件的存放位置不会变，改变 Flash 文档位置后，需要重新链接。

5.3.16 按钮制作

按钮是指通过鼠标事件控制动画播放的交互式元件。通过按钮，可使用鼠标控制动画播放、停止、跳转等操作。Flash 中按钮来源主要有按钮"公用库"、创建按钮元件两种。

1. "公用库"按钮

"公用库"按钮是 Flash 系统自带的按钮元件集合，其中收集了常用形状的按钮元件，可直接在场景中调用。使用"公用库"按钮的具体方法是：选择放置按钮的关键帧；选择"窗口"→"公用库"→"按钮"命令，弹出"外部库"面板；双击按钮名称文件夹图标（ ），显示该文件夹中的按钮元件；选择按钮元件，拖放到舞台，如图 5-3-60 所示。

图 5-3-60   "外部库"按钮

2. 创建按钮元件

（1）按钮元件的创建方法

按钮元件的创建方法有以下 3 种：①新建按钮。选择"插入"→"新建元件"命令，弹出"创建新元件"对话框，输入名称、"类型"选择"按钮"，单击"确定"按钮；编辑按钮元件。②图形转换。在舞台上绘制一个图形；选择并右击，弹出快捷菜单，选择"转换为元件"命令；编辑按钮元件。③元件转换。在舞台中选择图形或影片剪辑元件，右击，弹出快捷菜单，选择"转换为元件"命令；弹出"转换为元件"对话框，"类型"修改为"按钮"；单击"确定"按钮。

（2）按钮元件的构成

按钮元件由 4 帧（关键帧）组成，每帧响应一种鼠标左键状态，对应 4 种鼠标左键操作状态。按钮元件的 4 种状态是：弹起——鼠标和按钮不发生接触时的状态。指针经过——鼠标经过按钮但没有按下鼠标时的状态。按下——当鼠标移动到按钮上并按下鼠标时的状态。点击——响应鼠标事件的有效区域范围，此区域舞台不显示。可不定义"点击"帧，此时"弹起"帧的对象将作为鼠标响应区。通过时间轴上的 4 帧可设计不同的按钮形状。制作隐形按钮时，可定义"点击"区域，不定义前 3 个区域，如图 5-3-61 所示。

图 5-3-61　创建按钮元件

【实例】在 Flash CS6 中完成制作动态按钮操作：①新建按钮元件"播放"，圆形图案，弹起时呈绿色、指针经过时呈红色、按下时呈灰色。②在按钮图形上添加文本"播放"。③复制"播放"按钮，命名为"暂停"，并将按钮图形上的文本改为"暂停"。④将"播放""暂停"按钮元件添加到场景 1 的"图层 1"第 1 帧。⑤文件以"lx5313.fla"为名保存到"文档"文件夹。

具体操作步骤如下。

步骤 1：启动 Flash CS6，选择"开始"→"程序"→"Adobe"→"Adobe Flash Professional CS6"命令，弹出 Flash 欢迎界面；单击"ActionScript 2.0"按钮。

步骤 2：新建元件。选择"插入"→"新建元件"命令，弹出"创建新元件"对话框，"名称"文本框中输入"播放"；"类型"选择"按钮"，单击"确定"按钮。

步骤 3：绘制按钮"弹起"帧图形。选择"图层 1"的"弹起"帧；选择"椭圆工具"，按住 Shift 键并拖动鼠标在舞台绘制正圆；选择"颜料桶工具"，单击"颜色"按钮，弹出"颜色"对话框；"颜色类型"选择"径向渐变"；渐变色定义栏色标设置为白色、绿色，给绘制的圆形填充颜色。

新建图层 2；选择该图层的"弹起"帧，选择"椭圆工具"；按住 Shift 键并拖动鼠标在舞台绘制正圆；选择"颜料桶工具"，给绘制的圆形填充颜色；选择"任间变形工具"，将两个图层的圆形叠加，"图层 2"的圆形略小于"图层 1"。同样的方法在"图层 3"绘制圆形，绘制完成后删除圆的边线，如图 5-3-61 所示。

图 5-3-62　绘制弹起帧图形

步骤 4：制作"指针经过"帧图形。选择"颜料桶工具"，单击"颜色"按钮，弹出"颜色"对话框；"颜色类型"选择"径向渐变"；渐变色定义栏色标设置为白色、红色；分别选择"图层 1"～"图层 3"的"指针经过"帧，按 F6 键插入关键帧，并用颜料桶工具给绘制的圆形填充颜色。

步骤 5：制作"按下"帧图形。选择"颜料桶工具"，"颜色"按扭，弹出"颜色"对话框；

"颜色类型"选择"径向渐变"项；渐变色定义栏色标设置为白色、灰色；分别选择"图层 1"～"图层 3"的"按下"帧，按 F6 键插入关键帧，并用颜料桶工具给绘制的圆形填充颜色。

步骤 6：按钮添加文本。插入"图层 2"，选择该图层的"弹起"帧，选择"椭圆工具"；按 Shift 键并拖动鼠标在舞台绘制正圆；选择"颜料桶工具"；给绘制的圆形填充颜色；选择"任意变形工具"，将两个图层的圆形叠加，"图层 2"的圆形略小于"图层 1"。同样的方法在"图层 3"绘制圆形，如图 5-3-63 所示。

图 5-3-63　制作按钮

步骤 7：复制元件并更名。选择"窗口"→"库"命令，切换到"库"面板；选择"播放"元件，右击，弹出快捷菜单，选择"直接复制"命令；弹出"直接复制元件"对话框，"名称"输入文本"暂停"，单击"确定"按钮。双击"库"面板中的"暂停"元件，进入编辑状态，双击舞台中的文本"播放"并改为"暂停"。

步骤 8：调用按钮。单击舞台窗口左上方的"场景 1"按钮，切换到场景 1；选择"图层 1"的第 1 帧；从"库"面板将"播放""暂停"按钮拖入到舞台；选择"任意变形工具"，调整舞台中按钮的位置与大小。

步骤 9：测试动画。按 Ctrl+Enter 组合键测试动画，按 Ctrl+W 组合键返回。

步骤 10：保存文件。选择"文件"→"另存为"命令，弹出"另存为"对话框，选择"文档"文件夹，输入文件名"lx5313"，保存类型选择.fla；单击"保存"按钮。

5.3.17　ActionScript 语句应用

1."动作"面板

"动作"面板是 Flash 中添加 ActionScript 语句的工具。ActionScript 脚本是 Flash 的编程语言，采用面向对象的编程思想，以关键帧、按钮和电影剪辑符号为对象。通过 ActionScript 脚本编程技术可制作出交互式动画，交互式动画由触发动作的事件、事件的目标、触发事件的动作 3 个因素组成。如单击按钮后，影片开始播放某事件。其中，单击是触发动作的事件，按钮是事件的目标，影片开始播放是触发事件的动作。即事件、目标、动作构成了一个交互式动画。Flash 中事件包括鼠标事件、键盘事件和帧事件 3 种。目标包括时间轴、按钮元件、影片剪辑元件 3 种。动作是指控制影片的一系列 ActionScript 脚本语言。所以，各种动作的编写也就是脚本语言的编写。

打开动作面板的具体操作方法是：选择对象（帧、元件）；选择"窗口"→"动作"命令，或按 F9 键，或右击，弹出快捷菜单，选择"动作"命令，弹出"动作"面板。

根据元素性质和作用的不同，Flash 将脚本元素分为十二大类，分别归类整理于 12 个项目文件夹，"索引"元素则是所有脚本项目的集合，可按照字母顺序将所有的脚本项目显示出来，如图 5-3-64 所示。

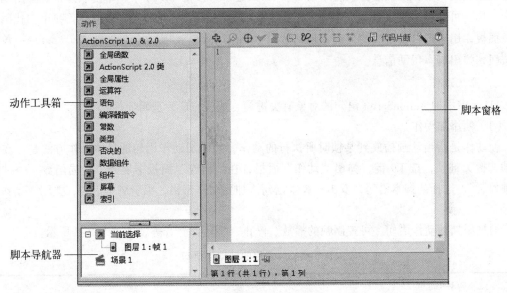

图 5-3-64　ActionScript 2.0 动作面板

ActionScript 脚本语言包括 1.0、2.0、3.0 三个版本，ActionScript2.0 与 ActionScript3.0 脚本语言在书写格式方面有较大区别。其中 ActionScript2.0 脚本语言包含的类型有：全局函数——包含制作动画时使用的各种函数、动作语句等，共有时间轴控制（控制影片播放的函数）、浏览器/网络（控制 Web 浏览器和网络的函数）、影片剪辑控制（控制影片剪辑的函数）等 7 种函数。语句——包含动作脚本语句的关键字。包括变量（修改和访问变量的动作）、类构造（用于创建类的构造）、条件/循环（条件语句和循环构造）等 5 种类别。运算符——包含可在语句中使用的运算符，用于各种对象间的运算。内置类——动作脚本提供的预定义类，包含可在脚本中使用的对象及其属性、事件和方法的项目列表，使用对象可得到或设置特殊的类型信息。常数——脚本语言中使用的全局常量，包含如 false、null、true 和 undefined 等固定值的函数。编辑器指令——包括开始一个组件初始化块、结束一个组件初始化块和来自文件的脚本选项。否决的——包括动作、函数、运算符与属性中应避免在新内容中出现的功能。数据组件——包括各种行为数据的集合，是以前需要通过复杂的脚本语言编写才能实现功能的集合。屏幕——可使用动作为屏幕创建控件和过渡，如制作出屏幕的淡入或淡出效果等。组件——用于设置组件的各种参数及属性。

编写脚本语言时，可在脚本窗格中输入字符进行编写，也可在动作工具栏中选择项目进行编写。单击动作工具箱中的项目文件夹，可展开或收缩函数文件夹。项目文件夹中包含多个脚本项目，双击可选择。

动作窗格上方的排列的按钮主要有："添加动作"按钮（🟦）——单击该按钮可添加脚本语言，功能与动作工具箱相同。"查找"按钮（🔍）——单击该按钮，弹出"查找"对话框，可在脚本窗格中查找脚本语言。"插入目标路径"按钮（⊕）——单击该按钮，弹出"插入目标路径"

对话框，可设置影片剪辑实例和按钮实例的目标路径。"语法检查"按钮（☑）——可检查当前脚本语言中的错误。若脚本语言有错误，错误报告将显示在"输出"窗口。"自动套用格式"按钮（▤）——调整当前脚本语言格式。"显示代码提示"按钮（💬）——控制是否显示代码提示。通过显示代码目录，可快速查找脚本语言。"调试选项"按钮（💬）——单击该按钮，弹出调试选项菜单。可在脚本中设置和删除调试断点。"代码片断"按钮——单击该按钮，弹出"代码片断"面板，用于把自动生成的代码片断粘贴到"动作"面板。"脚本帮助"按钮（❓）——单击该按钮，弹出脚本帮助信息。

2. 添加动作

Flash 中添加 ActionScript 语句的对象有关键帧、按钮、影片剪辑元件。

（1）帧添加动作

帧动作是指当动画播放到某帧时所执行的动作。帧添加动作语句的具体操作方法是：在时间轴选择关键帧，按 F9 键，弹出"动作"面板；在"动作"面板中展开"全局函数"→"时间轴控制"，选择某脚本语句，双击；脚本语句添加到动作窗格，编辑脚本语句；关闭"动作"面板。

通过添加帧动作语句，可控制帧的播放、停止、跳转、静音等，如表 5-3-3 所示。

表 5-3-3　常用的帧动作语句

帧动作语句	含　义
gotoAndPlay(scene，frame)	跳转到指定场景的指定帧开始播放。若未指定场景，则默认当前场景
gotoAndStop(scene，frame)	跳转到指定场景的指定帧，并停止在该帧。若未指定场景，则默认当前场景
nextFrame()	跳至下一帧并停止播放
prevFrame()	跳至前一帧并停止播放
nextScene()	跳至下一场景并停止播放
prevScene()	跳至前一场景并停止播放
play()	从播放指针停止处开始播放
stop()	停止当前动画的播放，播放指针在当前帧停止
stopALLSounds()	停止当前动画中所有声音播放，动画仍继续播放

（2）按钮添加动作

按钮添加动作是控制动画播放、实现用户与动画交互的主要方法。通过给按钮添加动作语句，可实现对动画或实例的控制。

ActionScrip 2.0 环境下，添加动作语句的语法格式是：

```
On(Event){
        //执行的程序，这些程序组成函数体来响应鼠标事件
    }
```

Event（事件）是指鼠标的各种动作，事件共计 22 个，部分常用的鼠标事件如表 5-3-4 所示。

表 5-3-4　部分常用的鼠标事件

事　件	含　义
press（点击）	鼠标指针在按钮上按下时发生
release（释放）	鼠标指针在按钮上按下并释放后时发生
releaseOutside（释放离开）	当鼠标指针按下按钮释放后离开按钮的响应区后发生
rollOver（指针经过）	当鼠标指针滑过按钮响应区（不必按下）时发生
rollOut（指针离开）	当鼠标指针滑过按钮响应区（不必按下）并离开后发生
dragOver（拖放经过）	在按钮上按下鼠标并拖住鼠标离开按钮，然后再次将鼠标指针移到按钮上时发生
dragOut（拖放离开）	在按钮上按下鼠标并拖动鼠标离开按钮响应区时发生

ActionScrip 2.0 环境下，按钮添加动作语句的具体方法是：选择场景中的按钮；按 F9 键，弹出"动作"面板；选择"全局函数"→"影片剪辑控制"→"on"命令，双击 on 语句；脚本窗格中即添加 on 语句，并弹出事件提示列表；选择事件命令如 release 等；编辑完善 ActionScrip 程序；关闭"动作"面板，如图 5-3-65 所示。

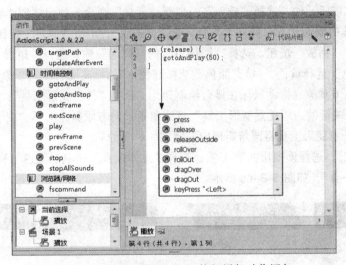

图 5-3-65　ActionScript 2.0 按钮添加动作语句

ActionScrip 3.0 环境下，添加动作语句的语法格式是：

```
instance_name_here.addEventListener(MouseEvent.CLICK,
fl_MouseClickHandler);
        function fl_MouseClickHandler(event:MouseEvent):void
{
    //开始您的自定义代码
    //此示例代码在"输出"面板中显示"已单击鼠标"。
    trace("已单击鼠标");
    //结束您的自定义代码

}
```

ActionScrip 3.0 环境下，按钮添加动作语句的具体方法是：在时间轴中选择帧；按 F9 键，弹出"动作"面板；单击面板右上方的"代码片断"按钮，弹出"代码片断"对话框；选择某命令，右击，弹出快捷菜单，选择"复制到剪贴板"命令复制代码片断；选择"动作"面板，按 Ctrl+V 键粘贴代码片断；编辑完善 ActionScrip 程序（如修改按钮实例名称等）；关闭"动作"面板。

【实例】从网络下载 4 张风景图像，并在 Flash CS6 中完成图片翻页动画制作：①新建按钮元件"下一页"，圆角方形图案，黄色边框，红色填充区域，白色文字；弹起时呈圆角方形、指针经过时向右倾斜、按下时恢复圆角方形。②将 4 张图片导入库。③将"下一页"按钮元件、4 张风景图添加到场景 1 的"图层 1"第 1 帧。④制作用按钮翻页动画。⑤文件以"lx5314.fla"为名保存到"文档"文件夹。

具体操作步骤如下。

步骤 1：从网络下载 4 张风景图像到"文档"文件夹，分别命名为"风景（1）.jpg""风景（2）.jpg""风景（3）.jpg"和"风景（4）.jpg"。

步骤 2：启动 Flash CS6，选择"开始"→"程序"→"Adobe"→"Adobe Flash Professional CS6"命令，弹出 Flash 欢迎界面；单击"ActionScript 2.0"按钮。

步骤 3：新建按钮元件。选择"插入"→"新建元件"命令，弹出"创建新元件"对话框，在"名称"文本框中输入"下一页"；"类型"选择"按钮"；单击"确定"按钮。

步骤 4：制作"播放"按钮。选择"图层 1"的"弹起"帧；选择"矩形工具"，在其属性面板的"笔触颜色"选择黄色，"填充颜色"选择红色，"笔触高度"输入 2 像素，"矩形边角半径"文本框中输入 6 像素；拖动鼠标在舞台绘制矩形。选择"任意变形工具"；选择"指针经过"帧，按 F6 键插入关键帧，用任意变形工具将圆角矩形向右倾斜；选择"按下"帧，按 F6 键插入关键帧，用任意变形工具将圆角矩形向左倾斜，恢复原状。

插入"图层 2"，选择该图层的第 1 帧；选择"文本工具"，"笔触颜色"选择白色，在按钮上输入文本"下一页"，如图 5-3-66 所示。

图 5-3-66　制作按钮

步骤 5：导入图片到库。选择"文件"→"导入"→"导入到库"命令，弹出"导入到库"对话框，选择图像文件"风景（1）.jpg""风景（2）.jpg""风景（3）.jpg"和"风景（4）.jpg"；单击"打开"按钮。

步骤 6：设置背景。选择"修改"→"文档"命令，弹出"文档设置"对话框；"背景颜色"选择淡蓝色。单击舞台左上方的"场景 1"按钮，切换到场景 1；选择"矩形工具"，在舞台绘制一个矩形作为图片显示区域。锁定"图层 1"；选择第 4 帧，按 F5 键。

步骤 7：添加图片到舞台。插入图层 2；选择该图层的第 1 帧；将图像"风景（1）.jpg"从"库"面板拖放到舞台；选择"任意变形工具"，选择舞台中的图像，调整位置与大小到矩形框内。选择当前图层的第 2 帧，按 F6 插入关键帧；将图像"风景（2）.jpg"从"库"面板拖放到舞台，调整位置与大小到矩形框内。同样完成第 3、4 帧风景图的编辑。

步骤 8：给第 1 帧添加停止语句。选择"图层 3"的第 1 帧；按 F9 键，弹出"动作"面板，选择"全局变量"→"时间轴控制"→"stop"命令，双击添加该语句；关闭"动作"面板，如图 5-3-67 所示。

图 5-3-67　添加帧语句

步骤 9：调用按钮并添加语句。插入"图层 3"、选择该图层的第 1 帧；将"下一页"按钮拖放到舞台；选择"任意变形工具"，调整舞台中按钮的位置与大小。选择舞台中的"下一页"按钮；按 F9 键，弹出"动作"面板，选择"全局变量"→"影片剪辑控制"→"on"命令，双击，添加"on"语句到动作窗格，弹出事件列表，选择"release"项；光标移动到"动作窗格"中的花括号内；选择"全局变量"→"时间轴控制"→"nextFrame"命令，双击添加该语句；关闭"动作"面板，如图 5-3-68 所示。

图 5-3-68　添加按钮语句

步骤 10：测试动画。按 Ctrl+Enter 组合键测试动画，按 Ctrl+W 组合键返回。

步骤 11：保存文件。选择"文件"→"另存为"命令，弹出"另存为"对话框，选择"文档"文件夹，输入文件名"lx5314"，保存类型选择.fla；单击"保存"按钮。

（3）影片剪辑元件添加动作

影片剪辑元件添加动作通过实例名称实现，具体操作方法是：将影片剪辑元件从库中拖放到舞台；选择"窗口"→"属性"命令，打开"属性"面板；在"实例名称"文本框中输入实例名称如 a11 等；选择按钮或帧，按 F9 键，弹出"动作"面板；在脚本语句中使用实例名称如 a11 调用该影片剪辑元件。

本案以 ActionScript 2.0 环境下，按钮控制影片剪辑元件为例说明给影片剪辑添加动作的一种方法："实例名称.动作语句"格式控制影片剪辑，如 a11.play()。

【实例】在 Flash CS6 中完成电风扇动画制作：①打开"lx5313.fla"文件，其中包括"播放"与"暂停"按钮。②新建"风扇"元件，绘制风扇页片并制作旋转动画。③场景 1 的"图层 1"第 1 帧绘制风扇支架。④将"播放""暂停""风扇"元件添加到场景 1。⑤用"播放""暂停"按钮控制风扇转动与停止。⑥文件以"lx5315.fla"为名保存到"文档"文件夹。

具体操作步骤如下。

步骤 1：打开"lx5313.fla"文件。打开"文档"文件夹，双击"lx5313.fla"文件启动 Flash CS6，并打开"lx5313.fla"文件。

步骤 2：新建"风扇"元件。选择"插入"→"新建元件"命令，弹出"创建新元件"对话框，在"名称"文本框中输入文本"风扇"；"类型"选择"影片剪辑"，单击"确定"按钮。

步骤 3：绘制"风扇"图形。选择"图层 1"的第 1 帧；选择"椭圆工具"；按住 Shift 键并拖动鼠标在舞台绘制正圆，圆心对正舞台中心（用"任意变形工具"）；选择"线条工具"，将圆形分割为 8 等分；选择"选择工具"，删除间隔的 4 个区域，将剩余 4 个区域变形为风扇页片形状；工具箱选择"颜料桶工具"；单击快捷面板中的"颜色"按钮，弹出"颜色"对话框；"颜色类型"选择"线性渐变"项；渐变色定义栏色标设置为灰色、白色、灰色，给图形填充颜色，如图 5-3-69 所示。

图 5-3-69　绘制扇页图形

步骤 4：制作风扇旋转动画。选择"图层 1"的第 50 帧，按 F6 键插入关键帧；光标指向 1～50 帧间任意帧，选择"插入"→"传统补间"命令；在"属性"面板的"旋转"选项中选择"顺时针"，"旋转次数"中输入 5，如图 5-3-70 所示。

步骤 5：绘制风扇支架图形。单击舞台左上方的"场景 1"按钮，切换到场景 1；选择"矩形工具"等；绘制风扇支架图形。插入"图层 2"，分别选择"椭圆工具""线条工具"绘制风扇页片网罩；选择"选择工具"，删除圆形的填充区颜色块。复制网罩到"图层 1"并旋转一个角度。

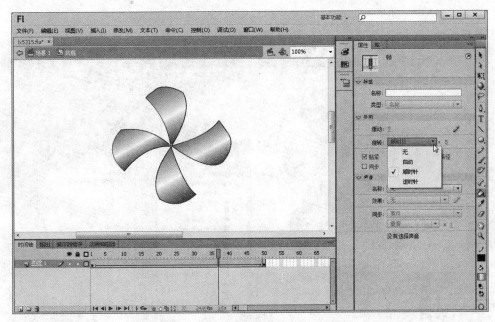

图 5-3-70　制作风扇页片旋转动画

步骤 6：添加按钮元件及风扇页片。插入"图层 3"，将其拖动到"图层 2"下方；将"播放""暂停""风扇"元件从"库"面板拖放到"图层 3"舞台；选择"任意变形工具"，调整图层的位置与大小，如图 5-3-71 所示。

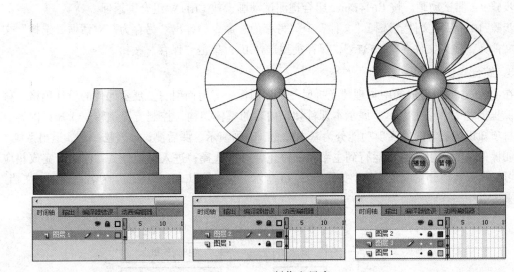

图 5-3-71　制作电风扇

步骤 7：确定实例名称。选择舞台中的"风扇"元件；切换到"库"面板；"实例名称"文本框中输入实例名称 fengshan。

步骤 8：用按钮控制风扇的旋转。选择舞台中的"播放"按钮；按 F9 键，弹出"动作"面板，选择"全局变量"→"影片剪辑控制"→"on"命令，双击，添加"on"语句到动作窗格，弹出事件列表，选择"release"项；光标移动到"动作窗格"中的花括号内；输入文本"fengshan.play();"；关闭"动作"面板，如图 5-3-72 所示。

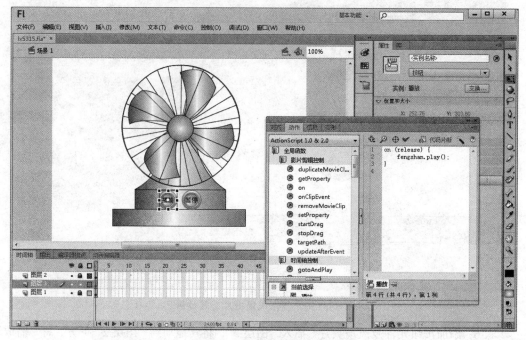

图 5-3-72　按钮添加语句

同样的方法给"暂停"按钮添加语句"on (release) {fengshan.stop();}"。

步骤 9：测试动画。按 Ctrl+Enter 组合键测试动画，按 Ctrl+W 组合键返回。

步骤 10：保存文件。选择"文件"→"另存为"命令，弹出"另存为"对话框，选择"文档"文件夹，输入文件名"lx5315"，保存类型选择.fla；单击"保存"按钮。

3. 综合实例

在 Flash CS6 中完成初中物理"光折射"课件制作：①封面引言。展示课件的设计风格、科别、课程标题等。②主菜单。展示本课件知识内容的整体架构，控制流程跳转。③知识内容。阐述每项知识内容。课件实现功能分为基本概念、动画演示、课后测试、轻松一刻、退出系统 5 项。④课件从封面引言自动运行到主菜单，停止，等待选择；进入每个分支，停止，完成相应的学习；跳转其他分支或主菜单，如图 5-3-73 所示。⑤文件以"lx5316.fla"为名保存到"文档"文件夹。

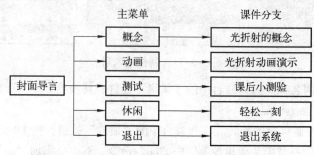

图 5-3-73　课件结构图

具体操作步骤如下。

步骤 1：准备素材。准备 gif 动画 4 个，背景图片 1 张，背景音乐 1 首，flv 格式视频 1 段。

步骤 2：新建文件，导入素材。启动 Flash CS6，选择"开始"→"程序"→"Adobe"→"Adobe Flash Professional CS6"命令，弹出 Flash 欢迎界面；单击"ActionScript 2.0"按钮；选择"文件"→"导入"→"导入到库"命令，将图片、音频、gif 动画导入库。

步骤 3：设计课件背景。选择"图层 1"的第 1 帧，图层命名为"背景"；将背景图从"库"面板拖放到舞台；选择"任意变表工具"，调整背景图的大小与位置；插入"图层 2"，命名为"副标题"；在舞台左上角输入文本"初级中学三年级物理"、右下角输入文本"人民教育出版社"；将 2 个 gif 动画从"库"面板中拖到舞台做装饰。本课件拟用 175 帧完成，分别选择"背景""副标题"图层第 175 帧，按 F5 键插入普通帧。

步骤 4：设计标题动画。标题动画效果为文字逐个弹出。新建图层 3 并命名为"标题"；选择"文本工具"，该图层的第 1 帧输入文本"光"；选择第 15 帧，按 F6 键插入关键帧，输入文本"光折"；选择第 30 帧，按 F6 键插入关键帧，输入文本"光折射"；选择第 45 帧，按 F6 键插入关键帧，输入文字"光折射 广东第二师范学院"，如图 5-3-74 所示。

图 5-3-74　封面引言

步骤 5：标题形状渐变为主菜单标题。选择"标题"图层第 70 帧，按 F6 键插入关键帧；舞台选择标题文字，连续两次选择"修改"→"分离"命令，将文字分离；选择第 85 帧，按 F6 键插入关键帧，删除舞台标题，输入文本"光折射"，并分离；光标指向"标题"图层 70～85 帧间的任意帧，选择"插入"→"补间形状"命令。

步骤 6：主菜单设置停止动作。"标题"图层选择第 85 帧；按 F9 键，弹出"动作"面板；选择"全局函数"→"时间轴控制"→"Stop"命令，双击添加该语句；关闭"动作"面板。

步骤 7：主菜单的按钮与提示。新建图层 4 并命名为"按钮"；选择该图层的选择第 85 帧，按 F6 键插入关键帧；选择"窗口"→"库"→"公用库"→"按钮"命令，弹出"按钮"公用库对话框，选择某按钮拖放到舞台，拖放 5 个按钮。选择"文本工具"，在舞台每个按钮旁输入提示文本，如图 5-3-75 所示。

图 5-3-75　主菜单界面

步骤 8：调整课件分支中的按钮位置。进入课件分支后，按钮位于界面的左下方。选择"按钮"图层第 90 帧，按 F6 键插入关键帧，将按钮位置移动到界面左下方，并修改提示信息为"概念""动画""测试""休闲"和"退出"。

步骤 9：制作第 1 个课件分支"基本概念"的内容与按钮跳转。

内容制作：新建图层 5 并命名为"基本概念"，选择该图层第 90 帧，按 F6 键插入关键帧；选择"文本工具"，输入第 1 段文字；选择第 105 帧，按 F6 键插入关键帧并输入第 2 段文字；选择第 110 帧，按 F6 键插入关键帧，并添加 Stop 语句（参见步骤 6），使动画停止运动，如图 5-3-76 所示。

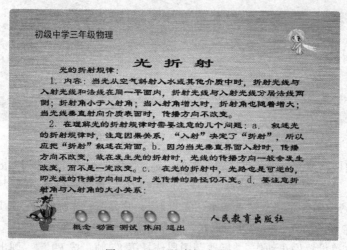

图 5-3-76　基本概念界面

"概念"按钮跳转：第 110 帧中选择"概念"按钮，按 F9 键，弹出"动作"面板；选择"全局属性"→"影片剪辑控制"→"on"命令，双击添加该语句；弹出事件提示列表，选择"release"项；光标移动到"动作窗格的花括号内"；选择"时间轴控制"→"gotoAndPlay()"双击，在括号中输入 90（跳转到的帧数）。语句整体如下：

```
on (release) {
    gotoAndPlay(90);
}
```

主菜单中"光折射的概念"按钮的跳转：第 85 帧中选择"概念"按钮，用同样的方法给此按钮添加同样的语句（可复制分支页"概念"按钮的语句）。

在本图层选择第 111 帧，按 F7 键插入空白关键帧（即删除第 110 帧后的内容）。

步骤 10：设计制作"光折射"演示动画。

绘图：动画由 3 个图层组成，分别新建 3 个图层并分别命名为"光线""遮罩""凸透镜"。分别选择 3 个图层的第 115 帧，按 F6 键插入关键帧。选择"椭圆工具"，在"凸透镜"图层绘制凸透镜图形；选择"线条工具"，在"光线"图层绘制光线图形；选择"矩形工具"，在"遮罩"图层绘制一个矩形图形，大小可覆盖光线图。

制作遮罩动画：动画预计用 50 帧完成，"遮罩"图层选择第 155 帧，按 F6 插入关键帧，并给该帧添加"Stop"语句（即在第 155 帧完成动画演示，停止等待）；选择"插入"→"传统补间"命令，自右向左移动矩形图，直到覆盖整个光线图；选择"遮罩"图层，右击，弹出快捷菜单，选择"遮罩层"命令。动画界面如图 5-3-77 所示。

清除本动画第 155 帧后的内容，分别选择 3 个图层的第 156 帧，按 F7 键。

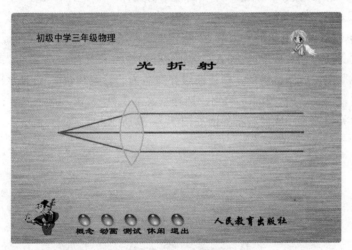

图 5-3-77 动画界面

步骤 11："动画"演示按钮添加跳转。重复步骤 9 中的方法，分别给主菜中的"光折射动画演示"按钮、课件分支页面的"动画"按钮添加语句：

```
on (release) {
    gotoAndPlay(115);
}
```

步骤 12：制作"课后小测验"。

输入题目及答案：新建图层并命名为"测试题"；选择该图层的第 156 帧，按 F6 插入关键帧；选择"文本工具"，输入测试题与选择答案，如图 5-3-78 所示。

图 5-3-78　课后小测验界面

　　制作 A 答案按钮：选择"插入"→"新建元件"命令，弹出"新建元件"对话框，"名称"文本框中输入文本"A"，"类型"选择"按钮"；在"弹起""指针经过""按下"帧中分别绘制不同颜色的圆；新建图层，输入文字"A"，并调整到按钮位置。

　　制作 B 答案按钮：复制"A"按钮，修改上面的文字为"B"。"库"面板选择按钮"A"元件，右击，弹出快捷菜单，选择"直接复制"命令，弹出"直接复制元件"对话，"名称"输入文本"B"，单击"确定"按钮；双击"库"面板中的元件"B"，打开元件"B"，将按钮上的文本"A"改为"B"。

　　调用按钮：单击舞台左上角的"场景 1"按钮，返回场景 1；从"库"面板中拖动"A""B"按钮到舞台；选择第 160 帧，按 F6 键插入关键帧，并为该帧添加"Stop"语句，即等待选择答案。

　　设计制作"A"按钮的测试提示：新建图层并命名为"答案判断"；选择该图层的第 165 帧，按 F6 键插入关键帧，并添加"Stop"语句；选择"文本工具"，输入提示内容；选择第 166 帧，按 F7 键插入空白关键帧。完成的答案界面如图 5-3-79 所示。

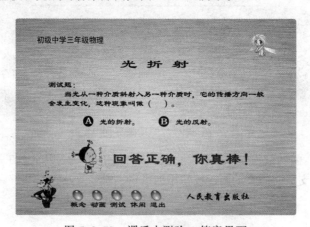

图 5-3-79　课后小测验 A 答案界面

　　设置"A"按钮的跳转：请为"A"按钮添加语句：

```
on (release) {
    gotoAndPlay(163);
}
```

使用同样的方法给"B"按钮在第 170 帧插入关键帧，并添加"Stop"语句；输入提示文字，如图 5-3-80 所示；选择第 171 帧，按 F7 键插入空白关键帧；给"B"按钮添加语句：

```
on (release) {
    gotoAndPlay(167);
}
```

图 5-3-80   课后小测验 B 答案界面

步骤 13："测试"按钮添加跳转。用步骤 9 中的方法，分别给主菜中的"课后小测验"按钮、课件分支页面的"测试"按钮添加语句：

```
on (release) {
    gotoAndPlay(157);
}
```

步骤 14：设计制作"休闲"项目与跳转。

新建图层并命名为"视频"，选择该图层的第 175 帧，按 F6 键插入关键帧，并添加"Stop"语句。

导入视频：选择"文件"→"导入"→"导入视频"命令，导入"佳人写真 flv"视频。

"休闲"按钮添加跳转：用步骤 9 中的方法，分别给主菜中的"轻松一刻"按钮、课件分支页面的"休闲"按钮添加语句：

```
on (release) {
    gotoAndPlay(172);
}
```

步骤 15：制作"退出"。用步骤 9 中的方法，分别给主菜中的"退出系统"按钮、课件分支页面的"退出"按钮添加语句：

```
on (release) {
fscommand("quit", "");
}
```

说明：fscommand 命令在运行 swf 文件时才会起作用，Ctrl + Enter 组合键测试时不起作用。

步骤 16：Ctrl + Enter 组合键测试。

步骤 17：保存文件。选择"文件"→"另存为"命令，弹出"另存为"对话框，选择"文档"文件夹，输入文件名"lx5316"，保存类型选择".fla"项；单击"保存"按钮。

习　题　5

一、单项选择题

1. Flash 影片帧频率最大可以设置到（　　）。

A. 99 fps　　　　　　　B. 100 fps　　　　　　C. 120 fps　　　　　　D. 150 fps

2. 在 Flash 中，有两种类型的声音（　　）。

A. 事件声音、数字声音　　　　　　　B. 事件声音、数据流声音

C. 数字声音、模拟声音　　　　　　　D. 事件声音、模拟声音

3. 对于在网络上播放的动画，最合适的帧频率是（　　）。

A. 24 fps　　　　　　B. 12 fps　　　　　　C. 25 fps　　　　　　D. 16 fps

4. 以下关于逐帧动画和补间动画的说法正确的是（　　）。

A. 两种动画模式 Flash 都必须记录完整的各帧信息

B. 前者必须记录各帧的完整记录，而后者不用

C. 前者不必记录各帧的完整记录，而后者必须记录完整的各帧记录

D. 两种动画模式 Flash 都不用记录完整的各帧信息

5. 在 Flash 时间轴上，选择连续的多帧或选择不连续的多帧时，分别需要按住（　　）键后，再使用鼠标进行选取。

A. Shift、Alt　　　　B. Esc、Tab　　　　C. Ctrl、Shift　　　　D. Shift、Ctrl

6. ActionScript 中引用图形元素的数据类型是（　　）。

A. 影片剪辑　　　　B. 对象　　　　　　C. 按钮　　　　　　D. 图形元素

7. 以下关于使用元件的优点叙述，不正确的是（　　）。

A. 使用元件使电影的编辑更加简单　　　　B. 使用元件使发布文件的大小缩减

C. 使用元件使电影的播放速度加快　　　　D. 使用元件使动画更加漂亮

8. 在使用"线条工具"绘制直线时，若同时按住（　　）键，可画出水平方向、垂直方向、45°角、135°角等特殊角度的直线。

A. Alt　　　　　　　B. Ctrl　　　　　　C. Shift　　　　　　D. Esc

9. 在 Flash 中，若要对字符设置形状补间，必须按（　　）组合键将字符分离。

A. Ctrl+J　　　　　B. Ctrl+O　　　　　C. Ctrl+B　　　　　D. Ctrl+S

10. 在 Flash 中，帧频率表示（　　）。

A. 每秒钟显示的帧数　　　　　　　B. 每帧显示的秒数

C. 每分钟显示的帧数　　　　　　　D. 动画的总时长

11. 下列关于 Flash 动作脚本（ActionScript）的有关叙述不正确的是（　　）。

A. Flash 中的动作只有两种类型：帧动作、对象动作

B. 帧动作不能实现交互

C. 帧动作面板和对象面板均由动作工具箱、动作窗格、命令参数区构成

D. 帧动作可设置在动画的任意一帧

12. 下列关于时间轴中帧标记说法不正确的是（　　　）。

A. 所有的关键帧都用一个小圆圈表示

B. 有内容的关键帧为实心圆圈，没有内容的关键帧为空心圆圈

C. 普通帧在时间轴上用方块表示

D. 加动作语句的关键帧上方会显示一个小红旗

13. 使用部分选取工具拖动结点时，按住（　　　）键可使角点转换为曲线点。

A. Alt B. Ctrl C. Shift D. Esc

14. Flash 源文件和影片文件的扩展名分别为（　　　）。

A. *.fla、*.flv B. *.fla、*.swf C. *.flv、*.swf D. *.doc、*.gif

15. 下面的代码中，控制当前影片剪辑元件跳转到"S1"帧标签处开始播放的代码是（　　　）。

A. gotoAndPlay("S1"); B. this.GotoAndPlay("S1");

C. this.gotoAndPlay("S1") D. this.gotoAndPlay("S1");

16. 制作形状补间动画，使用形状提示，能获得最佳变形效果的说法中正确的是（　　　）。

A. 在复杂的形变动画中，不用创建中间形状，而仅使用开始和结束两个形状

B. 确保形状提示的逻辑性

C. 若将形状提示按逆时针方向从形状右上角位置开始，则变形效果将会更好

D. 没有什么作用

17. 关于帧锚记和注释的说法正确的是（　　　）。

A. 帧锚记和注释的长短将影响输出电影的大小

B. 帧锚记和注释的长短不影响输出电影的大小

C. 帧锚记的长短不会影响输出电影的大小，而注释的长短对输出电影的大小有影响

D. 帧锚记的长短会影响输出电影的大小，而注释的长短对输出电影的大小不影响

18. 两个关键帧中的图像都是形状，则这两个关键帧之间可以创建下列（　　　）种补间动画。
①形状补间动画。②位置补间动画。③颜色补间动画。④透明度补间动画。

A. ① B. ①② C. ①②③ D. ①②③④

19. 下列关于关键帧说法不正确的是（　　　）。

A. 关键帧是指在动画中定义的更改所在帧

B. 修改文档的帧动作的帧

C. 不能在关键帧间创建补间

D. 可在时间轴中排列关键帧，以便编辑动画中事件的顺序

20. 将舞台上的对象转换为元件的步骤是（　　　）。
①选定舞台上的元素。②选择"修改→转换为元件"命令，弹出"转换为元件"对话框；
③填写"转换为元件"对话框，单击"确定"按钮。

A. ①②③ B. ②①③ C. ③①② D. ③②①

21. 按钮元件时间轴的叙述，正确的是（　　　）。

A. 按钮元件的时间轴与主电影的时间轴一样，且会通过跳转到不同的帧来响应鼠标指针的
移动和动作

B. 按钮元件中包含 4 帧，分别是 Up、Down、Over 和 Hit 帧

C. 按钮元件时间轴上的帧可以被赋予帧动作脚本

D. 按钮元件的时间轴只能包含 4 帧的内容

22. Flash 中，使用钢笔工具创建曲线时，关于调整曲线和直线的说法错误的是（　　）。

A. 当使用部分选择工具单击曲线时，定位点即可显示

B. 使用部分选择工具调整线段可能会增加路径的定位点

C. 调整曲线时，要调整定位点两边的形状，可拖动定位点或拖动正切调整柄

D. 拖动定位点或拖动正切调整柄，只能调整一边的形状

23. 在 Flash，移动对象的副本和限制对象移动的角度（以 45° 为单位）分别按（　　）键。

A. Alt 和 Shift　　　　B. Ctrl 和 Alt　　　　C. Alt 和 Ctrl　　　　D. Shift 和 Ctrl

24. 如果一个对象以 100% 的大小显示在工作区，选择"任意变形工具"，按住 Alt 键，使用鼠标单击，则对象将以（　　）的比例显示在舞台。

A. 50%　　　　　　B. 100%　　　　　　C. 200%　　　　　　D. 400%

25. 关于 Flash 影片舞台的最大尺寸，下列说法正确的是（　　）。

A. 1 000 px × 1 000 px　　　　　　　　B. 2 880 px × 2 880 px

C. 4 800 px × 4 800 px　　　　　　　　D. 可设置到无限大

26. Flash 中，选择"滴管工具"，当单击填充区域时，该工具将自动变成（　　）工具。

A. 墨水瓶工具　　　B. 涂料筒工具　　　C. 刷子工具　　　D. 钢笔工具

27. 以下关于 Flash 遮罩动画的描述，正确的是（　　）。

A. 遮罩动画中，被遮住的物体在遮罩层上

B. 遮罩动画中，遮罩层位于被遮罩层的下面

C. 遮罩层中有图形的部分是透明部分

D. 遮罩层中空白的部分是透明部分

28. 小陈做了一个多图层 Flash 动画，她以第一层为背景，但在播放过程中，背景只在第一帧出现一瞬间后就没再出现。请问她操作时可能出错的环节是（　　）。

A. 锁定了"背景"图层　　　　　　　B. 多个图层叠加，挡住了"背景"图层

C. 没有在"背景"图层最后一帧按 F5 键　　D. 在背景层最后一帧按了 F7 键

29. 赵小欣同学在制作蝴蝶沿着路径飞舞的动画时，发现蝴蝶和路径都在飞舞，她可能犯的错误是（　　）。

A. 路径没有放在运动引导层，并且可能把路径也做成了元件

B. 没有勾选"调整到路径"复选框

C. 蝴蝶元件的中心没有吸附在路径上

D. 没有把蝴蝶元件分离

30. 在 Flash 的层中，下面不是成对出现的是（　　）。

A. 普通层与引导层　　　　　　　　　B. 引导层与被引导层

C. 遮罩层与被遮罩层　　　　　　　　D. 引导层与被遮罩层

二、操作题

1. 在 Flash 中绘制下图所示的自行车图形，将文件以"lx5401.fla"为名保存到"文档"文件夹。

2. 从网络下载 1 张风景图、1 首音乐，利用"遮罩""平移""旋转"功能在 Flash 中制作动画"展开的卷轴"，在背景音乐伴奏，画卷缓缓展开，如下图所示，将文件以"lx5402.fla"为名保存到"文档"文件夹。

3. 修改本章中的"lx5315.fla"实例，使电风扇页片在旋转时不断变色（红色、绿色变换），将文件以"lx5403.fla"为名保存到"文档"文件夹。

4. 在 Flash 中绘制一个红灯笼图形，制作红灯笼花穗左右摆动的动画，如下图所示，将文件以"lx5404.fla"为名保存到"文档"文件夹。

5. 创建补间动画或传统补间后，当光标指向两个关键帧间单击时，出现的属性面板中可调整"色彩效果"选项，其中"样式"选项可改变舞台中对象的透明度，如下图所示。试制作文字"Flash"淡入淡出动画，其中淡入与淡出时间 2 秒，静止显示时间 2 秒；从网络下载音乐作

为背景音乐，声音"同步"选项选择"数据流"项；将文件以"lx5405.fla"为文件名保存到"文档"文件夹。

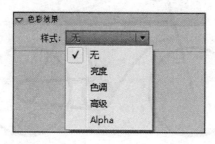

6. 从网络下载世界板块地图，并利用遮罩层在 Flash 中制作地球自转动画；将文件以"lx5406.fla"为文件名保存到"文档"文件夹。

7. 在 Flash 中制作驶近的火车动画，用线条工具与 3D 工具绘制铁路元件；用矩形工具、椭圆工具等绘制火车元件，用 3D 工具制作火车由远及近的动画，如下图所示；将文件以"lx5407.fla"为文件名保存到"文档"文件夹。

8. 从网络下载"小鸟.gif 动画，并在 Flash 中制作引导线动画，使小鸟自左向右沿绘制的曲线飞行，将文件以"lx5408.fla"为文件名保存到"文档"文件夹。

9. 利用"公用库"中的声音素材，在 Flash 中制作有声音的按钮。绘制圆形按扭；当鼠标指针经过与按下时，发出咔嗒声，如下图所示；将文件以"lx5409.fla"为文件名保存到"文档"文件夹。

10. 参考本章"lx5316.fla"实例，使用 Flash 以"奔放的青春"为主题，设计制作多媒体作品，介绍自己的基本情况、人生座右铭、成长经历、爱好专长、学习规划、奋斗目标，将文件以"lx5410.fla"为文件名保存到"文档"文件夹。

第6章 多媒体作品创作

内容概要

多媒体作品创作是通过多媒体创作工具，围绕主题，对各种多媒体素材控制、集成、同步、展现的过程。本章重点介绍多媒体创作工具 Authorware 的基础知识，Authorware 7.02 的工作界面，图标的基本操作方法，音频、视频、动画的集成方法，通过学习达到设计制作多媒体作品的目的。

6.1 多媒体作品创作基础

多媒体作品创作是指充分运用计算机的综合交互功能，将文字、声音、图形、图像、动画和视频等多媒体信息组织和编辑成一个有机整体，从而为某个目标服务。

6.1.1 多媒体作品的创作过程

多媒体作品的创作一般分成 5 个阶段。

1．多媒体作品的创作策划

多媒体作品的创作策划是指创作者对多媒体作品的需求、表现主题、内容、规模、查询方式、设计风格等进行深入细致的研究，做出整体规划并形成尽可能详细的描述。此阶段需要从分析用户需求开始，在调查的基础上确立设计的基本目标。

2．系统分析与脚本设计

系统分析是指在对主题进行整体分析的基础上，结合多媒体的特点构思出作品的整体框架，确定作品的系统结构。通常包括作品结构设计、所需素材、总体风格设计、确定多媒体作品中各部分组成方式、各种素材的连接方式等，从而使作品的各个部分合理结合起来，形成一个有机整体。系统分析是制作前对多媒体作品的全面分析与构思。

脚本（Script）是指带有视觉语言的文字或画面表述，包括多媒体作品内容安排、音频动画或视频应用、交互设计等。脚本设计是整个多媒体作品制作的核心。

3．素材采集与编辑

素材采集与编辑是指应用多媒体素材制作软件或设备，获取多媒体素材的操作过程。本阶段根据作品需要，对各种媒体如文字、图形、图像、声音、动画、视频等进行采集和加工。素材采集与编辑主要进行以下 4 项工作：①根据作品内容确定需要何种素材。②确定素材的获得方式。③各类素材的采集与编辑。④对已编辑好的素材进行管理、规范命名。

4．合成

合成是指根据策划设计要求，按照制作流程将多种媒体素材组合在一起形成多媒体作品。本阶段由软件工程师根据脚本，利用多媒体著作工具或程序将文字、图形、图像、音频、视频、动画等多媒体素材进行集成，最终形成多媒体作品。

5．试播修改与生成运行版本

试播修改与生成运行版本是指通过运行检查修改多媒体作品中存在的问题，并生成运行于操作系统或浏览器的多媒体作品。本阶段重点在于发现作品在技术上和内容上的问题，生成可运行文件，如 PPT、SWF、MPEG、EXE、HTML 等格式文件。

6.1.2　CAI 课件的构成

超媒体 CAI（Computing Aided Instruction，计算机辅助教育）课件是指用于存储、传递、呈现教学信息，使学习者进行交互操作，并对学习者的学习做出评价的现代教学媒体。CAI 课件是根据教学大纲要求，经过教学目标确定、教学内容和任务分析、教学活动及界面设计，以计算机处理和控制多种媒体的表现方式，形成超文本结构查询的计算机程序。

超媒体 CAI 课件的基本要求是：教学内容正确、反映教学过程和教学策略、具有友好的人机交互界面、具有诊断评价、反馈强化功能。超媒体 CAI 课件的构成主要包括以下 6 方面。

1．封面与导言

封面是指多媒体作品的起始页。导言是指运行于多媒体作品首部的指导或提示性语言图示。封面包括课件的名称、制作单位、版本号、各种标志及必要的说明等。封面力求设计新颖，有创意，给人焕然一新的感觉。超媒体 CAI 课件封面导言的设计需要考虑：①不同类型的课件设计不同类型的封面导言。②封面导言的色调、构成元素、界面布局。③使用对象的特征。

2．知识内容

知识内容是指学习者应该掌握的知识单元及构成知识单元的知识体系。该部分构成课件的主体，是在教学设计过程中，由教学专家和学科教师根据学习者特征及教学目标确定的教学知识内容。

3．练习与评价

练习与评价是指 CAI 课件中检测学习者知识掌握情况，并将检测结果反馈给学习者，帮助学习者了解自身学习情况所进行的练习和测试。

4．知识的组织结构

知识的组织结构是指知识信息表述的顺序结构。包括线性结构、分支结构和网状结构等。结点、链、网络是超媒体结构的 3 个基本要素。

5．导航策略

导航策略是指 CAI 课件中为避免学习者偏离教学目标，引导学习者进行有效学习的引导提示策略。导航策略的主要功能：①使用者了解当前学习内容在学习过程中、知识结构体系中所处的位置。②学习者根据学过的知识、走过的路径，确定下一步的前进方向和路径。③学习者使用课件遇到困难时，寻求到解决困难的方法，找到达到学习目标的最佳学习路径。④学习者快速而简捷地找到所需信息，并以最佳路径找到信息。⑤学习者清楚了解教学信息的结构概况，产生整体性感知。

6. 交互界面

交互界面是指学习者与 CAI 课件交互的屏幕界面。学习者通过屏幕界面向计算机输入信息以控制、查询和操纵课件；CAI 课件则通过屏幕界面向用户提供信息，供阅读、分析、判断。CAI 课件的屏幕界面主要包括窗口、菜单、图标、按钮、对话框、示警盒等。交互界面的设计包括界面窗口的大小设计、屏幕信息的布局、教学信息的呈现方式等。屏幕界面设计应注意的问题包括避免使用专门术语、注意屏幕及各组成元素的直观性、保持屏幕元素的一致性、考虑使用对象的特点、具有艺术表现力和感染力等。

6.1.3 CAI 课件制作流程

CAI 课件制作流程，与多媒体作品的制作流程基本相同，由于其教学属性，使其开发制作又具有自己的特殊性，如图 6-1-1 所示。

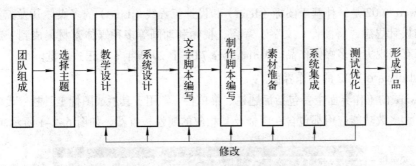

图 6-1-1　CAI 课件制作流程

（1）团队组成。课件开发团队主要包括项目负责人、学科教师、多媒体创作人员。

（2）主题选择。多媒体课件制作前，需充分做好选题论证。选择学习者难以理解、教师不易讲解清楚的重点和难点问题，特别选择能充分发挥图像和动画效果、不宜用语言和板书表达的内容。

（3）教学设计。教学设计运用系统论的观点和方法，根据教学目标和学习对象特点，分析教学中的问题和需求，确定解决问题的有效步骤；选择相应的教学策略和教学资源，确定教学知识点的排列顺序，合理选择、组织教学媒体和教学方法，形成最优化的教学系统结构。

（4）系统设计。系统设计是对多媒体课件的总体设计，包括页面设计、层次结构设计、媒体的应用设计、知识点的表示形式设计、练习方式设计、页面链接设计、交互设计、导航设计等。

（5）脚本编写。脚本编写是根据教学内容特点与系统设计的要求，在学习理论的指导下，对每个教学单元的内容和安排以及各单元间的逻辑关系进行设计。多媒体课件的脚本分为文字脚本和制作脚本两种。

文字脚本是指对多媒体课件设计与制作的文字表述，通常由学科教师完成。文字脚本包括教学目标分析、教学内容和各知识点的划分、学习者特征分析、课件模式选择、教学策略指定、媒体选择等。文字脚本包含课件名称、教学目标、重点难点、教学进程、教学流程、媒体运用、课件类型、使用时机等内容。

制作脚本是指在文字脚本的基础上，对课件界面布局、制作步骤、制作方法的表述，通常由软件工程师完成。制作脚本包括页面元素与布局、人机交互、跳转、色彩配置、文字信息呈现、音乐或音响效果、解说词、动画及视频的要求等。

（6）数据准备。数据准备包括说明文字、配音、图片、图像、动画、视频等多媒体素材准备。

（7）课件集成。运用多媒体课件制作工具如 PowerPoint、Flash、Authorware、Toolbook、Frontpage、Dreamweaver 等，将各种素材按脚本的设计组合起来，形成一个有机整体。

（8）测试优化。测试优化是指课件制作过程中，对课件进行的评价和修改工作。目的在于根据评价结果合理修改课件，改进设计，使之符合教学的需要，提高课件质量和性能。并对课件性能、效果等做出定性、定量的描述，确认课件的有效性和价值。

（9）形成产品。课件制作完成，发布作品，供学习者使用。

6.2 使用 Authorware 7.02 创建多媒体作品

6.2.1 Authorware 7.02 概述

Authorware 7.02 是一种基于图标（Icon）和设计流程线（Line）的多媒体开发工具。它采用面向对象的设计思想，将图像、文字、音频、视频和动画等多种媒体素材集成到一起，形成交互性强、富有表现力的多媒体作品。Authorware 7.02 于 2003 年 6 月正式面世。

1. Authorware 7.02 的操作界面

Authorware 的工作界面主要包括标题栏、菜单栏、常用工具栏、图标工具栏、设计窗口和演示窗口等，大多数功能应用都包含在图标及其相应的属性检查器，如图 6-2-1 所示。

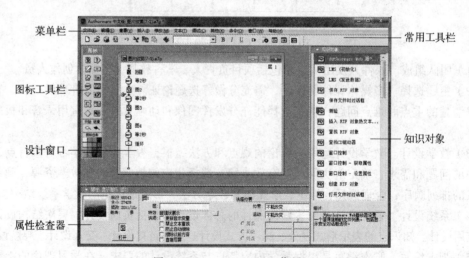

图 6-2-1　Authorware 工作界面

（1）菜单栏

菜单栏存放 Authorware 7.02 的文件管理、编辑命令。菜单栏共有 11 个菜单项，包括文件、编辑、查看、插入、修改、文本、调试、其他、命令、窗口和帮助，如图 6-2-2 所示。

图 6-2-2 菜单栏

（2）常用工具栏

Authorware 提供了 18 种工具，代表设计开发过程中最常用的命令，其功能是提供快捷操作，与菜单中的命令相对应，如图 6-2-3 所示。18 种工具的具体功能如表 6-2-1 所示。

图 6-2-3 工具栏

表 6-2-1 工具栏中按钮名称及其功能

图 标	名 称	功 能
	新建	建立新文件
	打开	打开已有文件
	保存	将当前打开的文件和库一次全部保存
	导入	导入外部素材
	撤销	撤销上一次操作
	剪切	将选择的对象剪切到剪贴板中
	复制	将选择的对象复制到剪贴板中
	粘贴	将剪贴板中的内容粘贴到指定的位置
	查找	在文件中查找指定的文本
	文本风格	选择文本的风格
B	粗体	将所选文本的字体变为粗体
I	斜体	将所选文本的字体变为斜体
U	下画线	为所选文本添加下画线
	运行	从头开始运行程序
	控制面板	打开/关闭控制面板
	函数	打开/关闭函数面板
	变量	打开/关闭变量面板
KO	知识对象	打开/关闭知识对象面板

（3）图标工具栏

图标是 Authorware 设置流程、编辑对象的容器。图标通过"图标工具栏"统一管理，共有

17 个图标，其中前 14 个图标用于开发多媒体应用程序，后 3 个用于调试多媒体程序。图标的功能、操作方法、属性设置、基本函数与变量的使用是学习 Authorware 的重点，图标的名称与基本功能如表 6-2-2 所示。

表 6-2-2　图标名称及其功能

图标	名　称	功　能
	显示图标	用于显示图片、图形、动画、文字、视频、函数与变量运算结果等
	交互图标	用于人机交互设计，交互图标提供了 11 种交互响应类型。交互图标中可显示图片和文字等
	移动图标	用于移动位于显示图标内的图片或文本对象，提供 5 种二维动画移动方式，其本身不具备动画能力
	计算图标	用于对变量和函数进行赋值及运算、编程，其他设计图标的"计算"属性也具有此功能
	擦除图标	用于擦除程序运行过程中不再使用的画面对象，系统提供多种擦除过渡效果
	群组图标	用于设计复杂的程序流程，将一系列图标流程进行归组
	数字电影	用于存储各种动画、视频、位图序列文件。利用系统函数变量可控制视频动画的播放状态，实现如回放、快进/慢进、播放/暂停等功能
	等待图标	用于程序运行时的暂停或停止控制
	导航图标	用于控制程序流程的跳转，通常与框架图标结合使用，在流程中设置与任何一个附属于框架设计图标页面间的定向链接关系
	声音图标	用于完成存储和播放各种声音文件，使用系统函数变量可控制声音的播放状态
	框架图标	用于创建页面功能，并按页显示。右侧可下挂图标，包括显示图标、群组图标、移动图标等，每个图标称为框架的一页，框架结构中可包含交互图标、判断图标、其他的框架图标内容
	DVD 图标	用于存储一段视频信息数据，并通过与计算机连接的视频播放器进行播放
	判断图标	又称决策图标，用于创建一种决策判断执行机构，当程序执行到某一判断图标时，将根据事先定义的决策规则自动计算并执行相应的判断分支路径
	知识对象	用于程序中建立知识对象
	开始旗帜	用于调试执行程序时，设置程序流程的运行起始点
	结束旗帜	用于调试执行程序时，设置程序流程的运行终止点
	调色板	用于图标着色

Authorware 7.02 的图标工具栏通常位于工作窗口左侧，如图 6-2-4 所示。

（4）设计窗口

设计窗口是指依照流程线排列 Authorware 图标、编辑图标的工作窗口。设计窗口通过流程线组织图标，窗口中显示组成多媒体作品的各种图标、开始点、结束点、主流程线、支流程线、粘贴指针等信息。运行程序时，Authorware 将沿着流程线依次执行图标，如图 6-2-5 所示。

图 6-2-4　图标工具栏

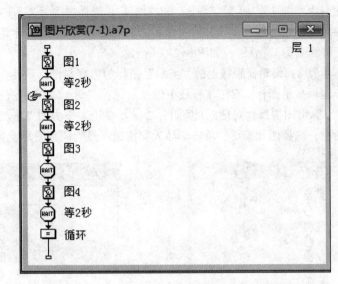

图 6-2-5　设计窗口

（5）属性检查器

　　属性检查器又称属性面板，是指用于查看或编辑当前对象参数的窗口。属性检查器默认停靠于 Authorware 设计窗口下方，属性检查器可被折叠、展开和移动。使用属性检查器可显示与设置当前程序文件、设计图标、分支流程的属性，显示内容依据当前选择对象而定，如图 6-2-6 所示。

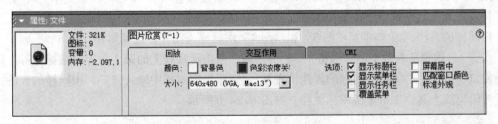

图 6-2-6　文件属性检查器

2．快速制作简单实例

　　利用 Authorware 制作多媒体作品主要考虑如何使用各种图标，合理的将文字、图形、图片、声音、动画、视频等多媒体素材组合，形成多媒体作品。设计制作多媒体作品的具体操作方法是：选择"图标工具栏"中的图标 ；拖放到"设计窗口"的流程线；编辑图标内容与属性。

　　【实例】从网络下载 4 张风景图片素材，在 Authorware 中完成"图片欣赏"作品制作：①分别拖动 4 个显示图标和等待图标到流程线，并间隔排列。②将 4 张图片分别插入 4 个显示图标。③设置 4 张图片进行循环播放效果。④每张图片静止 2 秒，图片间添加过渡效果。⑤文件以"lx6201.a7p"为名保存到"文档"文件夹。

　　具体操作过程如下。

　　步骤 1：新建 Authorware 文件。双击桌面 Authorware 快捷图标，启动软件；选择"文件"→"新建"→"文件"命令，弹出"新建"对话框，单击"取消"或"不选"按钮。

　　步骤 2：组建流程线与图标命名。选择"显示（図）"图标，分别拖放 4 个到流程线；并依次命名为"图1""图2""图3"和"图4";选择"等待（ WAIT ）"图标，拖放4个到流程线，每个显示图标之后放一个，并依次命名为"等2秒"；选择"计算（ ▭ ）"图标，拖放到流程线末端，并命名为"循环"，如图6-2-7所示。

步骤3：编辑流程线上的"显示"图标的内容与图标属性。

编辑显示图标：双击流程线上的显示图标"图1"，弹出演示窗口；选择"插入"→"图像"命令；弹出图像属性对话框（见图6-2-8），单击左下方的"导入"按钮，弹出"导入哪个文件？"对话框；选择图片素材，单击"导入"按钮；最后调整图片位置与大小。

图 6-2-7　组建流程线

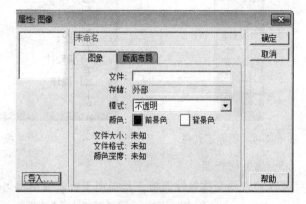

图 6-2-8　图像属性对话框

设置显示图标"图1"特效：图片特效是指图片出现或过渡的效果，选择"图1"图标或打开"图1"演示窗口，设计窗口下方出现显示图标"属性检查器"；单击"特效（ ▱ ）"按钮，弹出"特效方式"对话框；选择某种特效，单击"确定"按钮，如图6-2-9所示。

用同样的方法，给"图2""图3"和"图4"图标导入图片并设置属性。

步骤4：编辑流程线上的"等待（ WAIT ）"图标。双击流程线上的第1个等待图标"等2秒"，设计窗口下方出现"等待"图标的属性检查器；"时限"文本框中输入"2"。用同样的方法，分别设置流程线上其他3个等待图标属性，如图6-2-10所示。

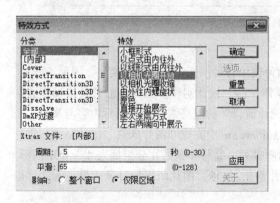

图 6-2-9　"特效方式"对话框

图 6-2-10　"等待"图标的属性检查照

步骤5：编辑流程线上的"计算（ ▭ ）"图标。选择流程线上的计算图标"循环"；双击，弹出计算图标演示窗口；写入程序代码"GoTo(IconID@"图1")"控制程序循环播放；单击"演示窗口"右上角的"关闭"按钮，如图6-2-11所示。

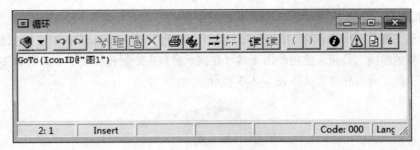

图 6-2-11　计算图标的演示窗口

说明：输入代码"GoTo(IconID@"图 1")"时，需在"英文"输入法、"半角"状态输入。Goto 语句的功能是跳转到指定的图标处；"图 1"表示跳转到"图 1"图标处。

步骤 6：演示程序。单击工具栏上的"运行"按钮，或选择"调试"→"播放"命令，查看运行效果。

步骤 7：保存文件。Authorware 提供 4 种保存方式：保存、另存、压缩保存和全部保存。选择"文件"→"另存为"命令，弹出"另存为"对话框；"保存在"选择"文档"；"文件名"文本框中输入"lx6201.a7p"；单击"保存"按钮。

步骤 8：程序的调试与修改。程序的调试与修改的基本方法如下。

直接运行程序：选择"调试"→"重新开始"命令，开始运行程序；若停止运行，选择"停止"命令。

跟踪程序的运行：选择"调试"→"调试窗口"命令，程序运行时可逐步跟踪程序。每执行一次"调试窗口"命令，程序运行一步。若选择"单步调试"命令，可实现跨步跟踪。

调试部分程序："图标"工具栏中有一黑一白两个旗状的图标，白色旗表示程序运行的起始位置，黑色旗表示程序运行结束的位置。若调试部分流程线，需将白旗放在此段流程线的前端，黑旗放到此段流程线的后端。

暂停程序的运行：程序运行时，选择"调试"→"暂停"命令，可暂停程序的运行。程序暂停后，选择"调试"→"播放"命令，可恢复程序运行。

修改程序：程序调试运行中若修改某对象，则双击该对象，系统可暂停，并自动打开编辑窗口，显示出该对象的属性设置和编辑工具面板，供修改；修改完毕后关闭编辑窗口。

6.2.2　"显示"图标

"显示"图标（图）用于显示图片、图形、动画、文字、函数与变量运行的结果。主要功能有导入图片、绘制图形、输入文字、输出变量与函数值等。

1. 导入图片

Authorware 对图片的处理能力不强，因此使用图片素材需要先在比较专业的图像处理软件如 Photoshop 中制作完整，然后导入使用，Authorware 支持导入的图片格式有 pict、tiff、lrg、gif、png、bmp、rle、dib、jpeg 等。导入图像的具体操作方法是：选择"显示"图标并将其拖放到流程线，并命名；双击流程线上的"显示"图标，弹出演示窗口；选择"插入"→"图像"命令，弹出"属性：图像"对话框；单击对话框左下角的"导入"按钮；弹出"导入哪个文件"对话框，查找文件夹，选择图片文件；单击"导入"按钮；双击图片，根据"属性：图像"对话框调整图片属性。

2. 绘制图形

绘制图形主要是利用"显示"图标所带的绘图工具箱实现。Authorware中交互图标、框架图标也带有同样的绘图工具箱。使用绘图工具可在演示窗口中绘制各种图形，如图6-2-12所示；绘图工具箱中的工具名称及含义如表6-2-3所示。

图 6-2-12 绘图工具箱

表 6-2-3 绘图工具箱中的工具名称及含义

图 标	名 称	功 能
▶	选择/移动	用于选择或移动演示窗口中的对象，被选对象四周出现8个控制句柄
A	文本	用于演示窗口中输入文本
□	矩形	绘制矩形
＋	直线	绘制水平、垂直或45°角的直线
○	椭圆	绘制椭圆
/	斜线	绘制任意角度的直线
▢	圆角矩形	绘制圆角矩形
◿	多边形	创建多边形

绘图完成后，可给图形设置色彩、透明模式、填充图案等；选择演示窗口中的图形；单击绘图工具箱下方的"色彩""线型""模式""填充"选项按钮，分别弹出显示工具栏选项面板，给所选图形设置线型、色彩、透明模式、填充图案，如图6-2-13所示。

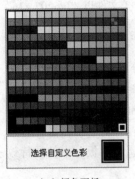
（a）颜色面板

（b）线型面板

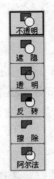
（c）模式面板

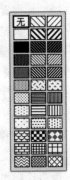
（d）填充面板

图 6-2-13 显示工具栏选项面板

3. 编辑文字

使用绘图工具箱中的文字工具"A"，可在演示窗口创建文字对象，并进行字体、字形、字号、颜色的编辑。输入文字的具体操作方法是：选择"显示"图标；拖放到流程线，并命名；双击流程线上的"显示"图标，弹出演示窗口；选择文字工具"A"；将鼠标指针移到演示窗口并单击，出现文字输入文本框；输入文字，如图 6-2-14 所示。

我们在学习Authorware知识|

图 6-2-14 文字输入界面

修饰文字的具体操作方法是：选择文字，分别选择"文本"→"字体""大小""风格""对齐"命令，对文字进行修饰；单击"色彩"→"线条文字模式"按钮，或选择"窗口"→"显示工具栏"→"颜色"命令；弹出调色板，选择文字颜色。

4. 嵌入变量

显示图标可以显示变量值，变量通常是用英文字母表示如 Time、Date、FullTime、FullDate等，单击常用工具栏中的"变量（ ▦ ）"按钮，弹出"变量"面板；可查找系统变量或自定义变量。"显示"图标中显示变量值的具体操作方法是：将变量输入到文字对象，并用花括号将它括起来；按 Enter 键确定。如显示今天的日期和时间，选择文字工具"A"，在演示窗口单击，出现文字输入文本框；输入"今天是{FullDate}，现在时间是{FullTime}"；按 Enter 键，如图 6-2-15和图 6-2-16 所示。

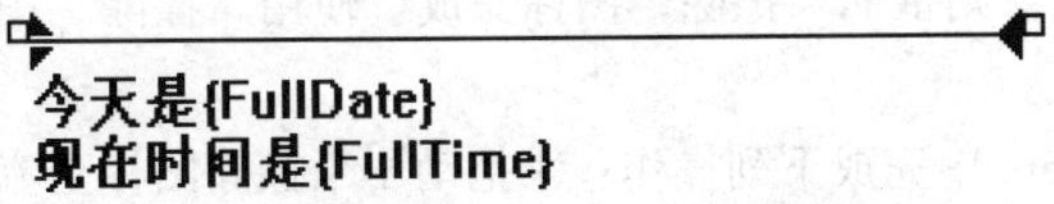

今天是{FullDate}
现在时间是{FullTime}

今天是2014年9月4日
现在时间是14:50:46

图 6-2-15 文本框输入变量

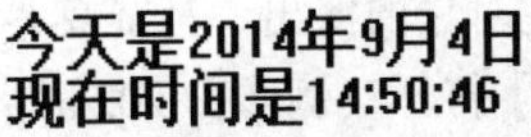

图 6-2-16 变量的显示结果

5. 应用实例

从网络下载 1 张背景图，在 Authorware 中制作动态封面"角的认识"：①拖动 5 个显示图标至流程线。②设置"角""的""认""识"4个字从不同位置出现的效果。③文件以"lx6202.a7p"为名保存到"文档"文件夹。

具体操作步骤如下。

步骤1：建立流程。拖动5个"显示"图标到设计窗口的流程线，分别命名为"背景""角字""的字""认字""识字"，如图6-2-17所示。

步骤2：制作背景。双击"背景"显示图标，弹出演示窗口；选择"插入"→"图像"命令，弹出"属性：图像"对话框；单击"导入"按钮，弹出"导入哪个文件？"对话框；选择背景图片，单击"确定"按钮；调整图片的大小与位置；选择图片，单击"属性面板"中的"特效（ ）"按钮；弹出"特效"对话框，选择一种特效；单击"确定"按钮。

步骤3：制作第1个文字动画。双击"角字"显示图标，弹出演示窗口；选择文字工具"A"，输入文字"角"字；选择文字"角"，调整字的位置；选择"文本"→"字体"命令，设置字体为"华文彩云"；选择"文本"→"大小"命令，设置大小为60；单击"线条文字颜色"按钮，设置字的颜色为"黄色"；单击"属性：显示图标"面板的"特效（ ）"按钮，弹出"特效方式"对话框，选择特效；单击"确定"按钮。

步骤4：制作第2、3、4个文字动画。重复"步骤3"分别制作"的""认""识"字动画，最终效果如图6-2-18所示。

图6-2-17　建立流程

图6-2-18　效果图

步骤5：预览并保存文件。单击常用工具栏中的"运行"按钮，或选择"调试"→"播放"命令，预览效果。选择"文件"→"另存为"命令，弹出"另存为"对话框；"保存在"选择"文档"；"文件名"文本框中输入"lx6202.a7p"；单击"保存"按钮。

6.2.3　"擦除"图标

"擦除"图标（ ）用于擦除程序运行过程中不再显示的画面对象。Authorware中显示对象通过显示、交互、框架图标来完成，擦除显示对象则依靠"擦除"图标完成。使用"擦除"图标，可实现对象的淡出、马赛克等擦除效果。

【实例】打开实例"lx6202.a7p"，在Authorware中完成下列操作：①拖动1个擦除图标至流程线末端。②利用"擦除"图标"以相机光圈开放"特效将5个显示图标内容擦除。③文件以"lx6203.a7p"为名保存到"文档"文件夹。

具体操作步骤如下。

步骤1：添加"擦除"图标。拖动"擦除"图标到流程线末端，命名为"擦除"，如图6-2-19所示。

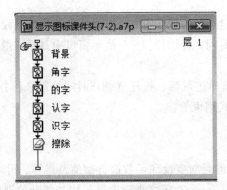

图 6-2-19 添加"擦除"图标

步骤 2：打开"擦除"图标的属性检查器。单击常用工具栏中的"运行（ ）"按钮运行程序，显示擦除对象；双击"擦除"图标，打开属性检查器。

步骤 3：选择擦除对象，设置特效。在演示窗口单击要擦除的对象"背景""角字""的字""认字""识字"，使相应的显示图标出现在擦除对象列表；单击属性检查器中的"特效（ ）"按钮，选择"以相机光圈开放"特效，单击"确定"按钮，如图 6-2-20 所示。

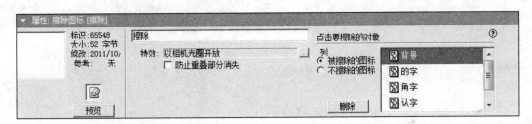

图 6-2-20 "擦除"图标的属性检查器

步骤 4：保存文件。选择"文件"→"另存为"命令，弹出"另存为"对话框；"保存在"选择"文档"；"文件名"文本框中输入"lx6203.a7p"；单击"保存"按钮。

6.2.4 "等待"图标

"等待"图标（ ）用于程序运行时的时间暂停或停止控制。设置等待图标属性的具体操作方法是：双击流程线上的"等待"图标；弹出等待图标的属性检查器，设置"事件"与"时限"等参数，如图 6-2-21 所示。

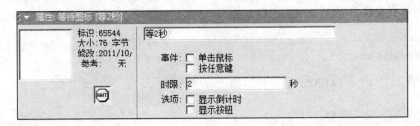

图 6-2-21 "等待"图标的属性检查器

"等待"图标的属性检查器主要包含的参数有：单击鼠标——表示程序执行到该图标时，在演示窗口中单击鼠标左键结束等待。按任意键——表示程序执行到该图标时，按下键盘上任意键结束等待。时限——表示程序执行到该图标时，等待多长时间结束等待（以秒为单位），文本框中可输入数字，也可输入变量。显示倒计时——选择该复选框，当程序等待时，屏幕上出现一个时钟倒计时，显示剩余等待时间。显示按钮——演示窗口中显示"继续"按钮，单击该按钮结束等待。

Authorware 中结束等待有单击鼠标、按任意键与时间控制 3 种方式。可同时选择多种方式，使程序执行时有多种选择方式结束等待。

6.2.5 "计算"图标

"计算"图标（ ▭ ）的功能是对变量和函数进行赋值及运算，同时调用函数、变量编写程序，如使用 goto 和 If…then…else…end if 等之类程序语句构造复杂的课件流程。使用计算图标的具体操作方法是：将"计算"图标从"图标工具栏"中拖放到流程线；双击，弹出编辑窗口；输入变量、函数等语句；单击窗口右上角的"关闭"按钮。

Authorware 的程序设计也包括顺序、条件分支、循环 3 种结构。

条件分支语句通常使用以下两种格式：

```
if  <条件1> then           if  <条件1> then
    …                          …
    else                       else if  <条件2> then
    …                          …
end if                         else
                               …
                           end if
```

例：求任意数的绝对值。可写如下程序代码：

```
If x>0 then
    y=x
  else
    y=-x
end if
```

循环语句通常使用 repeat 语句，使用格式如下：

```
repeat with 变量=初始值 to 结束值
…
end repeat
```

例：计算 1!+2!+3!+…+100!的值。可写如下程序代码：

```
s=0
p=1
repeat with i=1 to 100
p=p*i
s=s+p
```

```
i=i+1
end repeat
```

除"计算"图标外，还可给其他图标添加"计算"属性，实现与"计算"图标同样的功能。具体操作方法是：选择流程线上的图标，右击，弹出快捷菜单，选择"计算"命令；弹出"计算"窗口，输入语句。相应图标的左上角出现一个"="标记。

6.2.6 "群组"图标

"群组"图标（图）用于设计程序流程，"群组"图标可将一系列图标流程进行归组，包含于其下级流程内。群组图标通常用于建立模块化的流程组，将多个图标组成的流程存放到一个群组图标中，形有成一个模块，使整个流程结构简洁、清晰。群组图标是唯一不用编辑即可在流程线中使用的图标，

6.2.7 "移动"图标

"移动"图标（图）也称运动图标，用于移动显示图标中的图片、文本等对象。利用"移动"图标可以在演示窗口中实现多种路径动画设计，"移动"图标不改变对象的方向、大小和形状，只是对象在演示窗口的位置进行改变。移动图标不能单独使用，通常与"显示"图标等配合使用。其具体操作方法是：从图标工具栏中选择"移动"图标并拖放到流程线；打开流程线上的显示对象（如含有图形的显示图标）；按住 Shift 键的同时双击流程线上的移动图标，打开"属性：移动图标"属性检查器；选择演示窗口中的对象；在属性检查器面板设计移动类型、移动路径、执行方式等；演示窗口改变对象的位置设计运动路径，如图 6-2-22 所示。

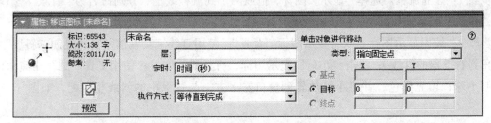

图 6-2-22 "移动"图标属性检查器

"移动"图标属性检查器主要包含的内容有层、时间、执行方式、类型等选项参数。

1. 层与时间

层用于设置显示、移动对象的层，处理多个叠加对象时可设置叠加顺序。如果该选项为空，则将其层次默认为 0。

时间用于设置移动时所需要的时间，"时间"选项下拉列表有"时间（秒）"与"速率" 2 个选项，"时间"单位为秒速度，"速率"单位为秒/英寸。

2. 执行方式与远端控制

执行方式选项下拉列表包括等待直到完成、同时、永久 3 个选项：等待直到完成——表示在"移动"图标执行完后才执行后面的图标。同时——表示"移动"图标执行的同时，也执行后面的图标。永久——表示反复执行"移动"图标，直到运动对象被擦除，或其他"移动"图标控制该对象时才终止作用。

远端范围用于控制当动画中设置的数值、变量或表达式的值大于规定终点时的动作。选择非"指向固定点"类型时，出现"远端范围"选项下拉列表，该选项包括"循环""停在终点"、"到上一终点"3 种移动类型：循环选项——把路径看作可循环。当超过终点时，将自动从起点继续运动超过部分的距离。在终点停止——将对象移动到预定范围内距离目标最近的位置。到上一终点——将建立一条无限长的线，即使数值超过终点，对象仍运动到数值指定的点。

3. 预览按钮与基点、目标、终点选项

预览按钮用于选定前面的运动对象，以及预览动画设计效果。

基点、目标、终点选项，主要辅助设置运动对象运动的准确起点、终点、目标点。不同动画类型此选项不同。

4. 运动类型

运动类型指演示窗口对象的运动类型，选项主要包括指向固定点、指向固定直线上的某点、指向固定区域内的某一点、指向固定路径上的任意点、指向固定路径的终点 5 种动画类型。

（1）指向固定点。简称直线运动，将显示对象从演示窗口中的当前位置移动到指定的终点，中间的运动路径则是一条从当前位置到终点的直线。

【实例】在 Authorware 中制作"小球沿斜坡下滑"演示动画：①拖动两个"显示"图标到流程线。②显示图标中分别绘制一条斜线和一个黑色小球。③拖动一个移动图标至流程线。④使用移动图标的"指向固定点"动画类型，制作黑色小球从屏幕左上方沿直线下滑到右下方的动画。⑤文件以"lx6204.a7p"为名保存到"文档"文件夹。

具体操作步骤如下。

步骤 1：建立流程。选择"显示"图标，拖放两个到流程线上，分别命名为"背景""小球"；选择"移动"图标拖放到流程线并命名为"移动"，如图 6-2-23 所示。

步骤 2：编辑显示图标。双击显示图标"背景"，使用直线工具在演示窗口绘制"斜坡"（从左上角到右下角的直线）；双击"小球"显示图标，打开演示窗口；使用工具"圆"在演示窗口中绘制小球；填充黑色，并将小球放置到窗口左上方，与背景中的斜线相匹配，如图 6-2-24 所示。

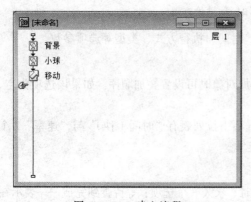

图 6-2-23　建立流程

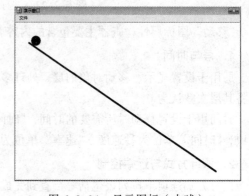

图 6-2-24　显示图标（小球）

步骤 3：设置小球移动。双击流程线上的"移动"图标，弹出"移动"图标的属性检查器；"类型"选择"指向固定点"，单击演示窗口中的小球图形，选择移动对象，属性检查器"预览"

按钮上方框中出现小球图形；用鼠标左键将小球沿斜线移动到演示窗口右下方，如图 6-2-25 所示。

步骤 4：设置其他相关参数。"定时"选项中设定 1 秒（时间越长，运行速度越慢）；"执行方式"选择"等待直到完成"项；其他选项采用默认值。

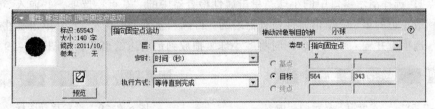

图 6-2-25 "移动"图标的属性检查器

步骤 5：保存文件。选择"文件"→"另存为"命令，弹出"另存为"对话框；"保存在"选择"文档"；"文件名"文本框中输入"lx6204.a7p"；单击"保存"按钮。

（2）指向固定直线上的某点。简称点到直线的运动，将显示对象从当前位置移动到指定直线上的某一点。被移动对象的起始位置可以位于直线，也可以在直线外，但终点位于直线。终点位置由数值、变量或表达式来指定。

【实例】在 Authorware 中制作"随机事件"的演示动画：①拖动一个"计算"图标和两个"显示"图标以及一个"移动"图标至流程线。②在第 1 个"显示"图标演示窗口下方绘制 6 个箱子，并等距离摆成一条直线。③在第 2 个"显示"图标演示窗口上方绘制一个小球。④使用"移动"图标"指向固定直线上的某点"动画类型，制作空中的小球随机下落到某个箱子的动画。⑤文件以"lx6205.a7p"为名保存到"文档"文件夹。

具体操作步骤如下。

步骤 1：建立流程。选择"计算"图标，拖放到流程线，命名为"x 初值"；选择"显示"图标，拖放 2 个图标到流程线，分别命名为"六个箱""小球"；选择"移动"图标拖放到流程线并命名为"点到直线运动"，如图 6-2-26 所示。

步骤 2：编辑"计算"图标。双击流程线上的"x 初值"计算图标，弹出计算图标窗口；输入"x=Random（0,100,20）"，如图 6-2-27 所示；单击"关闭"按钮；系统弹出"新建变量"对话框，初始值输入"0"，单击"确定"按钮。其中，Random（0,100,20）是随机函数，功能是随机抽取 0 到 100 以 20 为步长的随机数，即从 0、20、40、60、80、100 中随机抽取 1 个数作为 x 的值。

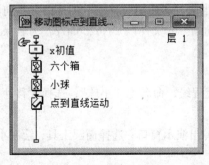

图 6-2-26 建立流程

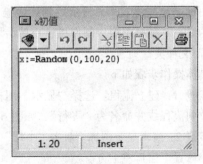

图 6-2-27 计算图标内容

步骤 3：编辑显示图标。双击显示图标"六个箱"，弹出演示窗口；选择"矩形"工具，绘制 6 个箱子，并等距离放置于一条水平线。同样的方法，双击显示图标"小球"，并于窗口上方绘制小球图形，填充黑色，如图 6-2-28 所示。

步骤 4：设置移动图标"指向固定直线上的某点"类型。按住 Shift 键，分别双击"六个箱""小球""点到直线运动"移动图标；移动图标属性检查器的"类型"选项中选择"指向固定直线上的某点"；选择演示窗口中的小球；单击属性检查器中的"基点"选项，并输入"0"，同时拖放小球到最左边的箱子；单击属性检查器中的"目标"选项，并输入"x"；单击属性检查器中的"终点"选项，并输入"100"，同时将"小球"拖放到最右边的箱子，如图 6-2-29 所示。

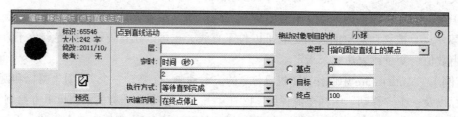

图 6-2-28　"六个箱"显示图标内容 　　　　　图 6-2-29　设置移动图标

步骤 5：设置参数。"定时"选项设置 2 秒；"执行方式"选项选择"等待直到完成"；其他选项使用默认值，如图 6-2-30 所示。

图 6-2-30　"移动"图标属性检查器

步骤 6：保存文件。选择"文件"→"另存为"命令，弹出"另存为"对话框；"保存在"选择"文档"；"文件名"文本框中输入"lx6205.a7p"；单击"保存"按钮。

（3）指向固定区域内的某一点。简称点到面的直线运动，将显示对象从某点移动到某个平面内某点。起点坐标和终点坐标可由数值、变量和表达式指定。

（4）指向固定路径上的任意点。简称点到曲线上的运动，将显示对象从路径起点沿曲线路径移动到曲线上的某点。终点可以是路径上的任意位置，不一定是路径终点。终点位置由数值、变量或表达式指定。

（5）指向固定路径的终点。简称曲线运动，将显示对象沿预定义的路径从路径起点移动到路径终点。路径为自定义直线、曲线或两者的结合。

【实例】在 Authorware 中制作"飞行的小球"演示动画：①拖动一个"显示"图标和一个"移动"图标至流程线。②"显示"图标内绘制一个黑色小球。③使用"移动"图标的"指向固定路径的终点"动画类型，制作黑色小球沿着曲线运动动画。④文件以"lx6206.a7p"为名保存到"文档"文件夹。

具体操作步骤如下。

步骤 1：建立流程。选择"显示"图标并拖放到流程线，命名为"小球"；选择"移动"图标拖放到流程线并命名为"飞行"，如图 6-2-31 所示。

步骤 2：编辑显示图标。双击"小球"显示图标，弹出演示窗口；选择椭圆工具，绘制小球，并将小球置于窗口左上方。

步骤 3：设置移动图标。双击"飞行"移动图标；在属性检查器中选择"指向固定路径的终点"类型；单击选择演示窗口中的"小球"图形；拖动小球绘制曲线路径，每次放下小球将会

出现"▲"符号，连续设置多个"▲"，形成一条曲线；双击路径线上的"▲"，当"▲"变成
"●"时，转折处变成平滑的曲线，如图 6-2-32 所示。

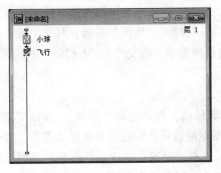

图 6-2-31　建立流程

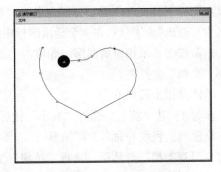

图 6-2-32　设置移动路径

步骤 4：设置参数。"定时"选项设定 2 秒；"执行方式"选项选择"等待直到完成"；其他
选项使用默认值，如图 6-2-33 所示。

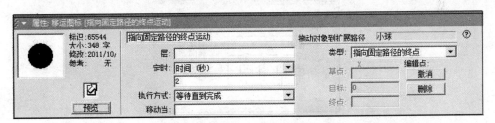

图 6-2-33　移动图标属性检查器内容

步骤 5：保存文件。选择"文件"→"另存为"命令，弹出"另存为"窗口；"保存在"选
择"文档"；"文件名"文本框中输入"lx6206.a7p"；单击"保存"按钮。

6.2.8　"交互"图标

"交互"图标（ ）用于设计人机交互功能。通过"交互"图标，可在多媒体作品运行过程
中通过鼠标、键盘等实现人机交互。同时，交互图标具有显示图片和文字的功能。交互图标提供 11
种交互响应类型，系统默认的交互类型是按钮交互类型，如图 6-2-34 所示，交互结构如图 6-2-35
所示。

图 6-2-34　"交互类型"对话框

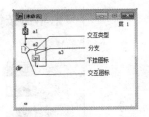

图 6-2-35　交互结构图

1. 按钮交互

（1）使用按钮进行交互

程序进入交互界面时，屏幕显示"交互"按钮；单击"交互"按钮，程序将执行该按钮对
应的交互分支。流程线上按钮交互的标志符为" ▭ "。

【**实例**】使用按钮进行交互,在 Authorware 中制作多媒体作品"图形的认识":①拖动一个显示图标和一个交互图标至流程线,交互类型为按钮响应,显示图标命名为"直线"。②拖动两个显示图标下挂交互图标,分别命名为"椭圆""矩形"。③拖动一个计算图标下挂交互图标,命名为"退出"。④分别在 3 个显示图标中绘制"直线""椭圆""矩形"图形,与 3 个按钮相对应,单击按钮显示相应的图形。⑤单击"退出"按钮退出程序。⑥文件以"lx6207.a7p"为名保存到"文档"文件夹。

具体操作步骤如下。

步骤 1:建立流程。选择"显示"图标,拖放到流程线,并命名为"背景";选择"交互"图标拖放到流程线并命名为"图形";选择"显示"图标拖放到流程线交互图标"图形"右侧;弹出"交互类型"对话框,选择"按钮"交互类型;单击"确定"按钮,并命名显示图标名为"直线";再拖放两个显示图标到"直线"图标右侧,并分别命名为"椭圆""矩形";选择"计算"图标拖放到流程线"矩形"图标右侧并命名为"退出",如图 6-2-36 所示。

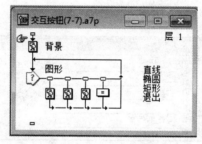

图 6-2-36　建立流程

步骤 2:编辑界面背景。选择"修改"→"文件"→"属性"命令,弹出相对应的属性检查器;单击"背景色"按钮,弹出调色板,选择背景色。或在"背景"图标中导入背景图片。

步骤 3:编辑交互图标"图形"。双击"图形(?)"交互图标,弹出演示窗口,将按钮竖排到窗口左下方;选择文字工具,在按钮组上方输入文字"请点击按钮";选择矩形工具,在窗口右下方绘制矩形,大小以能容纳显示对象为标准,并输入文字"按钮响应区",如图 6-2-37 所示。

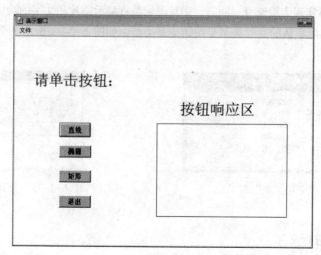

图 6-2-37　运行界面

步骤 4：编辑显示图标"直线"。按住 Shift 键的同时双击显示图标"直线"；弹出演示窗口，选择斜线工具，在窗口右下方绘制一条直线，位置为背景图的方框内；并输入文字"您选中了直线"，如图 6-2-38 所示。

步骤 5：重复步骤 4 编辑显示图标"椭圆"和"矩形"，如图 6-2-39 和图 6-2-40 所示。

步骤 6：编辑计算图标"退出"。双击计算图标"退出"，弹出计算图标窗口；输入代码"quit()"（其中"quit()"含义为退出程序），单击"关闭"按钮，如图 6-2-41 所示。

图 6-2-38　直线图标

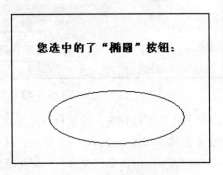

图 6-2-39　椭圆图标

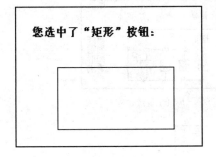

图 6-2-40　矩形图标

图 6-2-41　退出图标

步骤 7：保存文件。选择"文件"→"另存为"命令，弹出"另存为"对话框；"保存在"选择"文档"；"文件名"文本框中输入"lx6207.a7p"；单击"保存"按钮。

（2）交互属性

交互图标的属性参数可以通过其属性检查器设置，其中有"按钮"和"响应"两个选项卡，其主要包括以下内容。

①"快捷键"选项。定义以键盘字母或组合键快速启动按钮，执行下挂图标。字母快捷键——直接输入字母就可以，组合快捷键——如 Alt+A，在框内输入"AltA"。

②"鼠标"选项。选择鼠标的指针样式，如图 6-2-42 所示。

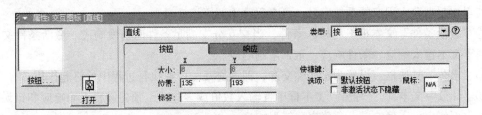

图 6-2-42　交互图标的按钮属性

③ "擦除" 下拉列表。用于控制交互信息在何时被擦除。包括 4 个选项：在下一次输入之后——在进入下一个分支后擦除；在下一次输入之前——在进入下一个分支前擦除；在退出时——在退出交互图标后，执行流程线上的下一个图标前擦除；不擦除——不擦除显示对象，直到使用擦除图标将其擦除，如图 6-2-43 所示。

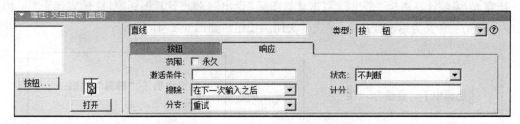

图 6-2-43　"交互" 图标属性检查器

④ "分支" 下拉列表。设置执行完分支后的操作。其中包括 3 个选项：重试——交互结束后返回交互结构，如图 6-2-44（a）所示；继续——交互结束后，程序的流程线返回交互图标，如图 6-2-44（b）所示；退出交互——交互结束后退出交互结构，执行主流程线上的下一个图标，如图 6-2-44（c）所示。

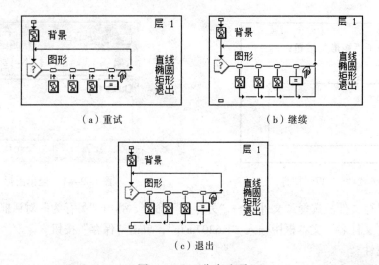

（a）重试　　　　　　　　　　　（b）继续

（c）退出

图 6-2-44　分支选项

⑤ "状态" 下拉列表。用于设置是否跟踪响应，判断用户执行某个交互响应的次数。其中包括以下 3 个选项：不判断——程序不会跟踪交互的执行；正确响应——将本次响应设置为正确的响应。跟踪程序的执行，检查是否使用该响应，并将正确响应次数累加，存入固定的系统变量；错误响应——将本次响应设置为错误的响应。执行过程中跟踪并检查执行错误响应的次数，并将其累加起来存入固定的系统变量，可在程序中调用该变量。

⑥ "激活条件" 文本框。可输入条件，当交互分支满足条件时引发响应。激活条件文本框不能用于文本输入响应、条件响应、重试限制响应。

⑦ "永久" 复选框。设置为永久性交互，即该交互响应在执行过程中始终起作用。

⑧ "计分" 文本框。"计分" 文本框中可输入数值或表达式、预先设置正确响应和错误响应的次数。正值表示正确响应，负值表示错误响应。

⑨ 按钮优化设置。单击属性检查器中的"按钮"按钮，弹出"按钮"对话框，如图 6-2-45 所示，可选择不同的按钮形状。单击"编辑"按钮，进入"按钮编辑"对话框，可添加各种状态下的按钮图形和声音，如图 6-2-46 所示。

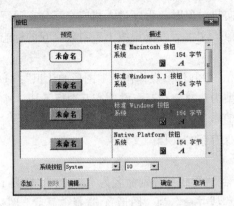

图 6-2-45　"按钮"对话框

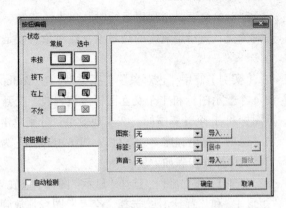

图 6-2-46　"按钮编辑"对话框

2．热区域交互

热区域交互是指屏幕某区域被定义为热区，当鼠标在该区域内单击、双击、移动时，程序转向该区域所对应的交互分支。流程线上热区域交互标志符为"▦"。

【实例】使用"热区域"交互类型，在 Authorware 中制作多媒体作品"图形的认识"：①打开实例"lx6207.a7p"，将"按钮"交互类型改成"热区域"类型，热区域放在"直线""椭圆""矩形""退出"文字。②实现效果：单击"直线""椭圆""矩形"文字显示相应图形，单击"退出"按钮退出程序。③文件以"lx6208.a7p"为名保存到"文档"文件夹。

具体操作步骤如下。

步骤 1：打开实例。启动 Authorware 软件，选择"文件"→"打开"→"文件"命令，弹出"打开文件"窗口；选择"lx6207.a7p"文件，单击"打开"按钮。

步骤 2：更改交互类型。双击交互分支流程线上的按钮标志符"▭"，弹出交互图标属性检查器；单击"类型"下拉按钮，弹出交互类型列表，选择"热区域"，"图形"交互图标演示窗口出现交互热区（虚线矩形框）（见图 6-2-47）。同样的方法将其余 3 个按钮更改为热区交互类型。

步骤 3：编辑交互图标"图形"。双击流程线上的交互图标"图形（⟨?⟩）"，弹出演示窗口；选择文字工具，分别在相应热区输入文字"直线""椭圆""矩形"和"退出"；将每个热区（虚线矩形框）按名字放置到相应文字，区域大小修改为与文字区域一致，如图 6-2-48 所示。

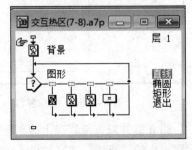

图 6-2-47　建立流程

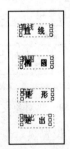

图 6-2-48　设置热区域

步骤 4：保存文件。选择"文件"→"另存为"命令，弹出"另存为"对话框；"保存在"选择"文档"；"文件名"文本框中输入"lx6208.a7p"；单击"保存"按钮。

3．热对象交互

热对象交互是指程序运行时，单击、双击、指向热对象时，程序进入相应交互分支运行。热对象交互需指定响应的热对象，热对象可以是图像、文字等。流程线上热对象交互的标志符为" ※ "。

【实例】使用"热对象"交互类型，在 Authorware 中制作多媒体作品"图形的认识"：①拖动 4 个显示图标和 1 个交互图标至流程线，交互类型为热对象交互，并在交互图标下挂 3 个显示图标和 1 个计算图标。②实现效果：分别单击"直线""椭圆""矩形"显示相应的图形，单击"退出"退出程序。③文件以"lx6209.a7p"为名保存到"文档"文件夹。

具体操作步骤如下。

步骤 1：建立流程。选择"显示"图标，拖放 4 个到流程线并分别命名为"直线 1""椭圆 1"、"矩形 1"和"背景 1"；选择"交互"图标拖放到流程线并命名为"图形"；选择"显示"图标，拖放到流程线"图形"交互图标右侧，弹出"交互类型"对话框，选择"热对象"交互类型，单击"确定"按钮，并命名显示图标名为"直线"；拖放 2 个显示图标到"直线"图标右侧，并分别命名为"椭圆"和"矩形"；选择"计算"图标拖放到流程线"矩形"图标右侧并命名为"退出"，如图 6-2-49 所示。

步骤 2：编辑文字热对象。分别打开显示图标"直线 1""椭圆 1""矩形 1"和"退出 1"，输入相应的文字"直线""椭圆""矩形"和"退出"，并且排列整齐，如图 6-2-50 所示。

步骤 3：编辑交互图标"图形"。双击流程线上的交互图标"图形（ ? ）"，弹出其演示窗口；选择矩形工具，在窗口右下方绘制矩形；选择文字工具，输入文字"请单击以下文字："按钮响应区："，如图 6-2-50 所示。

步骤 4：同样的方法，分别编辑显示图标"直线""椭圆"和"矩形"。

步骤 5：编辑计算图标"退出"。双击计算图标"退出"，弹出计算图标窗口，输入代码"quit()"；单击"关闭"按钮。

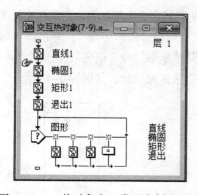

图 6-2-49　热对象交互类型实例流程图

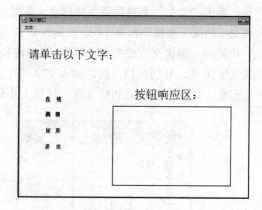

图 6-2-50　演示窗口

步骤 6：设置热对象。双击"直线 1"图标；按住 Shift 键并双击流程线上的"直线"交互类型标志符"-※-"，同时打开 2 个图标内容；单击演示窗口中的"直线"文字，将该文字设为热对象。重复该操作，设置其余 3 组文字为对应分支的热对象。

步骤 7：保存文件。选择"文件"→"另存为"命令，弹出"另存为"对话框；"保存在"选择"文档"；"文件名"文本框中输入"lx6209.a7p"；单击"保存"按钮。

4．目标区交互

目标区交互类型，需要选定目标对象和目标区域。程序运行过程中，将目标对象拖放到目标区域，则激发交互分支的运行。流程线上目标区域交互的标志符为"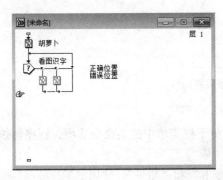"。

【实例】使用"目标区"交互类型，在 Authorware 中制作多媒体作品"看图识字"：①拖动 1个显示图标和 1 个交互图标至流程线，交互类型为目标区响应。②并在交互图标下挂 2 个显示图标。③实现效果，画面中有两个词"胡萝卜""茄子"与一个胡萝卜图像，将图像用鼠标拖放到对应文字上面，若选择错误则图像返回重新再来，若选择正确则图像停在文字上。④文件以"lx6210.a7p"为名保存到"文档"文件夹。

具体操作步骤如下。

步骤 1：建立流程。选择"显示"图标，拖放到流程线上并命名为"胡萝卜"；选择"交互"图标拖放到流程线并命名为"看图识字"；选择"显示"图标，拖放到流程线"看图识字"交互图标右侧，弹出"交互类型"对话框，选择"目标区"交互类型，单击"确定"按钮，并命名显示图标名为"正确位置"；拖放"显示"图标到"正确位置"图标右侧，命名为"错误位置"，如图 6-2-51 所示。

步骤 2：编辑显示图标。双击流程线上的"胡萝卜"显示图标，弹出演示窗口；选择"插入"→"图像"命令，弹出"属性：图像"对话框；单击"导入"按钮，弹出"导入哪个文件？"窗口；选择胡萝卜图片；单击"导入"按钮导入图片，放置于窗口下方。

步骤 3：编辑显示图标。双击流程线上的"正确位置"显示图标，弹出演示窗口；选择文字工具，输入文字"回答正确！真聪明！"；同样的方法打开显示图标"错误位置"，并输入文字"回答错误！没关系再试一次！"。

步骤 4：编辑交互图标"看图识字"。双击流程线上交互图标"看图识字（🔑）"，弹出其演示窗口；选择文字工具，输入文字"胡萝卜""茄子"，排列在窗口上方。

步骤 5：设置"正确位置"交互类型。双击流程线上的显示图标"胡萝卜"；按住 Shift 键双击流程线上的图标"正确位置"上方目标区交互标志符""，弹出演示窗口；单击窗口中的"胡萝卜"图像将其设置为目标对象；将目标区虚线矩形框放到文字"胡萝卜"，如图 6-2-52 所示；属性检查器的"放下"选项中选择"中心定位"，"状态"选项中选择"正确响应"，如图 6-2-53和图 6-2-54 所示。

图 6-2-51　目标区交互流程

图 6-2-52　设置目标区交互

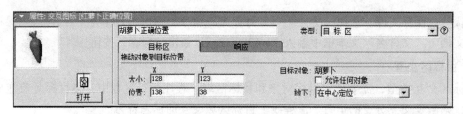

图 6-2-53　目标区属性

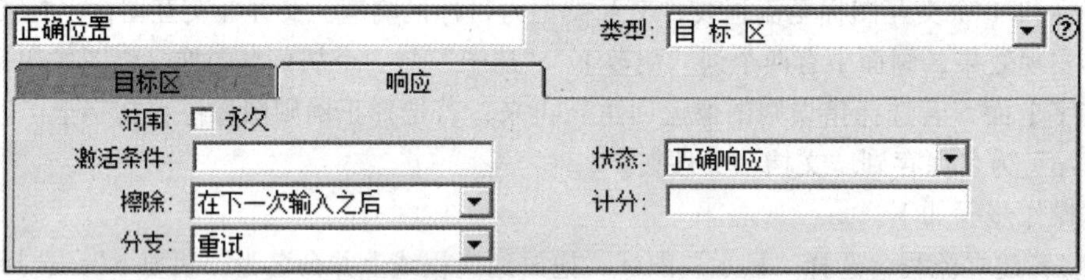

图 6-2-54　响应属性

"放下"下拉列表中包括以下 3 个选项：在目标点放下——目标对象将停留在释放位置。返回——当释放位置不在目标区内，则停留在释放位置；如果在目标区内，将返回到移动前的位置。在中心定位——当释放位置不在目标区时，将停留在释放位置；如果在目标区域内，将吸引到目标区中心。

步骤 6：设置"错误位置"交互类型。双击流程线上的交互图标"看图识字"；按住 Shift 键双击流程线上图标"错误位置"上方的目标区交互标志符"↖"，弹出演示窗口；目标区域虚线矩形区域扩大到整个窗口；属性检查器的"放下"选项中选择"返回"，"目标对象"选项中选择"允许任何对象"，"状态"选项中选择"错误响应"。

步骤 7：保存文件。选择"文件"→"另存为"命令，弹出"另存为"对话框；"保存在"选择"文档"；"文件名"文本中框输入"lx6210.a7p"；单击"保存"按钮。最终效果如图 6-2-55 所示。

图 6-2-55　运行程序后界面

5. 下拉菜单交互

下拉菜单交互可在多媒体作品创建下拉菜单，选择下拉菜单中的某命令选项，程序将执行相应的交互分支。流程线上下拉菜单交互的标志符为"▤"。

【实例】从网络下载 4 张图"瀑布""雪山""胡萝卜"和"茄子"，使用"下拉菜单"交互类型，在 Authorware 中制作多媒体作品"认识大自然"：①拖放 3 个交互图标和 1 个擦除图标至流程线，交互类型为下拉菜单响应，每个交互图标下挂如图 6-2-56 所示。②制作效果：选择下拉菜单中的命令，显示相应的图片。③以 "lx6211.a7p" 为名保存到 "文档" 文件夹。

具体操作步骤如下。

步骤 1：建立流程。分别拖动 "交互""群组""擦除" 和 "显示" 图标到流程线建立流程，交互类型选择 "下拉菜单" 交互，并分别给图标命名，如图 6-2-56 所示。

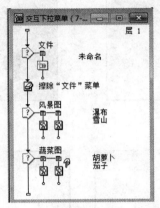

图 6-2-56　下拉菜单交互类型实例流程图

步骤 2：编辑交互图标属性。双击流程线上群组图标 "未命名" 上方的 "下拉菜单" 交互标志符 "□"，弹出属性检查器；"响应" 选项卡的 "范围" 选项中选择 "永久"，"分支" 选项中选择 "返回"。同样的方法，设置其他 "瀑布""雪山""胡萝卜" 和 "茄子" 4 个分支的交互属性，如图 6-2-57 所示。

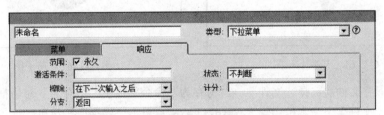

图 6-2-57　下拉菜单响应页属性检查器

"下拉菜单" 交互方式中设置快捷键：若输入字母 "A"，则对应 Ctrl+A 键；若使用 Alt 键作为组合键，则输入 AltA 对应 Alt+A。

步骤 3：编辑 "擦除" 图标。选择 "擦除文件菜单" 图标；双击，弹出属性检查器；选择擦除对象 "文件"（单击演示窗口菜单文字 "文件"），如图 6-2-58 所示。

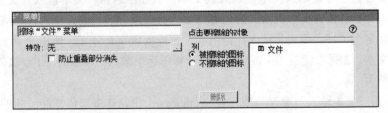

图 6-2-58　"擦除" 图标的属性检查器

步骤 4：编辑显示图标。将网络下载的 4 张图分别导入相应的显示图标，如图 6-2-59～图 6-2-62 所示。

图 6-2-59　瀑布图标

图 6-2-60　雪山图标

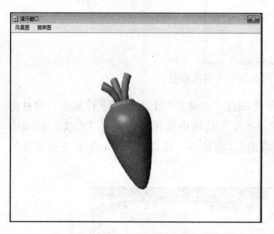

图 6-2-61　胡萝卜标图

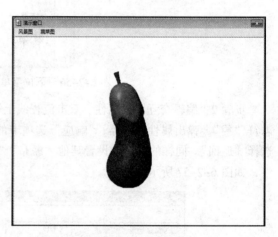

图 6-2-62　茄子图标

步骤 5：保存文件。选择"文件"→"另存为"命令，弹出"另存为"对话框；"保存在"选择"文档"；"文件名"文本框中输入"lx6211.a7p"；单击"保存"按钮。

下拉菜单中，选项间通常加入分隔线，使菜单命令选项更明确。两个选项间加入分隔线的具体操作方法是：在两个分支间插入一个"群组图标"如本例中的"瀑布"与"雪山"间；将插入的"群组图标"命名为"（ –"。

6. 文本输入交互

文本输入交互通过键盘输入文本实现人机交互。当程序遇到"文本输入"交互方式时，界面出现文本输入框，若该文本框内输入的内容与交互分支图标名相同，将执行相应的交互分支；若交互分支图标名为"*"，则表示输入任何内容，都进入该交互分支。使用变量 EntryText 可获取键盘输入的文本，如通过键盘给 x 赋值，可在计算图标中输入"x=entrytext"。文本输入响应交互方式的标志符为"▶…"。

【实例】使用"文本输入"交互类型，在 Authorware 中制作多媒体作品"角的认识"：①拖动一个交互图标至流程线，交互类型为文本输入响应，并在交互图标下挂两个显示图标。②实现效果：制作问答题，问"三个角形有多少个角？"，正确答案为输入"3"，不输入"3"则显示文字"再想想，别放弃！"。③文件以"lx6212.a7p"为名保存到"文档"文件夹。

具体操作步骤如下：

步骤 1：拖入交互图标。选择"交互"图标，拖放到流程线并命名为"输入文字"；双击交互图标"输入文字"，弹出演示窗口；选择多边形工具，绘制三角形，填充为红色；选择文字工具，输入文字"这个三角形有（　　　　）角"。

步骤 2：创建交互分支。选择"显示"图标，拖放到"输入文字"交互图标右侧，选择"文本输入"交互类型，单击"确定"按钮；图标命名为"3"；双击显示图标"3"，弹出演示窗口；选择文字工具，输入文字"真聪明！"；双击流程线上的"输入文字"交互图标，弹出演示窗口；调整"文本输入框"位置到括号处，如图 6-2-63 和图 6-2-64 所示。

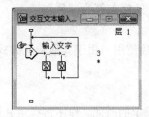

图 6-2-63　文本输入交互类型实例流程图

图 6-2-64　交互图标内容

> **注　意**
>
> 当为文本输入交互类型时，下挂图标的名字是输入文本的内容。"*"表示任何文本。"|"表示可以提供多个不同的匹配文本，文本之间用"|"分隔，输入的文本和其中任何一个相同时，都可以引发响应。

步骤 3：设置交互属性。双击流程线上的交互分支标志符"▶—"，弹出属性检查器；"文本输入"与"响应"选项卡中设置忽略大小写、忽略空格等，可采用默认值，如图 6-2-65 所示。

图 6-2-65　文本输入页属性检查器图

模式——文本框用于给出引发响应的匹配文本。当程序运行到交互图标时，输入与该文本框中内容相同的文本时，引发响应。最低匹配——用于设置所输入文本中至少要有几个单词与"模式"文本框中的文本相同。增强匹配——允许分多次输入一个较长、由多个单词组成的文本，与"模式"文本框中的文本相同。忽略——用于决定在文本匹配中有哪些因素可忽略不计。大小写，忽略大小写；空格，忽略空格；附加单词，忽略附加的单词；附加符号，忽略附加的符号；单词顺序，忽略单词顺序。

步骤 4：创建第 2 个交互分支。选择"显示"图标；拖放到流程线显示图标"3"右侧，命名为"*"；双击显示图标"*"，弹出演示窗口；选择文字工具，输入显示内容"请再试试！"。

步骤 5：保存文件。选择"文件"→"另存为"命令，弹出"另存为"对话框；"保存在"选择"文档"；"文件名"文本框中输入"lx6212.a7p"；单击"保存"按钮。

7. 其他交互类型

（1）条件交互类型

"条件"交互通过定义条件表达式实现交互。Authorware 允许定义一定的表达式，并设置成"条件"交互方式，一旦程序检测到表达式值为真，程序将进入交互分支结构中运行。流程线上条件响应交互的标志符为"＝"。

（2）按键交互类型

"按键"交互通过设置"按键"来实现人机并互，是使用键盘同多媒体作品进行交互的响应方式，如按下字母键进行选择、使用方向键移动对象等。当程序执行到按键交互时，按下预先设置键，程序进入相应的交互分支。流程线上按键响应交互的标志符为"▣"。

（3）重试限制交互类型

"重试限制"交互用于限制输入响应次数。一般不能单独使用，用于其他响应方式的辅助。流程线上重试限制响应交互的标志符为"＃"。

（4）时间限制交互类型

"时间限制"交互可限制响应交互的时间，若超过预先设定的时间，程序将提示并退出交互。"时间限制"交互很少单独使用，通常作为其他响应方式的辅助。流程线上时间限制响应交互的标志符为"⌚"。

（5）事件交互类型

当事件成立时，可使程序执行特定的分支。事件交互是一种比较特殊的交互方式，其他交互方式应用于用户与程序的交互，而事件交互则应用于计算机同 Xtra 文件的交互。事件交互涉及有关 Windows 的 ActiveX 标准等问题，概念比较复杂。流程线上事件响应交互的标志符为"Ｅ"。

6.2.9　"声音"图标

Authorware 通过"声音"图标（▣）导入音频文件，达到播放声音的效果。其支持的声音文件格式有 aiff、mp3、pcm、swa、vox、wave 等。声音图标可拖放到程序流程线任意位置。

1. 导入声音文件

导入声音文件是指将音频文件导入流程线的声音图标。具体操作方法是：选择"声音"图标；拖放到流程线，并命名；双击流程线上的"声音"图标，弹出声音图标"属性检查器"面板；单击"导入"按钮，弹出"导入哪个文件？"对话框，选择音频文件；单击"导入"按钮，如图 6-2-66 所示。

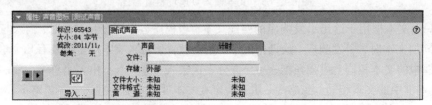

图 6-2-66　声音属性检查器

2. 设置声音属性

音频文件导入后，通过属性检查器中的"计时"选项卡设置参数，实现声音属性设置，如图 6-2-67 所示。设置选项主要包括以下内容。

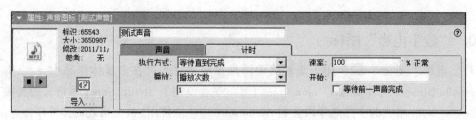

图 6-2-67　声音图标"计时"属性检查器

①"执行方式"下拉列表包含 3 个选项,用于控制流程线上声音图标后面的图标播放时间:等待直到完成——等待音频文件播放完成后,才继续播放流程线上的下个图标内容。同时——同时执行声音图标和后面的图标。在设计背景音乐和配乐、旁白时有用。永久——保持声音图标永久处于被激活状态。

②"播放"下拉列表包含两个选项,用于设置音频文件的播放次数:播放次数——文本框中输入播放次数;也可在文本框中输入变量和表达式,代表播放次数。直到为真——同时在前面的"执行方式"下拉列表中,选择"永久"选项,然后在文本框中输入变量或表达式;将重复播放该声音文件,直到该文本框中的变量或表达式的值变为真。

③"速率"文本框用于设置音频播放速度。当该值为 100 时表示使用声音文件原来的播放速度;低于 100 表示比原来速度慢;高于 100 表示比原来速度快。如音频文件的播放速度是正常速度的 2 倍,则输入 200,若播放速度是正常速度的一半,则输入 50。也可输入一个变量或表达式来表示播放速度。

④"开始"文本框用于决定音频文件开始播放。文本框内可输入变量或表达式,当其值由假（False）变为真（True）时,从头开始播放声音;当值由真（True）变为假（False）时,则不播放声音。不输入任何内容时,系统默认值为真（True）。

⑤"等待前一声音完成"用于设置当前声音图标的声音,在前一个声音图标的声音播放完后开始播放。若取消该选择,则执行到该图标时,停止播放前一个声音图标的声音。当程序中有多个声音图标时,该复选框可用。当对一个音频文件设置"同时"或"永久"选项,若播放完一个声音文件后再播放当前导入的声音文件,应选择"等待前一声音完成"复选框。

3. 媒体同步

媒体同步是指媒体播放过程中,同步显示文本、图形、图像和其他内容。媒体可以是包含声音或数字化电影等基于时间的媒体。具体操作方法是:选择"声音"图标或"电影"图标,拖放到流程线;选择其他图标（如群组图标）拖放到该图标右侧;流程线上出现媒体同步标志符（小时钟）;双击媒体同步标志符（小时钟）,弹出属性检查器;设置媒体同步分支的同步属性,确定媒体同步图标的执行,如图 6-2-68 所示。

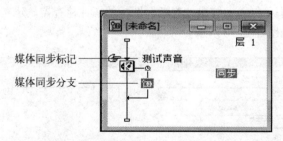

图 6-2-68　创建媒体同步分支

6.2.10 "数字电影"图标

"数字电影"图标（▣▣▣）用于流程线中添加视频素材。可在多媒体作品中导入 dir、dxr（Macromedia Director 文件）、avi、mov、pics（Mac 平台使用）、flc/fli、mpeg 等格式的视频文件。其中 pics 和 flc/fli 格式的文件必须内置到 Authorware 中才能使用，其他格式的文件作为外部文件链接到 Authorware。"数字电影"图标的使用与"声音"图标的使用类同。

6.2.11 "判断"图标

"判断"图标（◇）又称决策图标，用于设置分支路径序列中运行路径选择的判断条件。如某些分支路径能否被执行，按什么顺序执行，总共执行次数等。可实现类似程序语言中的 if…then…else；do while…enddo 等语句的功能。

1．利用"判断"图标创建分支结构

"判断"图标分支结构由"判断"图标及附属于该图标的分支图标共同构成。分支图标所处的分支流程称作分支路径，每条路径都有一个与之相连的分支标记。判断分支结构创建的具体操作方法是："图标工具栏"选择判断图标；拖放到主流程线；"图标工具栏"选择其他图标；拖放到主流程线判断图标右侧，该图标成为一个分支图标，如图 6-2-69 所示。

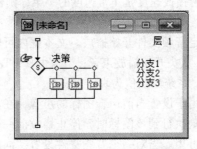

图 6-2-69　判断分支结构

程序运行到判断分支结构时，Authorware 将按照判断图标的属性设置，决定分支路径的执行顺序及分支路径被执行的次数。默认情况下，自动将所有分支路径按从左到右的顺序各执行一次，然后退出决策判断分支结构；继续沿主流程线向下执行，是否擦除分支图标中的显示信息由分支路径的属性决定。

2．属性检查器

（1）"判断"图标属性

双击流程线上的"判断"图标（◇），弹出"判断"图标的属性检查器。建立分支结构后，必须对其中的选项进行设置，如图 6-2-70 所示。

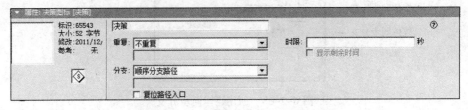

图 6-2-70　"判断"图标的属性检查器

①"重复"选项。"重复"选项下拉列表包含 5 个选项,选择不同的选项,其流程线的走向也不同:固定的循环次数——下方的次数文本框可用,输入数值,分支结构将会按值执行。若输入值小于 1,则不执行分支结构中的任何分支。所有路径——直到每个分支都至少执行过一次后,才退出分支结构。直到单击鼠标或按任意键——不间断执行分支结构中的分支,直到单击鼠标或按任意键,才退出分支结构。直到判断值为真——下方的表达式文本框可用,输入变量或表达式,按其逻辑值执行。若值为假,继续执行分支结构;直到值为真时,才退出分支结构。不重复——分支结构中执行一次分支,退出分支结构。至于执行哪个分支,取决于设置的"分支"执行方式。

②"分支"选项。"分支"选项下拉列表用于设置在分支结构中执行分支的方式,其中包括4 个选项:

顺序分支路径——从左到右依次执行分支结构中的各个分支。

随机分支路径——每次在所有分支中随机地抽选一个分支执行,直到达到"重复"选项中所设置的值。选择选项后,流程线上的判断图标图案变为"A"型,如图 6-2-71 所示。

在未执行过的路径中随机选择——每次在未被执行过的分支机选择一个分支执行。选择选项后,判断图标图案变为"U"型。若在"重复"文本框内输入的次数等于分支总数,可保证每个分支执行 1 次,执行分支的顺序是随机的。若输入值小于分支总数,则执行部分分支,被执行分支随机确定。若输入值大于分支总数,则先将所有分支按随机顺序执行一遍,再在剩余次数内随机执行,如图 6-2-72 所示。

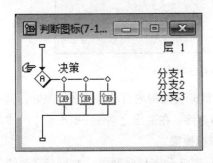

图 6-2-71　随机分支路径

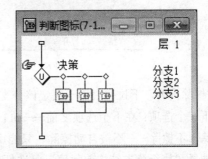

图 6-2-72　随机选择未执行过的路径

计算分支结构——选择选项后,下方文本框可用。该文本框输入常数、变量或表达式后,按其值执行。若值等于 1,执行第 1 分支。若值等于 2,执行第 2 分支,依此类推,达到总次数为止。在选择该选项后,流程线上的判断图标图案变为"C"型,如图 6-2-73 所示。

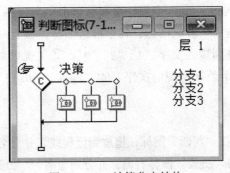

图 6-2-73　计算分支结构

③"复位路径入口"复选框。"复位路径入口"复选框的作用是，若选择"顺序分支路径""在未执行过的路径中随机选择"分支执行方式之一，系统会记录已执行的分支路径，以便决定下次执行分支。默认状态下，当程序从分支结构内跳到分支结构外执行，又返回该分支结构时，根据原先的记录继续执行分支结构。若选择该选项，跳出后又返回分支结构时，将删除原先的记录，如同第一次进入该分支结构。

④"时限"文本框。"时限"文本框用于限制分支图标中的停留时间。时间文本框以常数、变量或表达式表示的限定时间值，单位为秒。执行分支图标时，一旦超过限定时间，无论执行到哪个分支，程序都将退出分支图标，执行主流程线上的下一个图标。

如果设置了限制时间，"显示剩余时间"复选框为可用。选择后，屏幕上将出现时钟图案，用于提示执行当前分支结构的剩余时间。

（2）分支标志符（-◇-）属性

双击流程线上"判断"图标中的分支标志符（-◇-），弹出其属性检查器，可设置分支的"擦除内容"参数，如图 6-2-74 所示。

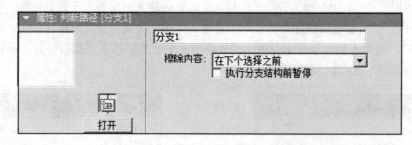

图 6-2-74　分支标志符的属性检查器

"擦除内容"下拉列表用于决定该分支的内容何时被分支结构的自动擦除功能擦除。其中包括以下 3 个选项：在下个选项之前——执行完该分支即擦除。在退出之前——退出整个分支结构时擦除。不擦除——不被自动擦除，只能用"擦除"图标擦除。

选择"执行分支结构前暂停"复选框后，程序执行完该分支后将暂停，并显示"继续"按钮，单击按钮程序继续运行。

分支属性检查器是对各个分支进行设置，判断图标的属性检查器是对整个分支结构进行设置。

3. 实例应用

利用"判断"图标在 Authorware 中制作多媒体作品"数字的出场"：①拖动一个判断图标至流程线，判断图标下挂 3 个群组图标，每个群组图标内放置一个显示图标和一个等待图标。②每个显示图标内容分别输入文字"1""2""3"。③实现效果：设置判断图标的 4 种分支顺序，设置 1、2、3 三个数字出现的次序。④文件以"lx6213.a7p"为名保存到"文档"文件夹。

具体操作步骤如下。

步骤 1：建立流程。选择"判断"图标，拖放到流程线，并命名"决策"；选择"群组"图标，拖放 3 个到流程线上的"决策"图标右侧，并分别命名为"分支 1""分支 2""分支 3"，如图 6-2-75 所示。

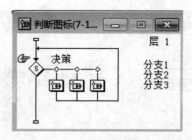

图 6-2-75 "判断"图标流程图

步骤 2：编辑群组图标。双击流程线上的"分支 1"图标，弹出演示窗口；选择"显示"图标，拖放到流程线，并命名为"1 数字"；双击显示图标"1 数字"，弹出演示窗口；选择文字工具，输入文字"1"；选择"等待"图标，拖放到"1 数字"图标下方，并命名为"2 秒"；属性检查器中的"时限"设置为等待"2"秒，如图 6-2-76 和图 6-2-77 所示。

同样的方法，制作"分支 2"中显示图标内容为"2"，等待图标"时限"设置为"2"秒；"分支 3"中显示图标内容为"3"，等待图标"时限"设置为"2"秒。

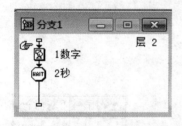

图 6-2-76 "分支 1"流程图

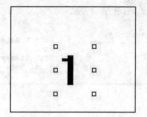

图 6-2-77 "1 数字"图标内容

步骤 3：设置"重复"选项。双击流程线上的"判断"图标，弹出属性检查器；"重复"选项中选择"固定的循环次数"，次数输入 3 次，如图 6-2-78 所示。

图 6-2-78 判断图标属性检查器

步骤 4：设置"分支"选项并运行。将"顺序分支路径""随机分支路径""在未执行过的路径中随机选择""计算分支结构"分别设置一次并运行，观察运行结果。

步骤 5：保存文件。选择"文件"→"另存为"命令，弹出"另存为"对话框；"保存在"选择"文档"；"文件名"文本框中输入"lx6213.a7p"；单击"保存"按钮。

6.2.12 "框架"图标和"导航"图标

1."框架"图标

"框架"图标（回）提供控制一组分支路径间的跳转功能图标。一个框架图标包括多个图标，这些图标被称为"页"。每页都相对独立，页与页之间靠导航图标来跳转，如图 6-2-79 所示。

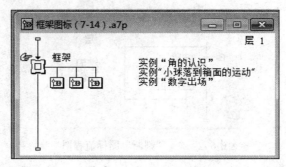

图 6-2-79　"框架"图标结构图

双击流程线上的"框架"图标（▣），弹出框架内部结构窗口。它由"显示"图标和"交互"图标构成，通过"导航"图标实现跳转。可以通过增加、减少导航图标修改跳转页面的功能，如图 6-2-80 所示。运行时框架图标自动生成导航面板，如图 6-2-81 所示。

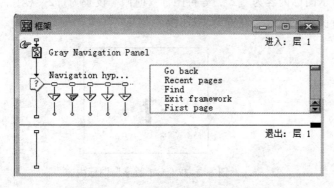

图 6-2-80　"框架"图标内部结构图

图 6-2-81　框架自动生成导航面板

2．"导航"图标

"导航"图标（▽）用于控制程序跳转到流程线图标的位置。"导航"图标必须与框架结构配合才能使用，用于跳转到框架结构中的页面。若跳转到非框架页图标，可在计算图标中使用 goto 语句来实现。使用"导航"图标进行导航跳转时，系统将跟踪若干跳转步骤，记录最近跳转的页面，以提供返回页面支持。使用 goto 函数时，系统不跟踪跳转过程。

"导航"图标的导航方式有自动导航、用户控制导航两种。

自动导航是指在程序设计时就确定了跳转位置。一般流程中添加的导航图标属于自动导航。设置自动导航的具体操作方法是：双击流程线中的"导航"图标，弹出"导航"图标的属性检查器；"目的地"选项中选择"任意位置"；"框架"选项和"页"列表框选择目标框架图标，如图 6-2-82 所示。

图 6-2-82　"导航"图标的属性检查器

用户控制导航通过用户操作跳转到目标位置。这种导航图标通常放在框架结构中，默认响应类型是"按钮"，可根据需要将其改变为"热区域""热对象"等其他响应。

属性检查器的"目的地"下拉列表中列出了 5 种类型，不同类型，其属性检查器的设置选项也各不相同。

（1）最近查找

最近查找功能是跳转到最近的页面。按照浏览顺序设置导航功能，记录已浏览页，并建立与已浏览页的导航链接，方便返回浏览页。"最近"查找的属性检查器如图 6-2-83 所示。

图 6-2-83 "最近"查找的属性检查器

"页"选项区包括两个单选按钮：返回——程序返回前一显示页。若反复单击该"导航"图标所对应的按钮，程序将沿着浏览页依次后退。其图标为"▽"。最近页列表——选择该单选按钮，弹出"最近的页"对话框。对话框列出所有曾经浏览的页面，双击列表中某一页标题，可直接跳转到该页。其图标为"▽"。

（2）附近查找

设置框架结构中邻近页的导航。可用导航图标的"附近"查找方式自定义翻页功能。这种查找方式可建立前一页、下一页、第一页、最末页、退出框架/返回的链接。"附近"查找的属性检查器如图 6-2-84 所示。

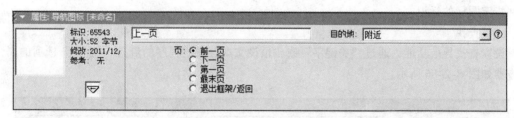

图 6-2-84 "附近"查找的属性检查器

其中"页"选项区包含 5 个单选按钮：前一页——访问当前页的前一页，其图标为（▽）。下一页——访问当前页的后一页，其图标为（▽）。第一页——返回框架结构的第一页，其图标为（▽）。最末页——跳至框架结构的最后一页，其图标为（▽）。退出框架/返回——退出当前页面，执行主流程线上的下一个设计图标，其图标为（▽）。

（3）任意查找

任意查找用于导航到框架结构中任意指定页。属性检查器的"目的地"下拉列表中选择"任意位置"选项，表示链接到框架中任意页。该选项为导航图标的默认设置。

任意查找的属性检查器中主要包括框架、查找选项。

"框架"用于确定目标页。下拉列表中包括所有框架图标的名称和一个目录选项。确定目标页有两种方法：①下拉列表中选择一个框架图标的名称，则与该框架图标相关的页面将出现在

"页"列表。②下拉列表中选择"全部框架结构中的所有页"选项，程序中与所有框架图标相关的页面出现在"页"列表，选择一个页面文件作为目标页。

"查找"是通过查找页面中的单词或关键字来确定目标页。"查找"按钮与"字词"单选按钮、"关键字"单选按钮配合使用。

（4）计算查找

"计算"查找类型是指程序根据表达式值确定导航目标页，设置计算导航功能，程序将按照表达式的值确定导航目标页，其属性检查器如图 6-2-85 所示。

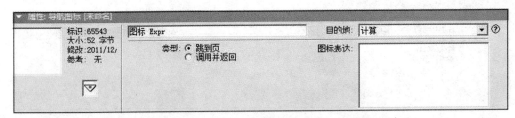

图 6-2-85　"计算"查找类型的属性检查器

"计算"查找类型的属性检查器，可通过使用函数和变量使程序更加灵活。该属性检查器主要包括两个选项：类型——该选项区用于设置导航方式，"跳到页"单选按钮用于设置导航方式为跳转；"调用并返回"单选按钮用于设置导航方式为调用。图标表达——该文本框内可输入所链接图标的标识。另外，程序执行时，利用 Eval 函数对表达式的求值功能，可导航到变量所标识的页面。输入格式为：图标标识@"图标名称"。

标识变量是系统赋给每个图标的标识，主要便于区分和调用它们。同时图标标识也是一个函数。作为变量，它有两种图标格式，一种是用于获得指定图标的标识；另一种图标标识不带任何参数，获得当前图标的标识号。此函数的语法为"number：=图标标识（"图标 Title"）"，返回指定图标的标识。

（5）查找

设置查找导航功能，通过"关键字"或"预设文本"决定程序的流向。"查找"选项的属性检查器如图 6-2-86 所示。

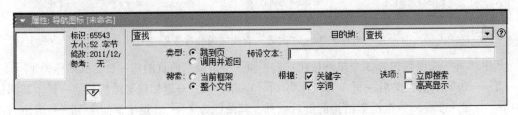

图 6-2-86　"查找"属性检查器

属性检查器中主要包括以下选项：类型——该选项区中的选项功能与前面所讲相同。搜索——该选项区中的选项可设置查找范围，"当前框架"在当前框架结构内进行查找；"整个文件"在整个文件内进行查找。根据——该选项区中的选项可设置查找类型，"关键字"按照关键字进行查找；"字词"按照文本进行查找。预设文本——该文本框内输入默认文本，该文本会自动出现在"查找"对话框，作为默认查找文本。可以修改该文本，或单击"查找"按钮，直接按默认文本开始查找。选项——该选项区中的设置用于定义查找特性。勾选"立即搜索"复选框后，单击"查找"按钮后，将根据用户预先设置的条件进行查找；勾选"高亮显示"复选框后，将把查找到的文本及其上下文都显示出来。

6.2.13　知识对象

知识对象是包装在一个模块中的逻辑包，该逻辑包可以插入到 Authorware 多媒体作品。知识对象与模块有所不同，它与一个向导相链接。向导是为应用程序建立、改变、添加新内容等提供接口的一个 Authorware 程序。使用知识对象，可快速、高效地制作出一个完整的多媒体作品。

1. 系统提供的知识对象

Authorware 提供 42 个知识对象，分为 9 个类型。

（1）评估

该类型下面的知识对象都是一些与评定操作相关的知识对象，它包括 9 个知识对象。

拖放问题：用于创建一个拖放习题。当学习者拖动图形对象到屏幕上指定的区域时，答案会自动显示出来。

热对象问题：用于创建一个热对象多项选择习题。当学习者单击图形对象，答案就会显示出来。在图形对象被单击后，一个与该问题主题相关联的指定文件就会显示出来。

热点问题：用于创建一个热区多项选择习题。当学习者在隐含的热区中做单击操作，答案将显示出来。在热区被单击后，一个与该问题主题相关联的指定文件将显示出来。

登录：用于创建测试登录过程以及选择测试成绩存储方式。

多选问题：用于创建一个多项选择习题。习题类型适合于有多于一个正确选项的习题。学习者必须选择所有正确的选项才可得到本习题的分数。

得分：用于实现测试成绩的记录、统计和显示。

简略回答问题：用于创建简短回答习题。该问题类型适合于对学习者信息输入做出反应的习题。通配符可以使用在允许细小拼写错误的习题。

单选问题：用于创建单选习题。该习题类型只适用于习题要求学习者只有选择了唯一的正确答案才能得分的情况。

真假问题：用于创建真（True）或者假（False）类型习题。该习题类型适合于只有一个逻辑答案的习题。

（2）文件

该类型下面的知识对象都是一些与文件操作相关的知识对象，它包括 7 个知识对象。

增加-移除字体资源：用于添加或去掉计算机中某种字体，以使自己的应用程序可以使用该字体。

复制文件：用于将指定的一个或几个文件复制到一个指定目录。

查找 CD 驱动器：用于查找到当前计算机上的第一个 CD-ROM 盘符，并将该盘符字母或字符路径存储到一个指定的变量中，以供用户的应用程序使用。

读取 INI 值知识对象：用于该知识对象可以从指定的 INI 文件中读取值。

跳到指定 Authorware 文件：用于实现 Authorware 程序之间的跳转。

设置文件属性：用于设置一个或几个指定文件的属性。

写入 INI 值知识对象：该知识对象可以向指定的 INI 文件中写值。

（3）Icon Palette Settings

该类型知识对象是与图标板设置相关。

（4）界面构成

该类型的知识对象是与界面部件相关，它包括 13 个知识对象。

浏览文件夹对话框：使用该知识对象，可以出现一个选择目录的目录对话框，通过用户在本地或网络磁盘驱动器上选择合适的目录，然后将用户选取的目录路径存放在一个变量中，供应用程序使用。

复选框：使用该知识对象，可以创建一个复选框，同时创建出该复选框的文本，最后将用户对该复选框的选择状态（选中或未选中）保存到一个变量中返回。

消息框：使用该知识对象，可以创建出多种样式的信息提示框，并将用户对信息提示框所做的操作保存到一个变量中，供应用程序使用，如表 6-2-4 所示。

表 6-2-4　消息框中各个按钮的次序数

按钮	中文按钮	次序数
Ok	确定	1
Cancel	取消	2
Abort	终止	3
Retry	重试	4
Ignore	忽略	5
Yes	是	6
No	否	7

移动指针：使用该知识对象，可以将鼠标光标移动到某个指定位置，而且移动可以设置成动态移动或直接跳转到指定位置。

电影控制：使用该知识对象，为播放的数字电影提供一个操作控制面板，可以播放的数字电影格式包括 avi、dir、mov、mpeg 等几种。

打开文件时对话框：使用该知识对象，可以产生一个打开文件的对话框，可以通过它浏览本机或网络驱动器，并将对该对话框的选择，即选择的文件路径和名称保存到一个变量中，供应用程序使用。

收音机式按钮：使用该知识对象，可以创建出一组单选按钮，同时建立该单选按钮的文本，最后再将用户所做的选择保存到一个变量中，供应用程序使用。

保存文件时对话框：使用该知识对象，可以产生一个保存文件的对话框，可以通过它浏览本机或网络驱动器，并将用户对该对话框的选择，即保存的文件路径和名称存放到一个变量中，供应用程序使用。

设置窗口标题：使用该知识对象，可以设置当前 Authorware 应用程序的标题栏。如果在文件属性对话框中设置该应用程序无标题栏，则该知识对象无效。同时还可以将标题栏设置成一个变量，使得标题栏可以随着变量的变化而改变。

滑动条：使用该知识对象，可以建立一个指定的滑动条，其外观样式可以进行修改，同时将该滑动条所处的位置返回给一个变量，供应用程序使用。

窗口控制知识对象：该知识对象可以在展示窗口中显示一个 Windows 控件（如列表框控件或组合框控件）。该知识对象可以很容易地创建用户输入表单（包括 Tab 操作）、或为一般的 Windows 应用程序创建仿真课件。

窗口控制—获取属性知识对象：使用该知识对象可以获取使用窗口控制知识对象创建的控件属性的当前值。该值会存放在创建的或选择好的用户变量中。每个"窗口控制—获取属性"知识对象只能获取一个控件的一个属性值。

（5）Internet

该类型的知识对象与网络相关，它包括两个知识对象。

运行默认浏览：使用该知识对象，可以使用系统默认的网络浏览器来执行用户指定的 URL 地址或其他 exe 程序，可以使用它来调用外部的可执行文件。如果用户计算机上没有默认的浏览器，则系统会提示用户指定一个可执行文件作为浏览器，同时可以选择打开该网址时是否退出当前的 Authorware 应用程序。

发送 Email：使用该知识对象，可以通过 smtp（邮件传输协议）向指定的 Email 地址发送一个电子邮件，同时将发送结果（成功或失败）保存到一个变量中，供应用程序使用。

（6）Model Palette

该类型的知识对象图标模板中的图标功能一样。

（7）新建文件

该类型的知识对象与创建新的 Authorware 应用程序相关，它包括两个知识对象。

应用程序：使用该知识对象，可以快速生成一个具有漂亮界面的多媒体教学、培训软件，其中包括大量的选项供用户进行选择，以适合自己的需要，其中主要包括学习者登录、显示学习者学习任务、习题、词汇表以及菜单等。

测验：使用该知识对象，可以产生一个测试性的应用程序，可以包括多种测试习题类型，如拖放测试题、热区测试题、单选题、多选题、文本输入测试题、判断题等。

（8）RTF 对象

RTF 是由微软公司开发的跨平台文档格式。该类型的知识对象与 RTF 对象相关，它包括 6 个知识对象。

创建 RTF 对象：可以在 Authorware 展示窗口中创建一个 RTF 对象，只能使用在 Win32 中。

获取 RTF 对象文本区：可以返回一个已经存在的 RTF 对象中指定范围的文本，只能使用在 Win32 中。

插入 RTF 对象热文本交互：可以为 RTF 对象插入一个带有热区响应的交互图标。这些响应可以和 RTF 对象进行交互，能使用在 Win32 中。

保存 RTF 对象：可以输出一个已经存在的 RTF 对象，只能使用在 Win32 中。

查找 RTF 对象：在一个已经存在的 RTF 对象中查找某些指定文本或短语。该知识对象只能使用在 Win32 中。

显示或隐藏 RTF 对象：可以使一个已经存在的 RTF 对象可见或隐藏，只能使用在 Win32 中。

（9）指南

该类型的知识对象与导航相关，它只包括两个知识对象。

相机部件：可以在作品中使用 Authorware 教程：照相机部件说明，该知识对象是一个"群组"图标。

拍照片：可以产生一些如"前一页""后一页""查找"等导航按钮。

2. 使用知识对象

使用知识对象，系统提供两个入口：一是启动 Authorware 后，系统会弹出"新建文件"对话框。其中"请选取知识对象创建新文件"列表框列出可为新文件添加的知识对象；列表框中选择一个知识对象，单击"确定"按钮，将该知识对象添加到应用程序，如图 6-2-87 所示。二是进入主界面后，单击常用工具栏中的"知识对象"图标（ ），弹出"知识对象"窗口；从"知识对象"窗口中拖动一个知识对象到流程线，弹出"知识对象"向导，根据指引完成参数设置，如图 6-2-88 所示。

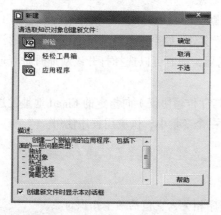

图 6-2-87　"新建文件"对话框　　　　　图 6-2-88　知识对象对话框

【实例】利用知识对象"消息框"，在 Authorware 中制作多媒体作品的退出消息框：①在"知识对象"窗口中将"消息框"拖放到流程线，按向导提示填好选项。②实现效果：运行后弹出对话框，单击"是"按钮退出系统，单击"否"按钮返回。③文件以"lx6214.a7p"为名保存到"文档"文件夹。

具体操作步骤如下。

步骤 1：打开知识对象，选择"窗口"→"面板"→"知识对象"命令，弹出"知识对象"窗口。

步骤 2：选择"消息框"。"知识对象"窗口的"分类"下拉列表中选择"界面构成"选项；在出现的列表中选择"消息框"项，将其拖放到流程线；系统弹出操作向导对话框，如图 6-2-89 所示。

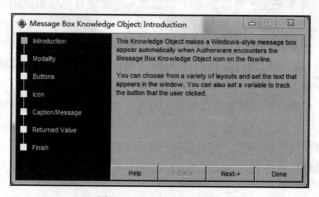

图 6-2-89　向导对话框

步骤 3：设置对话框的风格。单击 Next 按钮，进入下一级对话框，选择第 4 个单选按钮，如图 6-2-90 所示。

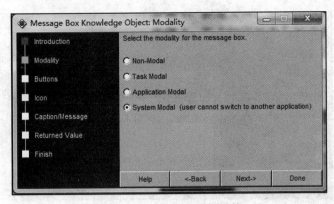

图 6-2-90　设置对话框风格

步骤 4：选择按钮默认模式。单击 Next 按钮，进入下一级对话框，选择"Yes，No，Cancel"，并在其右侧选择"Yes"单选按钮，如图 6-2-91 所示，创建的对话框将出现"Yes，No，Cancel" 3 个按钮，当按 Enter 键时，将响应"Yes"按钮。

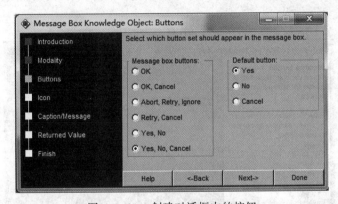

图 6-2-91　创建对话框中的按钮

步骤 5：设置提示图标。单击 Next 按钮，进入下一级对话框，设置对话框中出现的提示图标，如图 6-2-92 所示。

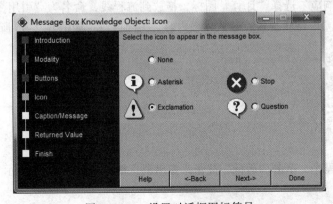

图 6-2-92　设置对话框图标符号

步骤 6：设置提示文字。单击 Next 按钮，进入下一级对话框，标题输入"警告"，提示信息输入"确定要退出吗？"，如图 6-2-93 所示。

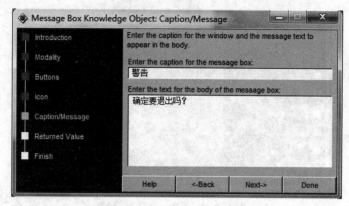

图 6-2-93　设置对话框标题

步骤 7：设置响应变量。单击 Next 按钮，进入下一级对话框，该对话框是用来获得的响应来判断单击的是对话框中的哪个按钮。每个按钮有一个返回值，返回变量名称系统默认为"wzMBReturnedValue"或自己命名的变量名，以备后用；单击 Done 按钮完成设置，如图 6-2-94 所示。

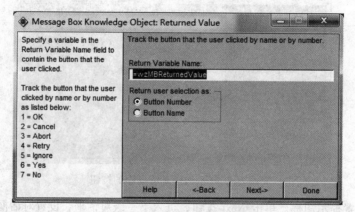

图 6-2-94　变量值赋值

步骤 8：设置响应。选择"计算"图标，拖放到流程线，命名为"引用变量"；双击，弹出计算图标"引用变量"编辑窗口；输入以下内容，关闭窗口，如图 6-2-95 所示。

```
if wzMBReturnedValue=6 then
quit()
else
goto(IconID@"主菜单")
end if
```

步骤 9：运行程序。单击"运行"按钮，弹出消息框，如图 6-2-96 所示。

图 6-2-95 流程图

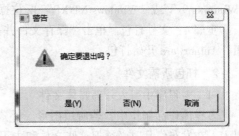
图 6-2-96 效果图

步骤 10：保存文件。选择"文件"→"另存为"命令，弹出"另存为"对话框；"保存在"选择"文档"；"文件名"文本框中输入"lx6214.a7p"；单击"保存"按钮。

6.2.14 作品打包和发布

打包是指将多媒体作品转换成脱离 Authorware 环境独立运行的可执行程序。打包多媒体作品时需要主程序和其他支持文件，如 Xtras 文件、DLL 文件、外部媒体文件等。缺少了所需的文件，作品将不能正常运行。

1. 文件打包

将 Authorware 文件打包发布，具体操作步骤如下。

步骤 1：选择"文件"→"发布"→"打包"命令，弹出"打包文件"对话框，如图 6-2-97 所示。

图 6-2-97 "打包文件"对话框

步骤 2：设置打包环境。"打包文件"对话框包含 4 个复选框：运行时重组无效的链接——在运行程序时，恢复断开的链接。打包时包含全部内部库——将当前作品链接的所有库文件成为打包文件的一部分。打包时包含外部之媒体——将当前作品中使用的外部媒体成为打包的一部分，但不包括数字电影和 Internet 上的媒体文件。打包时使用默认文件名——自动用被打包文件名作为打包文件名。

步骤 3：设置打包文件类型。"打包文件"对话框下拉列表中包含 3 个选项：无须 Runtime——打包后的扩展名为 "a7r"，需要用 runa7w 程序来运行打包的文件。

应用平台 Windows XP 或更高版本的 NT 98 不同——打包后的扩展名为 "exe"，可独立在 "Windows 9x" 或 "Windows NT/XP" 32 位操作系统中运行。

步骤 4：文件打包。单击"保存文件并打包"按钮，弹出"保存"对话框，单击"保存"按钮；Authorware 开始打包。

2．打包所需文件

（1）主程序中引入外部媒体文件

多媒体作品制作中，若所用图形、外置声音文件、数字化电影、视频文件等作为外部文件引入，在发布作品时必须把这些文件和主程序一起发布，否则出现找不到文件的错误。

（2）Runa7w32.exe

打包多媒体作品时，若选择"无需 Runtime"项，必须打包 Runa7w32.exe 文件。

（3）所需字体

多媒体作品中若应用非系统字体，发布作品时必须要把所用字体一起发布，否则出现作品在其他计算机上运行时改变字体现象，影响作品的演示效果。

（4）多媒体作品中所用到的外置软件模块

若作品中使用了第三方开发的过渡效果插件，发布作品时把所用到的 "*.X32" 文件复制到 Xtras 文件夹。用到外部函数 U32、动态链接库 DLL 一般复制到主程序所在目录。如引入 GIF 动画必须带上 Awiml32.dll 文件，引入动画精灵则需要 Msagent.u32 文件等。

（5）多媒体所使用的所有 Xtras 类型（For Windows 98/2000/NT/XP）

所有打包文件都需要 Mix32.x32、MixView.x32、Viewsvc.x32 等 Xtras 文件。各种类型文件打包时所需要的 Xtras 文件，都可在 Authorware 安装目录或安装目录的 Xtras 文件夹找到。

如数字电影在打包时，其驱动程序不能直接被打包，为防止出错，建议做以下操作：①打包文件时选择各选项；②将 Authorware 目录下的 xtras 文件夹复制到打包后的文件处；③把 Authorware 目录下的文件（不含文件夹）复制到打包后的文件处；④把数字电影原文件复制到当前目录。

3．一键发布功能

"一键发布"功能可将多媒体作品一次性发布到 Web、CD-ROM 或局域网。发布前，Authorware 7.0 将对程序中所有图标进行扫描，找到其中用到的外部支持文件，如 Xtras、Dll、U32、avi、swf 等文件，并将这些文件复制到发布后的目录。所以，不需要担心在网上使用课件时会出现找不到文件的错误。

具体步骤如下。

步骤 1：启动发布。选择"文件"→"发布"→"发布设置"命令或按 Ctrl+F12 组合键，Authorware 7.0 对程序中的所有图标进行扫描。

步骤 2：发布设置。进入一键发布后，弹出"发布设置"对话框。

"格式"选项卡：发布文件的类型设置。可发布为带播放器的 With Runtime 文件（exe）、不带播放器的 Without Runtime 文件（a7r）、使用网络播放器播放的 For Web Player 文件（aam）、网页（htm）文件等。

"打包"选项卡：打包文件设置。如是否将库文件一同打包、是否将所有媒体一起打包、是否重组断开的链接等。

"网络发布"选项卡：设置发布后每一块文件的大小，根据不同的网络连接速度，将文件分为不同大小的多个文件，使得网速较慢时也能流畅播放。若选择显示安全对话框，则 Authorware Web Player 网络播放器在下载文件时将显示安全对话框。

"网页"选项卡：发布 html 的文件选项。用于设置嵌入 Map 文件的网页属性，如设置网页标题、作品画面的大小、Authorware Web Player 网络播放器的版本等。Authorware 程序将被链接到这个 html 文件，浏览时需安装 Authorware Web Player 才能正确浏览，如果没有 Authorware Web Player，将提示用户下载。

"文件"选项卡：查看当前应用程序的支持文件，如 Xtras、Dll 和 UCD 等。文件发布时必须将支持文件同时发布才能不出错误。

设置好后，单击"发布"按钮，发布成功一般会生成两个多媒体作品版本：Win9X 版、网络版（如果要运行这个版本需要安装"Authorware Web Player 7.0"）。

4. 浏览器中运行作品

本案以 test.a7p 及其库文件 1_test.a7l 为例，介绍在 IE 中运行 Authorware 作品的具体操作步骤。

步骤 1：打包 Authorware 作品。在 Authorware 中打开 test.a7p，单击流程图；选择"文件"→"打包"命令，弹出"打包"对话框；选择"无须 Runtime"项、勾选"打包时包含外部之媒体"复选框；单击"保存文件并打包"按钮，在当前目录下生成 test.a7r 和 l_test.a7e 文件。

注意：库文件（.a7l）的主名不能与文件（.a7p）主名同名；Authorware Web Package 产生的文件扩展名为.aam；不能用中文名。

步骤 2：Web 打包。启动"Web 打包"，弹出"选择目标文件"对话框，选择打包文件 test.a7r，单击"打开"按钮；弹出"选择文件打包，使其适用于 Web"对话框，默认为 test.aam，单击"保存"按钮。

弹出"分片设置"对话框，"分片设置"项采用默认值；"分片大小"项默认的碎片大小是 16KB。若通过 56KB 的 modem 浏览 Authorware 作品，则该数字在 12 KB 至 24 KB 比较合适，否则可把该数字设大些，以免产生过多碎片文件（.ass）。

用 IE 打开 test.aam 文件，查看运行是否正常。

步骤 3：在记事本或 HTML 编辑器中编辑 test.htm。

建立网页的基本语言结构：<html> <head> </head><body></body></html>；

在 Body 部分写入：<EMBED SRC="test.aam" WIDTH=800 HEIGHT=600 PALETTE=Background>
　　</EMBED>。

步骤 4：下载并安装 Author ware Web Player。

习　题　6

一、单项选择题

1. 交互图标的属性检查器中，当希望执行完交互分支后退出程序，执行下一个图标的选项是（　　）。

A. 重试　　　　　　　B. 继续　　　　　　　C. 退出交互　　　　　　　D. 返回

2. 通过设置某一图片或文字的轮廓为热区的交互方式称为（　　）。

A. 热对象交互　　　　B. 热区域交互　　　　C. 目标区交互　　　　D. 按键交互

3. Random（Min，Max，Units）中 Units 的含义是（　　）。

A. 最大值　　　　　　B. 最小值　　　　　　C. 步长　　　　　　　D. 终值

4. Authorware 的移动图标提供（　　）种移动方式。

A. 11　　　　　　　　B. 5　　　　　　　　　C. 6　　　　　　　　　D. 8

5. "移动"图标的属性检查器的"执行方式"下拉列表中，执行"移动"图标时，继续执行下一个图标的选项是（　　）。

A. 等待直到完成　　　B. 开始　　　　　　　C. 永久　　　　　　　D. 同时

6. 课件制作中程序总是沿着窗口内流程线（　　）运行。

A. 由上至下　　　　　B. 由下至上　　　　　C. 由外至内　　　　　D. 由内至外

7. 群组图标的作用是（　　）。

A. 将多个图标组合在一起　　　　　　　　B. 将图形组合在一起

C. 将图层组合在一起　　　　　　　　　　D. 将文字组合在一起

8. 课件制作的工具箱中（　　）图标具有显示图标和判断图标功能。

A. 互交图标　　　　　B. 计算图标　　　　　C. 等待图标　　　　　D. 框架图标

9. 计算图标主要的作用是（　　）。

A. 在程序用到变量和函数时需要使用的图标

B. 输入公式的图标

C. 用于设置窗口的图标

D. 存放文字和图片的图标

10. 关于移动图标的错误说法是（　　）。

A. 移动图标只能移动文字

B. 移动图标是文字、图像等需要移动时所要动用到的设置

C. 移动图标能使得文字或者图片等由一个开始点挪动到另一个结束点

D. 移动图标可以在指定的路径上移动等

11. 课件中能设置交互效果的图标是（　　）。

A. "判断"图标　　　　B. "交互"图标　　　　C. "显示"图标　　　　D. "擦除"图标

12. "交互"图标的交互效果有（　　）种。

A. 10　　　　　　　　B. 11　　　　　　　　C. 12　　　　　　　　D. 13

13. "框架"图标中运行程序时，默认情况下其导航面板有（　　）个按钮。

A. 5　　　　　　　　　B. 6　　　　　　　　　C. 7　　　　　　　　　D. 8

14. 设置图形特效（过渡）方式是（　　）。

A. 选择"编辑"→"特效"命令　　　　　　B. 选择"修改"→"图标"→"特效"命令

C. 选择"文件"→"特效"命令　　　　　　D. "选择文字"→"特效"命令

15. Authorware 不具有下列（　　）功能。

A. 绘图功能　　　　　B. 文字效果处理　　　C. 动画制作　　　　　D. 图像处理

16. Authorware 是通过（　　）来代替复杂的编程语言。

A. 编程线上手形标记　　　　　　　　　　B. 图标

C. 窗口　　　　　　　　　　　　　　　　D. 代码

17. "计算"图标窗口中的引号必须在（　　）状态下输入。

A. 英文　　　　　　B. 全角　　　　　　C. 半角　　　　　　D. 中文

18. 演示窗口中显示变量 X 值的方法是（　　）。

A. X　　　　　　　B.（X）　　　　　　C. write　　　　　　D. {X}

19. Authorware 中用于将课件的源程序文件变为可以脱离 Authorware 软件环境而独立运行的操作是（　　）。

A. 保存　　　　　　B. 发布　　　　　　C. 打包　　　　　　D. 压缩

20. Authorware 中，当选择流程线上的多个图标或同一图标中的多个对象时，须按（　　）键。

A. Ctrl　　　　　　B. Alt　　　　　　C. Shift　　　　　　D. Tab

21. "quit"是 Authorware 的系统函数，其作用是（　　）。

A. 产生随机数　　　B. 显出数据　　　C. 产生一个固定数　　D. 退出

22. "擦除"图标用于清除指定的对象，（　　）。

A. 只能一次指定一个图标进行擦除　　　B. 可以一次同时指定多个图标进行擦除

C. 不可以擦除动画图标中的内容　　　　D. 一个显示图标中的多个对象可以分别擦除

23. 下面（　　）格式的文件不属于数字化电影。

A. MOV　　　　　　B. SWA　　　　　　C. FLC　　　　　　D. AVI

24. 使用 Authorware 制作多媒体课件，要模拟皮球弹跳的运动效果，需要使用"移动"图标的（　　）运动方式。

A. 指向固定区域内的某点　　　　　　　B. 指向固定直线上的某点

C. 指向固定路径的终点　　　　　　　　D. 指向固定点

25. 流程线上，移动图标必须放在移动的对象（　　）。

A. 前面　　　　　　B. 后面　　　　　　C. 前邻　　　　　　D. 后邻

26. 使用 Authorware 的"交互"图标建立由一个交互图标和下挂在它右下方的几个图标组成的交互结构，下挂在"交互"图标右下方的图标称为（　　）。

A. "判定"图标　　B. "计算"图标　　C. "响应"图标　　　D. "等待"图标

27. "框架"图标中的内容被组织成页，位于"框架"图标（　　）的所有图标被为页。

A. 右侧　　　　　　B. 上方　　　　　　C. 左侧　　　　　　D. 下方

28. 制作课件时，用到判断图标的课件结构应为（　　）。

A. 直线型　　　　　B. 分支型　　　　　C. 模块型　　　　　D. 积件型

29. 使用已创建的模板，须打开的面板为（　　）。

A. 属性　　　　　　B. 变量　　　　　　C. 函数　　　　　　D. 知识对象

30. 文件打包时，若选择 Without Runtime，则生成一个扩展名为（　　）的文件。

A. .a7r　　　　　　B. .a71　　　　　　C. .a7p　　　　　　D. .a7e

二、操作题

1. 运用"移动"图标，制作弹性碰撞演示动画。

2. 使用交互图标，请设计一个用户输入密码登录界面，密码 3 次输入出错，则退出系统。

3. 以本章的某一知识点为内容，设计制作一个学习小课件。

4. 综合所学的知识，以"国旗"为题，设计制作一个介绍中国国旗历史的小课件。

5. 综合所学的知识，以"看图识字"为主题，设计制作一个供儿童使用的小课件。

附录 A "多媒体技术与应用"课程作品考核与评价标准

"多媒体技术与应用"课程的学习，目的是设计制作出符合工作需要的多媒体作品，增强学习者在实际工作中应用多媒体技术的能力。为测试学习者应用多媒体技术的水平，本案针对所学内容，要求学习者原创设计制作 5 个多媒体作品，作品的分值分布如表 A-1 所示。

表 A-1　多媒体作品评价分值分布

题号	1	2	3	4	5	总分
分值	20	20	20	20	20	100 分
得分						

说明：①作品须为原创。②根据需要，作品提交可 5 选 4，任选 4 个作品制作、提交；酌情调整分值。③培养知识主权意识，请在作品中标注作品标题与设计者姓名。

1. 平面设计

利用 Photoshop 制作一幅平面设计作品，具体要求如下。

（1）作品主题内容要求。选择一个主题（如国庆、五一节、教师节、六一节等）、活动（如文艺晚会）或产品（如手机品牌），设计制作一个宣传海报、Logo 或宣传展板。

（2）完成作品的时间安排。作品提交时间：第＿＿周，地点或网址：＿＿＿＿＿＿。

（3）提交格式及文件命名方法。①提交.psd 与.jpg 两种格式的电子作品。②文件命名方法：学号+姓名，如 1050301046 张三.psd；1050301046 张三.jpg。

（4）评价标准。Photoshop 平面设计作品评价标准如表 A-2 所示。

表 A-2　平面设计作品评价标准

评价项	评价标准	分值	得分	得分合计
主题	①主题鲜明，能清晰地反映出作品所表达的意图与意景，无歧义。②主题积极向上，正面反映主题，激励积极向上的情绪与意识。③寓意深刻，能体现深层次理念，发人深省	5		
内容	①构图元素选择恰当，各元素与主题紧密相关，准确表达出主题内容，反映、衬托主题。②内容健康，无不良内容（如血腥等）出现。③自创构图元素多，较多地使用自绘图形表达主题。④抠像完整，细腻，边缘平滑	5		
艺术性	①色调明快，色彩使用符合主题表现需求。②构图合理，能合理地使用不同画幅、不同构图方法，各元素组织得当、布局合理。③视点明确，画面有明确的一个视点。④画面设计细腻，个性鲜明	5		
完整性	①作品完整。②画面整体效果好	5		

2. 音频处理

利用 Adobe Audition 设计制作音频作品，具体要求如下。

（1）作品主题内容要求。请选择一个主题（如歌曲原唱、配乐诗朗诵等），录音并加伴奏音乐。

（2）完成作品的时间安排。作品提交时间：第____周，地点或网址：_____。

（3）提交格式及文件命名方法。①提交.mp3 格式的电子作品。②文件命名方法：学号+姓名，如 1050301046 张三.mp3。

（4）评价标准。设计制作音频作品评价标准如表 A-3 所示。

表 A-3 音频作品评价标准

评价项	评价标准	分值	得分	得分合计
主题	①主题鲜明，能清晰地反映出作品所表达的意景。②主题积极向上，正面反映主题，激励积极向上的情绪与意识。③寓意深刻，体现深层次理念，能引起情感共鸣	5		
内容	①作品构成包括录音、伴音、效果音。②所用各元素与主题紧密相关，准确表达出主题内容，衬托主题。③自录与处理的音频元素多。④内容健康，无不良内容出现。⑤录音口齿清晰	5		
技术性	①录音质量好，语音清楚。②降噪、激励高音等特效使用恰当。伴奏消音效果好。③编辑细腻，素材间过渡平滑，无明显跳音。④主声与伴音音量配合得当，无喧宾夺主现象	5		
完整性	①作品完整。②录音与伴奏、效果音结合整体效果好	5		

3. 影视作品制作

利用会声会影制作视频作品，具体要求如下。

（1）作品主题内容要求。请选择一个主题，搜集相关的视频资料，制作一个 2 分钟的短片。如利用几部动画片的视频资料制作一个《中国动画集锦》，利用学生活动视频资料制作一个《大学生活花絮》等。

（2）完成作品的时间安排。作品提交时间：第____周，地点或网址：_____。

（3）提交格式及文件命名方法。①提交.mp4 格式的电子作品。②文件命名方法：学号+姓名，如 1050301046.mp4。

（4）评价标准。会声会影制作视频作品评价标准如表 A-4 所示。

表 A-4 影视作品评价标准

评价项	评价标准	分值	得分	得分合计
主题	①作品表达出的意图、主题鲜明。②思路清晰，主线明确。③正面反映主题，主题意景指向明确，激励积极向上的情绪与意识。④寓意深刻，能体现深层次理念	5		
内容	①作品构成包括视频（自录或截取）、标题字幕、绘图动画、图片、旁白、伴音、效果音。②所用各元素与主题紧密相关，准确表达出主题内容。③使用自录音、视频元素。④镜头剪切合理、符合标准。⑤内容健康，无不良画面出现	5		

续表

评价项	评价标准	分值	得分	得分合计
艺术性	①章节有序、思路清晰、叙事合理、内容充实。②镜头剪切合理、符合标准。③镜头组接符合组合规律。④特效使用恰当，编辑细腻，素材间过渡平滑，无跳帧现象。⑤节奏明快、清晰，准确表达出主题内容。⑥主声与伴音音量有层次感，配合得当，无喧宾夺主现象。旁白口齿清晰，录音质量好。⑦构图合理，各元素组织得当、布局合理	5		
完整性	作品内容系统、结构完整，整体效果好	5		

4．二维动画制作

利用 Flash 制作具有交互功能的多媒体作品，具体要求如下。

（1）作品主题内容要求。请选择 1 节课的教学内容（小学、中学均可）或产品，制作多媒体演示作品。

（2）完成作品的时间安排。作品提交时间：第＿＿＿周，地点或网址：＿＿＿＿＿＿＿。

（3）提交格式及文件命名方法。①提交.fla 与.swf 两种格式的电子作品。②文件命名方法：学号+姓名，如 1050301046 张三.fla；1050301046 张三.swf。

（4）评价标准。Flash 制作二维动画作品评价标准如表 A–5 所示。

表 A-5　二维动画作品评价标准

评价项	评价标准	分值	得分	得分合计
主题	①重点突出，思路清晰、叙述合理。②讲解清楚，准确表达出主题内容。③无偏离主题的内容出现	4		
内容	①包括标题、作者信息、动画故事展示。②有交互设计，使用按钮。③使用素材包括文字、图片、声音、视频或动画，所用元素与主题紧密相关，准确表达主题内容。④使用自主制作的演示动画。⑤画面设计美观大方，运行流畅。⑥内容健康，无不良信息出现	4		
艺术性	①思路清晰、章节有序、叙事合理、内容充实。②构图合理，各元素组织得当、布局美观，界面简洁、友好。③语言精练，各素材搭配有序，有利于主题的表达。④内容组织得当，节奏明快、清晰，准确表达出主题内容。⑤动画编辑细腻，画面流畅，⑥声音使用合理，与主题内容协调、得当，解说口齿清晰，录音质量好	4		
操作性	①操作界面一致性好，操作简明。②交互流畅，跳转无出错现象。③操作提示明确，导引清晰。不使用有歧义的提示信息	4		
完整性	①作品内容系统、结构完整、整体效果好。②结构紧凑，不脱节	4		

5．多媒体课件制作

利用 Authorware 制作交互式多媒体作品，具体要求如下。

（1）作品主题内容要求。请选择 1 节课的教学内容（小学、中学均可）或产品，制作多媒体课件。

（2）完成作品的时间安排。作品提交时间：第＿＿＿周，地点或网址：＿＿＿＿＿＿＿。

（3）提交格式及文件命名方法。①提交格式：源程序文件。②文件命名方法：学号+姓名，如 1050301046 张三.a7p。

（4）评价标准。Authorware 多媒体课件评价标准如表 A–6 所示。

表 A-6 多媒体课件评价标准

评价项	评价标准	分值	得分	得分合计
主题	①重点突出，思路清晰、叙述合理。②讲解清楚，准确表达出主题内容。③无偏离主题的内容出现	4		
内容	①包括引言、主菜单和知识内容展示。②有 2 种以上交互功能，菜单设计美观大方，分类符合逻辑。③使用素材包括文字、图片、声音、视频或动画，所用各元素与主题紧密相关，准确表达出主题内容。④重点突出，知识点划分合理。⑤使用函数或变量、知识对象。⑥内容健康，无不良信息出现	4		
艺术性	①思路清晰、章节有序、叙事合理、内容充实。②构图合理，各元素组织得当、布局美观、界面简洁、友好。③语言简练，各素材搭配有序，有利于主题的表达。④内容组织得当，节奏明快、清晰，准确表达出主题内容。⑤编辑细腻，界面美观。⑥声音使用合理，与主题内容协调、得当，解说口齿清晰，录音质量好	4		
操作性	①操作界面一致性好，操作简明。②交互流畅，跳转无出错现象。③操作提示明确，导引清晰。不使用有歧义的提示信息	4		
完整性	①作品内容系统、结构完整、整体效果好。②结构紧凑，不脱节	4		

附录 B 习题参考答案

第1章 多媒体技术概述

一、单项选择题

1. A 2. B 3. A 4. A 5. A 6. A 7. D 8. B 9. B 10. B 11. A 12. C 13. B
14. C 15. B 16. C 17. D 18. D 19. D 20. A 21. C 22. B 23. C 24. D 25. C
26. C 27. B 28. D 29. B 30. D

二、操作题

略。

第2章 数字图像编辑

一、单项选择题

1. C 2. A 3. B 4. A 5. C 6. A 7. C 8. C 9. C 10. C 11. C 12. C 13. B
14. A 15. C 16. C 17. C 18. B 19. B 20. B 21. C 22. A 23. B 24. C 25. A
26. A 27. B 28. C 29. D 30. C

二、操作题

略。

第3章 数字音频编辑

一、单项选择题

1. D 2. B 3. A 4. B 5. B 6. A 7. D 8. A 9. D 10. A 11. B 12. D 13. C
14. B 15. C 16. C 17. D 18. B 19. 略 20. C 21. D 22. D 23. B 24. A 25. B
26. A 27. C 28. C 29. B 30. A

二、操作题

略。

第4章 数字视频编辑

一、单项选择题

1. A 2. B 3. A 4. A 5. A 6. C 7. D 8. B 9. C 10. C 11. C 12. B 13. B

14. C　15. A　16. C　17. B　18. D　19. D　20. B　21. A　22. C　23. B　24. A　25. C
26. A　27. D　28. D　29. C　30. B

二、操作题

略。

第5章　计算机二维动画制作

一、单项选择题

1. C　2. B　3. B　4. B　5. D　6. A　7. D　8. C　9. C　10. A　11. D　12. D　13. A
14. B　15. D　16. B　17. D　18. D　19. C　20. A　21. B　22. D　23. A　24. A　25. B
26. B　27. C　28. C　29. A　30. D

二、操作题

略。

第6章　多媒体作品创作

一、单项选择题

1. C　2. A　3. C　4. B　5. D　6. A　7. A　8. A　9. A　10. A　11. B　12. B　13. D
14. B　15. D　16. B　17. A　18. D　19. C　20. C　21. D　22. B　23. B　24. C　25. B
26. C　27. A　28. B　29. D　30. A

二、操作题

略。

参 考 文 献

[1] 教育部高等学校计算机基础课程教学指导委员会. 高等学校计算机基础教学发展战略研究报告暨计算机基础课程教学基本要求[M]. 北京：高等教育出版社，2009.

[2] 教育部高等学校计算机基础课程教学指导委员会. 高等学校计算机基础核心课程教学实施方案[M]. 北京：高等教育出版社，2011.

[3] 姜永生，姜艳芳，毕伟宏，等. 多媒体技术与应用[M]. 北京：高等教育出版社，2012.

[4] 梁瑞仪，孔维宏. Flash 多媒体课件制作教程[M]. 北京：清华大学出版社，2014.

[5] 刘甘娜. 多媒体技术与应用[M]. 4 版. 北京：高等教育出版社，2008.

[6] 鄂大伟. 多媒体技术基础与应用[M]. 3 版. 北京：高等教育出版社，2007.

[7] 余雪丽，陈俊杰. 多媒体技术与应用[M]. 2 版. 北京：科学出版社，2007.

[8] 王朋娇. 数码摄影教程 [M]. 2 版. 北京：电子工业出版社，2007.

[9] 王润兰. 电视节目编导与制作[M]. 北京：高等教育出版社，2010.

[10] 郭新房，郑丹，侯梅. Authorware 多媒体制作标准教程[M]. 北京：清华大学出版社，2005.